DE L'HOMME ANIMAL.

Imprimerie de Mme DE LACOMBE, rue d'Enghien, 12.

DE L'HOMME

ANIMAL.

PAR

LE DOCTEUR FÉLIX VOISIN,

MÉDECIN DES HÔPITAUX DE PARIS,

Spécialement et temporairement attaché au service médical des Enfans
épileptiques, aliénés et idiots,

Président de la Société phrénologique de la même ville.

> L'homme a en lui tous les instincts, tous les penchans
> des brutes, de là vient que sous la forme bipéde
> de l'homme, il n'y a aucune bête innocente ou mal-
> faisante dans l'air, au fond des forêts, dans les eaux,
> que vous ne puissiez reconnaitre. Il y a l'homme
> loup, l'homme tigre, l'homme renard, l'homme
> pourceau, l'homme mouton, et celui-là est le plus
> commun. Il y a l'homme anguille, serrez-le tant
> qu'il vous plaira, il vous échappera; l'homme bro-
> chet qui dévore tout, l'homme serpent qui se replie
> en façons diverses, l'homme ours qui ne me déplait
> pas, l'homme aigle qui plane au haut des cieux,
> l'homme corbeau, etc., etc. Rien de plus rare qu'un
> homme qui soit de toute pièce. Aucun de nous qui
> ne tienne un peu de son analogue animal.
>
> DIDEROT.

Paris.

BÉCHET Jne ET LABÉ, LIBRAIRES,

Place de l'Ecole de Médecine, 4.

—

1839.

EXPOSITION DU SUJET.

—o◉o—

Des penchans et des sentimens que nous partageons avec
les espèces inférieures ;

Leur rôle, leur emploi, leur but dans la vie de chaque
individu et dans le mouvement général de la société ;

Les mêmes facultés considérées dans leur excès d'action, et
conduisant à la dépravation, au suicide , au crime ou à
l'aliénation mentale ;

Faits et inductions, applications qu'il faut en faire à l'é-
ducation, à la morale, à la politique, à la législation , au
traitement des aliénés et au bonheur de la vie.

Voyez maintenant et avant toutes choses, pour éviter toute
idée préconçue, l'exposé de mon système philosophique sur l'ensemble de nos opérations cérébrales, sur l'exercice et l'application de nos penchans, de nos sentimens et de nos pouvoirs
intellectuels.

A MA MÈRE.

Restée veuve à 37 ans, chargée de dix enfans, sans fortune aucune, vous n'avez désespéré ni de vous, ni de la société, ni de nous-mêmes. Votre amour maternel infatigable, votre courage, votre dignité simple, vous ont fait bien des fois citer en exemple dans notre ville natale. Nous vous devons ce que nous sommes. Que votre nom soit béni parmi nous. Prenez bien soin de vos jours ; vous savez si nous aimons à vous donner des témoignages de notre reconnaissance et de notre vénération.

MON SYSTÈME PHILOSOPHIQUE.

++++►►Ɖ⊂Ɔ⧫◉⧫Ɔ⊃◄◄◄◄

> Il n'est rien si beau et légitime que de faire bien l'homme et deuement, ni science si ardue que de bien et naturellement sçavoir vivre cette vie, et de nos maladies la plus sauvage c'est mépriser notre être.
>
> J'accepte de bon cœur et reconnaissant ce que nature a fait pour moi et m'en agrée et m'en loue. On fait tort à ce grand et tout puissant donneur, de refuser son don, l'annuller et le desfigurer. Tout bon il a fait tout bon. Tout ce qui est selon nature est digne d'estime.
>
> Montaigne,

En tête de cet ouvrage, je crois devoir déclarer que je partage en tout point, sur les fonctions du cerveau, les idées de mes maîtres Gall et Spurzheim ; c'est à cet organe seul que je rattache la manifestation de nos instincts conservateurs, de nos penchans bruts, de nos sentimens moraux,

a

de nos pouvoirs intellectuels et de nos facultés de perception. Sur aucun autre point de l'économie, dans aucun autre organe, je n'ai pu trouver les conditions matérielles indispensables aux brillantes opérations de l'intelligence et de l'âme humaines. Je suis phrénologiste plein de franchise et de conviction.

Mais, je l'avouerai sans détour, je me suis également appliqué à me montrer le disciple de la nature même ; j'ai voulu la consulter en toutes choses, en dehors et indépendamment de tout système et de toute école. Laissant donc momentanément et parfois de côté la question de la localisation des facultés, désireux par dessus toutes choses de connaître à fond et clairement la manière d'être habituelle, générale et particulière de l'humanité, j'ai suivi sur moi-même et sur mes semblables tous les mouvemens instinctifs, intellectuels et moraux de notre constitution. Sous ce rapport, je n'ai rien voulu négliger pour arriver à bien connaître. J'ai voulu surtout éviter toute discussion oiseuse ou inutile, et pour la recherche des faits en eux-mêmes, pour la peinture exacte des manifestations, j'ai voulu me montrer en quelque sorte indifférent à ce que l'on plaçât à l'épigastre, à l'orteil, au talon, à la rate ou au foie, le siége des différentes facultés qui nous ont

été départies. Heureux si dégagé de toute préoccupation exclusive, et ayant en main deux moyens
d'investigation pour un, je suis parvenu à en bien
étudier, bien saisir et bien rendre les traits principaux et les applications journalières.

Je n'aime ni les coteries de famille, ni les coteries d'amis, ni les coteries des sociétés savan-
tes, j'aime tout ce qui est beau, tout ce qui est
vrai, tout ce qui peut servir la science et l'humanité, et je n'ai point de temps à perdre pour mettre d'accord des gens qui ne veulent point s'entendre ; ce qu'il y a de certain, c'est qu'à mes
études spéciales se rattachent les plus hautes questions de la morale, de l'éducation, de la législation, de la politique, du suicide, des maladies
mentales et du bonheur de la vie ; si mes observations sont bien faites, si je suis dans le vrai,
mon ouvrage sera bon et il intéressera. Placez où
vous voudrez les conditions matérielles de nos
facultés instinctives, morales et intellectuelles, dé-
niez au cerveau son importance et son rôle, la
chose m'est indifférente, j'ai aussi pris mon parti.
Ce n'est point l'organe seul, quel qu'il soit, que
je considère, c'est la fonction de l'organe ; ce n'est
point l'instrument seul, quel qu'il soit, que j'admire, c'est le jeu de l'instrument que je m'attache à suivre en tous ses mouvemens.

Il y a déjà du temps que pour moi-même comme pour les personnes que je désirais associer à ma vie, j'avais voulu me rendre compte de ce que les uns et les autres nous avions à dire et à faire en ce monde; j'avais voulu rechercher ce que nous avions à faire tant pour nous que pour nos semblables, de l'espace qui nous était ouvert, du temps qui nous était donné et des pouvoirs de différens ordres qui nous constituaient ce que nous sommes. Cette tendance de mon esprit n'échappera à aucun de mes lecteurs, j'ai beaucoup travaillé dans ce sens.

Me bornant dans cet ouvrage à considérer l'homme simplement comme animal, je me suis demandé comment il devait déjà sous ce rapport agir dans l'exercice de chacun de ses attributs. A ce sujet je me suis permis d'ajouter un mot à l'ancien adage des écoles : nous ne sommes point seulement hommes, nous appartenons aussi au règne animal, et rien de ce qui appartient à notre constitution d'homme et d'animal ne doit nous rester étranger. L'animalité joue encore aujourd'hui un si grand rôle dans l'histoire de l'humanité qu'il n'est point indifférent de s'occuper particulièrement d'elle. Le temps est venu de régler son emploi et de lui disputer et arracher l'empire.

Frappé tout d'abord de la diversité des amours

que l'homme renferme en lui-même, je me suis demandé comment il devait aimer la compagne et l'amie de ses jours, comment il devait aimer ses enfans, et comment il devait aimer son pays et ses semblables? J'ai répondu à toutes ces questions. Les hommes nobles qui liront mon ouvrage diront si, dans cette première partie, je me suis proposé d'avilir et de dégrader mon espèce ou si je me suis appliqué à l'ennoblir et à la perfectionner.

Passant ensuite en revue les organes ou les facultés qui nous posent dans le monde comme êtres doués de courage, de prudence, de tact et d'esprit, voire même de finesse, j'ai continué à me demander de quelle manière nous devions utiliser aussi ces pouvoirs de conservation personnelle; et sans oublier la puissance de destruction, le sentiment de propriété et le talent de l'architecture, j'ai dit dans quelle mesure également ces différentes facultés devaient s'employer à l'avantage de notre vie tout entière. Les mêmes hommes nobles qui auront prononcé sur le mérite moral de mes premières réponses, diront si dans celle-ci, j'ai manqué aux choses qui sont du même ordre élevé, et ils remarqueront sans doute que tout en voulant, conformément aux intentions de la nature, ouvrir une large carrière aux activités inférieures de l'âme humaine, néanmoins j'en ai toujours

subordonné l'action à la suprématie de l'intelligence et des sentimens moraux. En tout état de
choses, en quelque situation qu'il se place, je
veux toujours que l'homme reste homme.

Quelques personnes, à l'estime desquelles j'attache le plus grand prix, ont cru, sur quelques
morceaux détachés de mon ouvrage, que je prê-
chais ouvertement l'épicuréisme, et par cela même
elles m'ont fait craindre d'encourir les reproches
des gens de bien. Quoique le nombre des gens de
bien ne soit pas très considérable, la chose mérite
explication, car elle est vraie dans un sens et elle
est fausse dans un autre.

En faisant dans cet ouvrage un examen rapide
des fonctions de nos sens extérieurs, j'ai constaté
ce que j'avais déjà constaté dans l'analyse de nos
penchans primitifs, j'ai constaté la vérité d'un fait
qui n'avait point échappé au génie observateur
de l'antiquité, savoir : que dans tout ce qui constitue la vie instinctive, la vie animale, la vie sensoriale de notre espèce, aucun organe ne peut
fonctionner régulièrement, non seulement sans
donner un résultat utile, mais encore sans procurer à tout l'organisme un sentiment indéfinissable
de bien-être. Je n'ai donc pas pu ne pas admirer,
comme tous nos devanciers, la bienveillance et la
sagesse de la nature dans les moyens qu'elle em-

ploie pour faire arriver l'homme directement à ses
fins, et lorsque dans différens passages de ce livre, j'engage mes lecteurs à tenir compte de ses
doux avertissemens, à ne point mépriser ses sollicitations séduisantes, à se laisser enfin guider par
elle, je me suis moins proposé, comme cette
même nature, de les arrêter dans la jouissance et
la contemplation des plaisirs, que je n'ai eu l'intention de les faire arriver ainsi plus promptement, plus sûrement et plus agréablement à l'accomplissement de leurs propres destinées.

Et que sera-ce donc lorsque, dans l'ouvrage
qui va suivre celui-ci, je parlerai des joies profondes, durables, délicieuses qui précèdent, qui
accompagnent et qui suivent l'application de nos
sentimens d'homme, de nos sentimens de justice,
de bienveillance et de vénération? Que sera-ce
quand je peindrai les momens heureux de tous
ceux qui cultivent avec amour et dignité les lettres, les sciences et les beaux-arts; quand enfin,
je ferai ressortir à tous les yeux les indicibles voluptés attachées par cette même nature, à tous les
mouvemens sublimes de notre âme comme à l'enfantement magnifique de toutes les œuvres du
génie.

Dira-t-on que c'est moi qui fais encore ici l'office du tentateur, dira-t-on que c'est moi qui ai

inventé ces délices et ces enchantemens? Niera-t-on que ce ne soit une des grâces supérieures de la cause première à notre égard qui a voulu nous inviter aux grandes actions et nous récompenser des grandes actions par un sentiment de félicité dont les jouissances les plus légitimes et les plus vives de nos sens ne sauraient nous donner la plus légère idée.

Si c'est être sensualiste, si c'est être épicurien, que de constater toutes ces choses et que d'agir en conséquence, je suis sensualiste, je suis épicurien; car, pour attirer au bien la foule de mes semblables, pour l'appeler à la vertu, je me sers de tous ces artifices et de toutes ces bienveillances de la nature. Je n'ai point l'habitude de placer ni moi ni les autres dans une sphère étrangère à celle de notre constitution; et s'il existe quelques personnes qui croient pouvoir *créer* les sentimens moraux par simple effort intellectuel, ou en d'autres termes qui croient pouvoir se passionner et passionner les autres pour *le juste* et *l'honnête* par la considération tranquille, froide et élevée de l'excellence de ces choses en elles-mêmes, je soutiens, contre l'opinion de ces têtes systématiques, orgueilleuses, incomplètes et glacées, qu'il y a dans cette opinion une véritable illusion de leur part, une ignorance inconcevable de la nature de l'homme. Je soutiens que l'intelligence ne donne point de sentimens, et que les sentimens ne donnent point l'intelligence. Ce sont deux ordres de facultés tout-à-fait différens : on peut avoir beaucoup d'intelligence et peu de sentimens moraux, on peut avoir beaucoup de sensibilité, beaucoup d'âme, et avec tout cela n'avoir pas le sens commun. L'œil n'est point l'oreille, le nez n'est point la main, l'intelligence ne ressemble point aux sentimens, les sentimens ne ressemblent point à l'intelligence ; chaque faculté est indépendante d'une autre faculté et ne se développe que par le fait de son exercice propre.

Pour revenir à mon sujet, je prends donc tout simplement les choses telles qu'elles sont établies ; je reconnais un fait qu'aucun homme bien né et bien élevé ne saurait récuser, je reconnais les joies universelles, intimes, éternelles, qui sont inhérentes à l'exercice de nos sentimens moraux, je dis que ces sentimens moraux ne relèvent que d'eux seuls ; et lorsque j'aperçois dans la société une foule d'individus qui par abrutissement ne sont point entrés dans les voies de leur propre nature, et que je cherche à les rendre à eux-mêmes, il ne peut pas me venir en idée qu'il y ait du mal à leur tracer une image enivrante du bonheur qui les attend, du moment qu'ils deverseront sur leurs semblables l'activité de la grande et belle âme qu'ils ont reçue du ciel.

Par suite du même principe, j'ai tort incontestablement aussi d'exciter l'intelligence au travail par l'énumération complaisante des plaisirs vrais qui en sont la conséquence. Que veut-on? Est-ce ma faute à moi, si la chose est ainsi? D'ailleurs on dira tout ce que l'on voudra, je le répète encore une fois, si c'est être épicurien que de répondre en toutes choses et autant qu'il est en soi aux volontés bienfaisantes du créateur, je suis épicurien, car à commencer par le premier des penchans que nous partageons avec les espèces inférieures, il a voulu que nous trouvassions du plaisir dans la société de la femme, que nous fussions pénétrés pour elle d'un sentiment d'affection et d'amour, et déjà, sous ce rapport, je me trouve bien heureusement placé dans l'ordre de ma constitution. Si c'est être épicurien que d'aimer avec transport ses enfans, je le suis; si c'est l'être, que de s'attacher avec bonheur à ses amis, à sa famille, à son pays, à ses semblables, je le suis; je le suis, si je m'emploie à défendre courageusement de nobles intérêts, car je ne puis le faire sans orgueil et sans joie. Lorsque je m'applique à déjouer les basses intrigues de mes ennemis, lorsque je me retrempe dans mon énergie, que je me renferme

et me prépare dans ma circonspection, j'éprouve
encore des contentemens intérieurs. Si j'exerce
mon sentiment de propriété, si j'amasse des richesses, quelle joie! Non seulement je suis heureux par le fait seul de l'activité de cette faculté,
mais je lui dois d'avoir là, dans mon coffre, à ma
disposition, des ressources toutes prêtes pour occuper des ouvriers sans travail, pour encourager
les arts, honorer les artistes, obliger mes parens
et secourir les malheureux. Lorsque pour subvenir
aux besoins de mon alimentation, j'ai recours à
la pêche et que je tends mes filets dans les lacs,
les rivières et les fleuves, je jouis; lorsque pour
le même objet, je veux chasser, et que dans les
plaines, sur les coteaux, dans les bois, je pour-
suis et détruits les sangliers, les perdreaux, les fai-
sans, je jouis, et je trouve aussi tout naturel et tout
agréable de satisfaire avec ces excellentes choses
mon excellent appétit. Ai-je l'intention de me
construire une habitation, je m'élève au-dessus
du simple instinct de la constructivité, j'appelle à
mon aide quelques-unes des brillantes facultés du
cerveau, je me bâtis joyeusement une maison où
la solidité, la magnificence, le confort et le goût
viennent à chaque instant intéresser ma vie, et
dans ce sens encore je suis épicurien.

Je ne dis rien de nos sens extérieurs; si c'est

être sensualiste que de les tenir bien ouverts, que de ne rien perdre du spectacle imposant de la terre et des cieux, en vérité, je suis encore contraint d'avouer mon grand défaut, car lorsqu'ils me transmettent et me racontent toutes les gloires du Seigneur, je ne puis pas ne pas me trouver heureux d'avoir été frappé de leur magnificence.

Quant aux facultés morales et intellectuelles, je redirai toujours la même chose, c'est que nous sommes comblés des bénédictions de Dieu, et que dans cet ordre élevé de pouvoirs, il a également multiplié ses ressources et ses séductions pour que nous ne puissions faillir à nous-mêmes. Si c'est donc être encore épicurien que de sentir les charmes de la vertu, et que de ne savoir ni pouvoir résister à leur empire, je le suis et je veux l'être, et ne veux autant qu'il est en moi m'écarter un seul instant de la voie qui m'est tracée pour être heureux. Si c'est l'être également que de rechercher et poursuivre les satisfactions qu'entraînent avec eux les nobles travaux de l'intelligence, je le suis encore et veux l'être, et ne veux point cesser d'occuper dignement mon esprit, et cela toujours pour le mandat d'homme que j'ai reçu, pour le bonheur de ma vie et le plus bel emploi que je puisse faire de mon temps.

Et notez bien, lecteurs, que tout en signalant

les voluptés qui résultent de l'exercice des facultés supérieures du cerveau, notez bien que je flétris dans mon âme et que je n'accepte point dans ma tête la philosophie d'Helvétius; loin de prétendre comme lui que nous faisons ou que nous devons faire le bien par calcul, par intérêt, par considération de plaisir, je dis au contraire et je prouve que nous sommes bons par le seul entraînement de notre bienveillance, par premier mouvement, par besoin, par nécessité, sans réflexion, en opposition même avec nos avantages personnels. Nous faisons le bien parce qu'il est dans notre nature supérieure de le faire; comme tous les autres êtres de la création, nous donnons ce que nous avons reçu : la ronce porte des épines, le figuier porte des figues, la vigne porte des raisins, un cheval est un cheval, et un homme est un homme. Les qualités élevées qui sont en nous se manifestent parce qu'elles sont en nous, et que chez les individus qui ont autre chose à faire qu'à songer à ne pas mourir de misère, ou qui n'ont pas été pervertis, elles ne sont pas mortes nées. Une satisfaction intérieure, il est vrai, suit inévitablement leurs mouvemens désintéressés, mais cette première récompense d'une bonne action n'est point un mobile pour leur activité, elle en est simplement le résultat. C'est donc aux parties supérieures du cerveau de l'homme, pour bien rendre ma pensée, c'est donc aux merveilles de la nature humaine, pour me servir des expressions de Sc. Pinel, qu'il faut renvoyer l'instinct de la morale naturelle; et par cela même que cette vérité a été indignement profanée, il est temps qu'elle sorte de l'homme majestueuse et sublime, telle que la divinité s'est plu à l'y placer.

Je cherche cependant, dira-t-on, et cela est vrai, à faire connaître à qui veut m'entendre, les avantages et les plaisirs qui tiennent à l'exercice de nos facultés supérieures; je promets mille et mille satisfactions pour une à tous ceux qui se feront un devoir d'en écouter et d'en suivre les inspirations. Je ne nie point le fait, et il est bien certain qu'au moins, sous ce point de vue, je mets en jeu les intérêts de notre nature élevée. Mais d'abord pourquoi ne pas dire la vérité, toute la vérité, pourquoi vouloir s'obstiner à taire un bienfait de la Providence? Oui, c'est une loi de la nature, nous trouvons tous du plaisir à bien faire. Et quel malheur, quels inconvéniens peut donc avoir une doctrine qui, d'une part, reconnaît toute la spontanéité de la vertu, et qui, d'une autre part, comme motif d'action aux yeux de l'intelligence, se complaît à en faire ressortir les douceurs? Que trouver à reprendre dans une

doctrine qui non seulement conduit à subordonner les penchans inférieurs à la suprématie de l'intelligence et des sentimens moraux, mais qui porte
encore chaque individu à sacrifier tous ses intérêts
d'animal au bien-être de ses semblables, et qui
place le souverain bien dans l'application des facultés qui n'ont en vue que le bonheur des autres.

En voilà bien assez, je pense, pour relever
dans l'estime publique mon épicuréisme et celui
de l'ancien philosophe qui y a donné son nom.

Nos adversaires qui, à ce qu'il paraît, croient
moins que nous aux grandeurs de l'humanité, ou
qui en négligent à dessein les ressources, font
semblant de se courroucer contre nous, sous le
prétexte que nos opinions, tout exactes et toutes
vraies qu'elles puissent être, ont de la tendance,
comme ils le disent, à renforcer les dispositions
de l'égoïsme et à réduire les plus beaux mouvemens de notre âme à une espèce d'intérêt parfaitement entendu. Je viens tout-à-l'heure de montrer la fausseté de cette assertion, et j'ai prouvé
que nos grandes et belles qualités d'âme ne rele-
vaient que d'elles-mêmes, qu'elles étaient un privilége de notre organisation, et que les plus
grands efforts du calcul et de l'intelligence ne
pouvaient jamais les faire naître. J'ai dit seulement à ce sujet ce qui est vrai, j'ai dit que ces or-

ganes supérieurs, que ces facultés élevées ne pouvaient s'exercer, ni s'appliquer sans un sentiment de volupté qui leur est propre et auquel on ne peut rien comparer. Et par suite de cette observation qu'il n'est donné à personne de détruire et de nier, j'ai engagé et j'engage les nombreux individus qui, par malheur de position sociale, sont exclusivement occupés de parer aux premières nécessités de leur existence, et qui, par cela même, ne sont pas fortement incités à vivre de la vie des facultés morales, et à s'occuper du bonheur de leurs semblables, je les engage à oublier un moment et leur soif et leur faim, à échapper un moment au sentiment de leurs douleurs, à écouter les inspirations des facultés élevées qu'ils ont comme nous dans la tête, convaincu que je suis qu'ils y trouveront à l'instant même un adoucissement à leurs maux et une excitation à marcher de plus en plus par la réflexion et le sentiment du vrai plaisir dans les voies de l'humanité.

Voilà l'épicuréisme abominable de ma doctrine, voilà pour ramener l'homme à l'excellence de sa nature et à la supériorité de ses attributs, la coupe empoisonnée que j'ai la hardiesse de lui présenter. Nos officiers de morale ne vont point par tous ces chemins; désespérant de déterminer l'homme à bien faire par la prise en considération des motifs que nous avons puisés dans sa nature élevée, ils ont imaginé de le traiter éternellement comme un animal ou comme un enfant, et de le prendre en tout point par ses facultés inférieures. Savez-vous les moyens que ces rigoristes, que ces métaphysiciens transcendans, que ces purs esprits emploient pour ennoblir l'homme et lui faire aimer la vertu. A ceux qui font le mal, ils annoncent les peines et les tortures de l'enfer, à ceux qui font le bien, ils promettent toutes les joies du paradis. Les qualités des uns reposent sur la crainte du diable, les qualités des autres sur l'espérance d'un bonheur qui n'aura pas de fin.

Je le demande à ces mêmes hommes nobles dont j'ai déjà recherché les suffrages : peut-on, quand on se sert de pareils mobiles, mieux montrer combien peu l'on estime la grandeur *propre* de l'homme ? Peut-on avoir moins de confiance dans l'activité *propre* des facultés qui le distinguent ? Peut-on aller chercher des motifs d'action plus éloignés de sa *propre* nature ? Ne dirait-on pas que dans cet être qu'ils prétendent cependant fait à l'image de la divinité, il n'y a pas une seule fibre supérieure à toucher ? Que font-ils de ces sentimens du beau, du juste et du divin, qu'ils reconnaissent comme nous avoir été implantés dans son âme ? Homme, chef-d'œuvre de la création, roi de l'univers, l'Éternel s'est-il joué de ta personne? Es-tu vraiment ce que tu crois être, ou ceux qui te traitent ainsi se jouent-ils et de l'Éternel et de toi?

Ces images grossières, ce matérialisme renouvelé des anciens païens, ces contes bleus ne vont point à mon intelligence. Je laisse à mes lecteurs le choix des deux systèmes, mais je présente le mien comme le plus beau, le plus vrai, le plus moral et le mieux en rapport avec la grande idée que je me suis faite de l'homme et la grande idée que je me suis faite de Dieu.

Si cette profession de foi ne met pas au grand jour la bonté de ma cause et l'excellence de mes intentions, il ne me reste plus qu'à témoigner par moi-même de la vérité et de la supériorité de ma doctrine.

Je n'ai point convaincu mes antagonistes. Eh! bien, plein de confiance en mes semblables, je proteste d'abord contre leur ignorance ou leur mauvaise foi, et cette confiance en mes contemporains fût-elle une illusion, cette illusion est bonne en soi et pour moi, car elle fait honneur à mon caractère et plaît à mon esprit.

Mon intelligence, en second lieu, conçoit leurs menées et leurs oppositions, et elle se réjouit de ne point en être la dupe. D'autre part, mon courage prend plaisir à braver leur colère et à défier leurs attaques. L'estime où je me tiens les dédaigne, en même temps, de toute la hauteur de sa position ; au milieu de tous ces mouvemens de réaction, ma bienveillance aussi se surprend avec bonheur à leur chercher des excuses, et mon sentiment consciencieux, satisfait d'avoir dit ce qu'il a cru être bon, utile et vrai, répète avec transport ce vieux mot des chevaliers : « Fais ce que dois advienne que pourra. »

SYSTÈME PHILOSOPHIQUE.

Je présente au public ce cours de physiologie du cerveau, professé pour la première fois en 1836, comme un traité de philosophie naturelle ; je m'y occupe presque exclusivement de *l'homme animal*, et dans ce sujet même je me propose moins d'ajouter de nouveaux faits à tous ceux qui ont été publiés en faveur de la pluralité des organes cérébraux et de la localisation des facultés, que d'étudier et de faire connaître l'homme sous le rapport fonctionnel de ces mêmes organes et de ces mêmes facultés.

Le moment est venu, à ce qu'il me semble, de faire, pour les différens pouvoirs du cerveau, ce qu'on a fait pour les différens sens extérieurs.

Sans doute, dans les premiers temps de la science de l'homme, il a fallu commencer aussi par indiquer la situation, la forme, la structure anatomique des appareils de la sensation ; mais après être entré dans tous ces détails, et avoir dit et prouvé cent et cent fois, par exemple, que les yeux sont placés à la partie inférieure du front et qu'ils servent à la vue ; après avoir dit un aussi

grand nombre de fois que le nez occupe le milieu du visage et qu'il sert à l'olfaction, que les
oreilles sont placées sur les parties latérales de
la tête et qu'elles servent à l'audition, on a
fini par vouloir pénétrer plus avant dans la connaissance de ces instrumens du cerveau; on s'est
occupé de leur mécanisme et de leurs fonctions;
on a admiré leur merveilleuse adaption aux grands
phénomènes de la physique universelle; les lois
de l'optique, de l'acoustique, etc., etc., ont été
découvertes, et par ces diverses investigations
bien soutenues, on est successivement arrivé à
avoir sur chacun d'eux des données scientifiques,
et par cela même à étendre leurs sphères d'activité, à perfectionner leurs mouvemens, et, par
une autre conséquence, à multiplier la somme de
nos plaisirs et la force de nos pouvoirs.

Ce qu'on a fait pour les sens extérieurs, je
veux, autant qu'il est en moi, le faire pour les
organes intérieurs.

Aujourd'hui ce n'est plus assez de répéter que
les penchans de la brute occupent les parties latérales de la tête humaine, que les sentimens
moraux ont pour siége la partie supérieure, et
que les puissances intellectuelles et perceptives
sont placées aux parties antérieures; il ne suffit
plus de répéter que telle et telle faculté prédomi-

nante, de quelque ordre qu'elle soit, se dessine en général fortement à l'extérieur, à travers les tégumens osseux et membraneux de l'encéphale, et qu'on en peut déduire les dispositions, le caractère et les talens propres à chaque individu : les preuves positives et négatives de ce grand fait d'observation fourmillent dans les ouvrages de Gall, Spurzheim, Broussais, Fossati, Georges Combe et Vimont. J'y renvoie tous les hommes désireux d'instruction, et qui cherchent sincèrement la vérité. Quant à moi, sans cesser pour cela de recueillir de nouveaux faits, je renonce à convaincre par quelques observations de plus, tirées de mon expérience personnelle, tout individu qui ne se sera point rendu aux démonstrations imposantes de tous ces savans : je n'ai point le talent de faire entendre des sourds ni de faire voir des aveugles.

Que me suis-je donc proposé et que me proposé-je encore aujourd'hui dans mes travaux ? Je viens de le dire ; en m'occupant de physiologie du cerveau, je me propose de faire un traité de philosophie pratique.

J'étudie l'homme particulièrement dans sa vie de relation : c'est comme être qui a des sens et qui doit les ouvrir, c'est comme être qui a des instincts, des penchans à satisfaire, des sentimens à donner et des talens à manifester ; c'est comme animal, c'est comme être moral, c'est comme être intellectuel que je m'attache à le considérer. Je voudrais le voir vivre de la vie de ses trois natures.

Dans mon opinion, l'homme est un être déterminé, est un être fini, et en ce sens, quoique susceptible des modifications les plus diverses et les plus opposées, il est ce qu'il est et ne peut être que ce qu'il est ; il est ce que la cause première a voulu qu'il fût ; à lui aussi, rien ne lui appartient, tout lui a été donné ; en cela, il ressemble au brin d'herbe, à l'insecte, au lion qui parcourt le désert, à l'aigle qui fend la nue. Les circonstances extérieures, comme je viens de le dire, modifient profondément son organisme, et, partant, sa manière d'exister, à tel point, comme le disait fort bien Plutarque, qu'il y a souvent, sous l'influence de ces causes extérieures, plus loin de tel homme à tel homme, que de tel homme à telle bête. Mais que ces circonstances soient favorables ou défavorables à son développement, il n'en conserve pas moins son cachet, son empreinte ; il ne peut jamais se transformer en un autre être ; il reste toujours homme, c'est-à-dire, toujours à part et toujours le premier dans la création. Dans le bien comme dans le mal, dans la science comme dans l'ignorance, dans les traits les plus sublimes de son âme comme dans les faits de la plus ignoble abjection, il ne perd jamais son individualité. On peut dire seulement qu'aucun être ne peut s'élever aussi haut, et qu'aucun être non plus ne peut tomber aussi bas. Mais, quoi qu'il dise et qu'il fasse, il ne ressemble toujours qu'à lui-même : son cercle est tracé de la main du maître, et il reste éternellement renfermé dans les pouvoirs de sa constitution.

Par ce peu de mots, je viens de vous faire connaître mon opinion sur le système de la perfectibilité indéfinie. Néanmoins, si c'est une utopie que j'ai détruite dans votre esprit, si nous sommes effectivement des êtres déterminés et finis, il ne faut pas croire pour cela qu'il n'y ait rien à faire pour notre perfectionnement. Quoique limités dans notre propre sphère, nous sommes éminemment modifiables et perfectibles, et malgré les progrès de notre civilisation, nous sommes encore tellement loin du but qui nous est assigné, que l'espace et la carrière et la matière ne sauraient nous manquer.

En quoi donc maintenant la physiologie du cerveau doit-elle être considérée comme un traité de philosophie pratique ?

Je ne m'arrêterai point à démontrer que le cer-

veau est l'instrument de l'âme, que le cerveau
est la condition matérielle sans laquelle il n'y a ni
perceptions, ni pensées, ni sentimens, ni penchans. Du bon état de l'organe et de son beau développement dépendent les manifestations larges, puissantes et harmoniques de nos facultés.
Dans la science, ces deux propositions ne faisant
aucun doute aujourd'hui, il est clair que si je m'occupe des fonctions de cet organe, j'aborde en fait
les plus hautes questions de la vie de relation, ou,
en d'autres termes, que j'aborde en fait les plus
hautes questions de la vie instinctive, de la vie
morale, de la vie intellectuelle. Il est clair que je
viens toucher toutes les fibres du cœur humain,
que je viens examiner tous les grands faits sociaux,
que je fais de la philosophie et pas autre chose
que de la philosophie.

J'ai dit plus (et ce n'est pas sans raison que j'insiste sur ce point); j'ai dit que je voulais faire de
la philosophie pratique, et cela, pour qu'on ne
s'imaginât pas que j'allais me perdre dans les
songes creux de Platon, de Descartes, de Leibnitz, de Kant et de tous leurs imitateurs. J'ai
voulu, par un seul mot, faire entendre qu'il ne
fallait rien attendre de moi en fait de philosophie
transcendentale ou spéculative : je ne perds point
de vue la terre; j'y suis jeté, j'y reste.

En nous servant de la physiologie pour étudier l'ensemble de nos facultés, nous différons en beaucoup de points, vous le savez, Messieurs, de l'école psycologique. Nous nous renfermons dans une observation rigoureuse. Nous commençons d'abord par constater et enregistrer les manifestations qui constituent ce qu'on appelle ordinairement *le moral de l'homme*; puis, loin de nous jeter dans le vague et l'arbitraire, nous rattachons constamment ces manifestations, comme le disait fort bien l'illustre Broussais, aux portions de son physique sans lesquelles elles ne seraient pas; nous les rattachons à leur cause organique.

Dans notre système, qui est celui de la nature même, tout est exact, tout est plein de lucidité, tout repose sur l'observation, et l'observation ultérieure ne viendra jamais y apporter le moindre démenti.

Pour quelques personnes qui ne sont point encore familiarisées avec nos études, je crois devoir en quelque sorte pour la seconde fois en présenter un résumé succinct.

Les impressions du monde extérieur sont transmises, par l'intermède des sens, à la partie antérieure et inférieure du cerveau, où siégent les facultés de la perception.

Dans notre système, c'est également au cerveau que nous rapportons nos amours de tout ordre, nos affections, nos penchans, nos instincts de conservation, toutes les facultés qui assurent la vie de l'espèce comme celle de l'individu. La partie latérale et postérieure du même organe est le théâtre de tous ces mouvemens passionnés.

Par suite du même système, toujours appuyés sur une multitude de faits positifs, nous disons que les sentimens moraux viennent également trouver leur localisation sous la voûte élevée que forment les pariétaux et le coronal dans leur partie supérieure.

Enfin, les plus hauts pouvoirs de l'intelligence relèvent du développement de la partie antérieure et supérieure du front.

Ainsi donc, Messieurs, facultés perceptives qui nous lient à toutes les scènes de l'univers et à tous les objets indispensables à connaître, penchans de la brute, sentimens supérieurs, puissances intellectuelles, tout ce qui constitue la vie des sens, la vie animale, la vie morale, la vie intellectuelle, tout est renfermé dans le cerveau; et c'est en conséquence sur le cerveau, et sur le cerveau seul qu'il faut agir, si l'on veut donner à la tête humaine tout le développement dont elle est susceptible, si l'on veut multiplier nos sensations, régler et gouverner nos penchans, cultiver et ennoblir nos sentimens , et ouvrir pleine carrière à notre intelligence.

Il n'y a point là de métaphysique obscure, tout est évident, tout est palpable, tout est matériel, tout est simple, tout est vrai. L'âme n'est point niée, seulement elle est dépendante et sujette. La liberté ne lui est acquise que du moment où, par la mort du corps, elle se détache de tous les liens qui l'attachaient à la terre.

On ne saurait trop le répéter, il n'y a pas une impression reçue, il n'y a pas un désir, pas une passion, une affection, pas une idée, qui n'ait, dans telle ou telle partie du cerveau, son instrument, sa cause et son explication. Les penchans les plus terribles ou les plus tendres, les sentimens les plus nobles, les plus beaux aperçus du génie, les qualités les plus brillantes de l'esprit et du cœur; tout ce que les métaphysiciens ont prétendu ne pas tomber sous les sens et ne point appartenir à la matière, tout cela est le résultat de l'activité des organes cérébraux. Comment s'opèrent tous ces prodigieux phénomènes? nous n'en savons rien, Messieurs; ils sont, ils se passent dans le cerveau, ils se manifestent à l'aide du cerveau : voilà ce que l'on peut affirmer, et ils attestent au moins la puissance et la grandeur de Dieu.

En voici bien assez pour démontrer tout ce

qu'il y a de positif et d'essentiellement pratique
dans notre physiologie. On peut consulter tous
les écrits des anciens et des modernes; mais je
porte le défi de trouver dans aucun d'eux rien qui
ressemble à cette analyse si profonde et si large
et si nette de l'entendement humain. Nulle part
également je ne vois qu'on ait rattaché les forces
en activité, les attributs, les puissances de notre
être, nos qualités bien déterminées, à telles et
telles parties cérébrales également bien déterminées; on était seulement arrivé, avec notre véné-
rable Pinel, à soupçonner qu'il pouvait bien y
avoir quelque rapport nécessaire entre l'idiotisme,
l'absence plus ou moins complète des facultés intellectuelles, et l'étroitesse ou l'aplatissement du
front, mais on n'était point allé au-delà de ce fait
si intéressant; on ne s'était point douté que les
parties supérieures, postérieures et latérales du
cerveau pussent avoir quelque valeur ou quelque
signification dans la physiologie. En un mot, on
ne connaissait point les élémens divers et bien dis-
tincts qui entrent dans la constitution cérébrale
de l'homme. On ne savait où la nature en avait
placé le siége; on ignorait leurs rapports respectifs; on ne se faisait pas une idée de leurs vrais
modificateurs, et par cela même on restait dans
l'impossibilité de pouvoir jamais, tant pour les in-

dividus que pour les peuples, offrir des bases invariables à l'éducation, à la morale, à la politique et à la législation, et au traitement de l'aliénation mentale.

Voyez, Messieurs, au sujet de l'éducation, où nous en sommes encore aujourd'hui.

Dans un compte-rendu de la justice criminelle en France (1837), on a constaté que les récidives étaient plus fréquentes chez les sujets qui avaient reçu de l'instruction que chez ceux qui en avaient été privés. Devant un pareil fait, quelques hommes de bonne foi ont montré de l'étonnement, quelques autres se sont demandé si la civilisation n'avait pas ses dangers ; à tout le monde la chose a paru singulière. Quelle profonde ignorance de la nature de l'homme ! Rien de plus simple cependant, et c'est ici que la physiologie du cerveau, si on veut enfin la consulter, peut rendre les services les plus éminens à la société.

Apprenons donc, Messieurs, à nos philanthropes, à nos moralistes, à nos législateurs, à tous ceux qui veulent se charger de l'éducation des peuples ; apprenons-leur les élémens de la science.

Les sentimens moraux et les pouvoirs intellectuels sont beaucoup moins énergiques, sont beaucoup moins vivaces par eux-mêmes que les penchans de la brute. Pour se manifester puissamment, ils ont en quelque sorte besoin, comme je le prouverai dans cet ouvrage, d'une seconde création.

Ces facultés sont, il est vrai, un des apanages distinctifs de l'espèce humaine; mais, en général, les sollicitations du monde extérieur leur sont nécessaires pour acquérir toute l'activité dont elles sont susceptibles, pour devenir principes détermi-nans d'action, et constituer par elles-mêmes de véritables besoins. Leur beauté, leur puissance et leur étendue ne se montrent que par l'effet d'un exercice continuel. Règle générale! l'homme qui n'a que de l'instruction est toujours dange-reux. — L'éducation morale peut seule préser-ver la société de cette foule d'aigrefins qui l'ont exploitée et qui l'exploitent avec impunité.

Le temps me presse, Messieurs, et, ayant en-core à vous communiquer quelques réflexions sur les avantages que nous pouvons retirer pour notre existence particulière des connaissances phréno-logiques, je remets à une de nos prochaines séan-ces les applications que j'en voulais faire aujour-d'hui même à la politique et à la législation.

Vous n'avez point oublié qu'au commencement de ce discours je disais que la physiologie du cer-veau, se renfermant sévèrement dans l'étude, le mouvement et le jeu fonctionnel de nos appa-

reils, devait former un véritable traité de philosophie pratique.

En nous repliant un instant chacun de nous sur
nous-mêmes, une question toute naturelle se présente donc actuellement à l'esprit.

La connaissance que la physiologie du cerveau
nous donne de notre propre nature peut-elle servir
à nous guider dans l'emploi du temps et dans l'emploi de la vie? Vous le sentez, Messieurs, placés
comme nous le sommes en tête de la création des
êtres, comblés des libéralités de la nature, possédant par le nombre et l'activité de nos facultés
mille sources de jouissances pour une, il est d'un
intérêt majeur et tout-à-fait positif pour nous tous,
d'examiner notre position, et de voir effectivement si la manière dont nous vivons, répond à
tout ce que comportent la richesse et la variété
des pouvoirs de notre constitution.

« Sous ce rapport, a dit Montaigne, qui m'a
devancé dans l'expression de cette idée, il n'y a
point de sujet à l'homme de se plaindre, mais bien
de se courroucer contre lui. Nous avons assez de
vie, mais nous n'en sommes pas bons ménagers.
Elle n'est pas courte, mais nous la faisons. Nous
n'en sommes pas nécessiteux, mais prodigues.
Nous la perdons, dissipons et en faisons marché
comme de chose de néant et qui regorge. Nous

c

tombons tous dans l'une de ces trois choses , l'employer mal , l'employer à rien , l'employer en vain;
personne n'étudie à vivre ; l'on s'occupe plutôt à
tout autre chose.

» Un témoignage de l'imbécillité de l'homme ,
continue ce grand observateur, est au retrancher
des plaisirs qui lui appartiennent, et au rabattre
du nombre et de la douceur d'iceux. Quel monstre !
qui est ennemi de soi-même , se dérobe et se trahit
soi-même, à qui ses plaisirs pèsent, qui se tient
au malheur ! Il y en a qui évitent la santé, l'allé-
gresse, la joie, comme choses mauvaises. Nous ne
sommes ingénieux qu'à nous mal mener. C'est le
vrai gibier de la force de notre esprit. Il y a encore
pis, reprend-il dans un autre endroit de son ouvrage : l'esprit humain n'est pas seulement rabat-
joie , trouble-fête , ennemi de ses appétits naturels et justes plaisirs ; mais encore il est forgeur de
maux. On dirait vraiment que nous sommes amoureux de misère. »

De tous côtés, Messieurs, et depuis la plus haute
antiquité jusqu'à nos jours, on se plaint de la condition malheureuse de l'humanité. Il est incontestable qu'à bien examiner dans tous les temps son
mode général d'existence, elle n'a pu être dite ni
ne peut être dite encore tranquille et fortunée.
Dans cette circonstance, cependant, n'accusons

point l'auteur des choses, nous en fournirons mille
et une preuves. La nature a mis en nous tous les
moyens d'être heureux. Notre mal vient d'ignorance; notre mal vient de nous-mêmes, et si nous
suivions mieux ses inspirations et ses lois, si nous
donnions carrière à toutes nos facultés, si, par
abus des meilleurs principes, nous ne flétrissions
pas dans notre esprit l'exercice et les joies de nos
sens; si, dans cette manière d'être si belle, si
bonne, si douce et si complète, *nous avions soin
de subordonner nos déterminations à la suprématie
de l'intelligence et des sentimens moraux*; si nous
apportions enfin de l'harmonie et de la pondération dans l'exercice de nos différens pouvoirs,
oh! alors, notre vie noblement réglée, parfaitement remplie, n'éprouverait point de mécomptes.
Elle serait ce qu'elle doit être, et se passerait tout
entière dans l'enivrement des plus douces voluptés.

Vivre, est donc le métier que je voudrais que
nous apprissions ensemble, Messieurs. J.-J.
Rousseau, à qui j'emprunte cette dernière expression, n'avait point envisagé la question sous le
même point de vue. Ce philosophe se proposait
particulièrement d'armer son disciple contre toutes les éventualités de ce monde; non seulement,
dans les rêves de son imagination, il croyait

pouvoir le mettre en état de s'illustrer indifféremment dans toutes les carrières; mais il croyait
pouvoir encore, en le faisant passer par les épreuves les plus douloureuses de la vie, user à la
longue sa sensibilité, le rendre invulnérable et en
faire un héros, pour ne pas dire un martyr.

Tout en applaudissant à quelques principes de
ce grand écrivain, tout en ne doutant pas de l'é-
tendue des pouvoirs renfermés dans la constitution cérébrale la plus vulgaire et des influences
immenses de l'éducation, ce n'est point un pareil
but que je propose à l'émulation de mes lecteurs, et quand je dis que vivre est le métier que
je voudrais que nous apprissions ensemble, je
veux faire entendre par-là, qu'au milieu des circonstances assez favorables déjà où se trouvent
les différentes classes de la société, nous n'avons
point une idée vraie de notre condition et que nous
savons mal employer notre vie.

Serions-nous donc trop faibles, pour supporter le poids des libéralités de la nature? et avec
toutes nos richesses, toutes nos grandeurs et
toutes nos puissances, serions-nous réduits à envier, pour la plénitude de l'existence, le sort de
tous les animaux.

Leurs facultés sont, il est vrai, en beaucoup
moins grand nombre que les nôtres; leurs pou-

voirs sont moins étendus, leurs sphères d'activité beaucoup moins larges et beaucoup moins
variées ; mais suivez-les dans leur vie, étudiez-
les, notez chacune de leurs manifestations,
et sans vous jeter dans toutes les profondeurs de
la science, dites-moi si, parmi tous ceux que
vous pouvez observer dans nos fermes, dans nos
forêts et nos plaines, si, parmi tous ceux qui se
meuvent et se jouent dans nos lacs, nos fleuves et
nos mers, si chez aucun d'eux vous apercevez une
seule faculté qui manque à son but d'existence ;
dites-moi si vous n'êtes pas frappés de la manière
énergique, complète et heureuse dont ils remplissent tous leur espace et leur temps, et si, dans
l'ordre spécial et les attributions respectives de
leurs différens pouvoirs, ils cessent un instant
de se dessiner sous les couleurs les plus vives,
de mettre en activité tout leur être, et de répondre pleinement ainsi aux intentions formelles de
la nature.

Quelle différence entre eux et nous! Où sont-
ils, les hommes qui soient tout ce que la nature
les a faits, qui soient tout ce que la nature a voulu
qu'ils fussent ? Où sont-ils, les hommes qui vivent
tout à la fois par leurs penchans inférieurs, par
leurs sentimens moraux, par leurs puissances
intellectuelles, et par leurs facultés de percep-

tion? Je ne veux point parler de ceux qui n'ont pu échapper au malheur de leur condition extérieure, et qui, sous le poids de la misère, n'ont pu faire autre chose que lutter contre la douleur et la mort. Je ne veux point parler non plus de ceux qui, quoique affranchis des premiers besoins et beaucoup plus favorablement placés dans le monde, ont cependant été mutilés par les institutions politiques ou religieuses de leur pays; mais portant plus loin et partout nos regards investigateurs, examinons chez les nations prétendues civilisées, qui vivent plus ou moins libres sous leurs gouvernemens, examinons les classes de la société qui ont le plus d'instruction, le plus de fortune, le plus de puissance et le plus de liberté, et voyons si chez elles-mêmes nous n'avons pas à déplorer un mode incomplet d'existence.

Où sont-ils donc, parmi tous ces heureux du siècle, les hommes qui puissent se donner comme les représentans magnifiques de l'humanité? Que font tous ces rois, tous ces princes, tous ces banquiers, tous ces magistrats, ces évêques, ces médecins, ces membres de nos académies, ces hommes de lettres, ces généraux, ces députés, ces ambassadeurs, ces artistes? Que font aussi toutes ces femmes brillantes, qui, à différens titres, associent leur existence à la leur?

Quelle est leur manière de vivre? d'où vien-
nent-ils? que veulent-ils? où vont-ils? Ont-ils la
moindre idée de ce qu'ils sont? se connaissent-
ils? ont-ils fait l'analyse des nombreux pouvoirs
renfermés dans leur constitution? savent-ils toutes les libéralités de la nature à leur égard? et
s'ils savent tout cela, savent-ils que dans cet
univers déployé devant eux, aucun objet ne
manque à l'application de toutes ces forces et de
toutes ces puissances qui leur ont été données, et
qu'ils n'ont, par conséquent, pour bien vivre de
toutes les vies de leur nature, qu'à s'ouvrir largement la carrière?

Je me propose, en conséquence, dans la suite
de ce cours, de dire de quelle manière, sous tous
les rapports, l'homme doit se dérouler en ce
monde. Je veux que nous ayons le sentiment des
bienfaits de Dieu; que nous soyons aussi heureux
qu'il a voulu que nous le fussions; que, par des
observations bien faites, on découvre toutes les
voies délicieuses par lesquelles il nous conduit à
l'accomplissement de ses desseins. Je veux, pour
que nous puissions en jouir avec plus de reconnaissance, d'attention et de plénitude, qu'on sa-
che que le dernier appareil de l'économie, comme
la puissance la plus élevée de notre âme, ne peut
entrer en activité sans un sentiment particulier

de bien-être ; c'est une loi générale, c'est une munificence de nature : les frémissemens de la volupté précèdent, accompagnent et suivent l'exercice et l'emploi régulier de tous nos sens, de tous nos penchans, de tous nos sentimens, de toutes nos facultés intellectuelles. Messieurs, notre bonheur est dans nos mains ; vivons pleinement sans crainte et sans remords de toutes les vies qui nous ont été données.

Si je m'exprime ainsi, c'est que, par suite des faux systèmes, ou religieux, ou philosophiques, ou politiques, qui ont eu force de loi jusqu'à présent, on s'est efforcé d'arracher l'homme à sa destination naturelle ; c'est que les hommes qui se sont chargés de sa direction, incomplets ou pervertis, ou simplement préoccupés de parer aux désordres de leur époque, ont osé juger l'œuvre de la création et porter sur elle une main sacrilége. Tantôt on a déifié le corps et la matière, et la vie, dépouillée de poésie, de morale et de grandeur, s'est passée dans l'animalité la plus laide et la plus instinctive ; tantôt, comme si on ne pouvait jamais tomber que d'un excès dans un autre, par la glorification également exclusive de l'esprit, on s'est efforcé de fouler aux pieds le corps et la matière, ou tout au moins de les flétrir.

Messieurs, je ne nie pas les droits ni la suprématie de l'intelligence et des sentimens moraux, je cherche, au contraire, à les bien établir ; mais je viens aussi revendiquer les droits inaliénables des sens. Certes, la vie des pouvoirs élevés du cerveau, la vie de l'âme et du cœur, la vie de l'esprit, la vie du génie, la vie de la vertu est une vie cent fois supérieure à la vie de nos sens, à la vie matérielle, à la vie des penchans et des sentimens, qu'à titre d'animaux nous avons reçue en partage ; c'est même cette vie supérieure qui nous constitue les rois et les dieux de ce monde ; mais en toutes choses, respectons les volontés du Très-Haut, acceptons tous ses bienfaits. Ne dirait-on pas que nous sortons de l'abîme des monastères, et que le voile des cénobites est encore étendu sur nos têtes ? Jetons bas nos cilices, dépouillons-nous de nos linceuls, et revenons à la vie ; les magnificences de la terre ont été créées pour nous ; il y a mal, il y a ingratitude, il y a folie, il y a désobéissance à n'en pas savourer les délices ; tous nos modes d'existence nous sont donnés par Dieu. La vie animale est bonne, la vie morale est délicieuse, la vie intellectuelle est superbe ; tout est bien de cette manière, et quiconque maudit la vie des sens, quiconque mutile un seul de ses organes, est impie autant que celui

qui n'écoute point les inspirations supérieures de
son cerveau, autant que celui qui ne vit point de
toutes les noblesses et de toutes les grandeurs déposées dans sa constitution.

ESSAI
SUR LA NATURE DE L'HOMME.

DE L'HOMME ANIMAL.

> Rien n'est plus essentiel à la félicité humaine que
> des principes d'action sur lesquels nous puissions
> nous reposer pour notre tranquillité et notre bien-
> être. Les lois de la nature nous procureront, à un
> haut degré, cet appui et ce bien-être, quand elles
> seront connues et suivies.
>
> Georges Combe.

« Connais-toi, toi-même! » Vous vous rappelez tous, Messieurs, cette inscription qu'on lisait
sur le frontispice d'un des temples de la Grèce.
Montaigne et Charron, nos vieux philosophes
français, sentaient profondément l'importance de
cette recommandation lorsqu'ils disaient: « La
» vraie science et la vraie étude de l'homme,
» c'est l'homme; par quoi regarde dedans toi,
» reconnais-toi, tiens-toi à toi; ton esprit et ta

1

» volonté qui se consument ailleurs, ramène-les
» à toi-même ; tu t'oublies, tu te·répands et te
» perds au dehors, tu te trahis et te dérobes à
» toi-même, tu regardes tousiours devant toi ;
» ramasse-toi et t'enferme dedans toi, examine-
» toi, connais-toi ! »

En effet, Messieurs, si l'on considère que par
l'espèce, le nombre et la puissance de ses facultés, l'homme est le premier des êtres qui se
meuvent à la surface du globe, et que par conséquent déjà, aucune existence ne peut être comparée à la sienne ; si l'on réfléchit qu'en dernière
analyse, et par loi suprême de nature, aucun
sujet dans l'univers ne peut l'intéresser plus vivement que sa propre individualité, que s'il ne
se connaît pas lui-même, c'en est fait de sa personne, c'en est fait de ses pouvoirs et de sa liberté ; si l'on fait attention que toutes les merveilles
de ce monde seraient comme n'étant pas, seraient
sans perception devant le cerveau des animaux,
et que sa seule organisation en reçoit et en re-
flète le spectacle majestueux ; si en outre de cela
on est en état de sentir et d'apercevoir en soi-
même tout ce que comporte de grandeur et de
vie un pareil état de choses dans la constitution
de l'humanité, on ne sera pas long-temps sans
se convaincre que l'homme, ainsi qu'on l'a re-

commandé dans la plus haute antiquité, doit être la première méditation de l'homme.

Soyez-en bien convaincus, Messieurs, quel que soit l'état satisfaisant de ses sciences, de ses lettres et de ses beaux-arts, dans quelqu'état prospère que le placent son commerce, son agriculture, son industrie, la richesse du sol qu'il habite et la variété des productions qu'il y trouve, il n'arrivera jamais au terme de son perfectionnement, il ne jouira jamais des libéralités dont il a été l'objet; son existence sera en quelque sorte tronquée, s'il ne se connaît pas lui-même; s'il reste éternellement dans l'ignorance des choses et des puissances que renferme son admirable constitution; tant que les mystères et les grandeurs de son organisation ne lui auront pas été dévoilés, tant qu'il fera consister sa félicité dans les satisfactions exclusives des plus grossiers instincts et dans la poursuite également exclusive des intérêts les plus matériels, les lois et les obligations de sa nature supérieure, de sa nature morale, lui resteront cachées; il ne pourra point vivre de la vie propre et caractéristique de son espèce; il ne connaîtra point ses brillantes destinées, sa vie s'écoulera comme celle de ses pères, triste, incomplète, animale, indigne de sa puissance et de sa noblesse innées; elle se consumera en satisfactions d'un ordre inférieur, et arrivé de cette sorte au terme de sa carrière, ignorant et ingrat comme eux tous, il se croira fondé à reprocher à la nature de lui avoir donné une si grande capacité pour le bonheur, avec si peu de moyens pour l'obtenir.

Néanmoins, Messieurs, quelqu'excellent que soit ce précepte en lui-même, son application exclusive ne pourra jamais conduire à la solution des questions qui touchent aux intérêts les plus sérieux de l'humanité. Sans doute, il faut se connaître soi-même, cette analyse est indispensable pour ordonner avec intelligence, plaisir et moralité, nos rapports dans le monde extérieur; sans cette analyse, il est impossible d'avoir une existence propre et indépendante; sans ce point de départ et de comparaison, vous ne vous appartenez point, vous ne savez ce que vous êtes, vous ignorez vos tendances, vous méconnaissez vos pouvoirs, les plus beaux attributs de l'humanité; les facultés réflectives et les qualités morales vous ont été données en pure perte. Vous n'avez rien examiné, vous n'avez rien choisi; vous avez tout admis ou vous avez tout rejeté, suivant l'influence des circonstances, ou l'aveugle domination de vos penchans; allez, mourez heureux de ne point vous être connu; vous n'aviez que la

face de l'homme, vous n'aviez que les manifestations de l'automate et de la brute, ni votre intelligence ne s'est exercée, ni vos sentimens d'homme
ne vous ont inspiré; allez, disparaissez sans regret
de la terre, vous n'avez point vécu !

Supposons maintenant que vous vous connais-
siez parfaitement vous-même, eh bien, je dis encore que l'appréciation exacte de vos sentimens,
de votre caractère, de vos penchans, de vos passions, de vos affections, de votre intelligence, de
vos talens, ne vous fournira point non plus la clé
du cœur humain; quelles qu'aient été envers vous
les libéralités de la nature, quelque favorable
qu'ait été le concours des circonstances extérieures, vous ne pouvez néanmoins vous flatter
de résumer en vous la foule de vos semblables.
Je l'ai déjà dit dans mon ouvrage sur les causes
morales et physiques des maladies mentales, et
c'est un principe que les faits qui seront mis sous
vos yeux rendent incontestable, indépendamment
de l'influence énorme des choses du dehors sur le
développement et l'activité des facultés, la nature
est inégale dans ses répartitions. Il n'y a que des
individus dans le monde; l'homme est tout à la
fois semblable et dissemblable à l'homme, et depuis l'image la plus repoussante de l'idiotisme intellectuel et moral jusqu'aux manifestations les

plus sublimes de l'intelligence et des sentimens moraux, les combinaisons intermédiaires sont innombrables : la nature ne se répète jamais ; ainsi donc
pour la science dont nous voulons scruter ici les
profondeurs, un homme de plus ou de moins ne
compte pas dans le monde, et la traduction nette
et passionnée que cet homme pourrait faire de lui-
même, ne rendrait toujours qu'une faible partie
du tableau que doit nous fournir, dans son ensemble, l'observation de l'espèce humaine entière.

Et, d'ailleurs, quel serait le sort d'un homme qui
ne connaîtrait que lui-même ? Renfermé dans sa
personnalité, mesurant tout à sa taille, dupe de
l'orgueil de sa pauvre nature, n'appliquant qu'à
lui-même ses facultés de réflexion, anéanti dans
sa propre contemplation, il ne pourrait infailliblement non plus s'établir de rapport harmonique dans la société ; il serait aussi étranger que
s'il ne lui appartenait pas ; sa vie ne serait qu'un
contre-sens perpétuel ; à chaque pas qu'il ferait
dans le monde, il irait comme un aveugle se heurter
contre les personnes et les choses, et ne recevant
de tous côtés que des impressions pénibles ; il aurait beau, à chaque expérience nouvelle, redes-
cendre en lui-même pour y trouver lumière à sa
direction, il resterait dans les ténèbres, l'isolement, le ridicule et le malheur, jusqu'au moment

où il s'apercevrait enfin qu'il existe, hors et à
côté de lui, des êtres qui veulent et qui doivent
compter pour quelque chose dans le mouvement
général, qui veulent et qui doivent entrer comme
élément principal dans les calculs de sa tête et
les événemens de sa vie.

En m'exprimant ainsi, Messieurs, je ne veux
pas établir en principe la perte de notre individualité; eh! non, restons chacun ce que nous sommes; ne mutilons point notre organisation, conservons notre couleur, notre air et notre caractère. Tout l'intérêt que nous pouvons inspirer
dans le monde tient au charme puissant du
naturel; mais de la mesure en toute chose, vivons
tout à la fois dans nous et dans nos semblables;
c'est comme cela qu'il faut entendre et appliquer
le précepte de l'ancienne école; ne soyons pas si
fort attachés à notre complexion, à notre humeur,
que nous puissions, dans l'occasion, les tordre et
les céder l'une l'autre. Ne soyons pas si partiels,
si esclaves et si amoureux de nous-mêmes, en
nous laissant aller à nos incitations, concevons,
respectons, analysons celles des autres. Les plus
belles âmes et les mieux nées, dit Montaigne, sont
les plus universelles, les plus communes, applicables à tous sens, communicatives et ouvertes à toutes gens; elles sont faites pour la phi-

losophie; elles embrassent les faits généraux; elles font de la science, et à elles seules il est donné de formuler et de promulguer la loi.

Ainsi donc, Messieurs, à l'exemple de MM. Quetelet, Villermé, Falret, et autres hommes distingués qui nous ont déjà donné la solution d'une foule de questions bien importantes, par leurs travaux de statistique, nous nous attacherons à perdre de vue l'homme pris isolément, nous ne verrons en lui qu'une fraction de l'espèce. En le dépouillant ainsi de son individualité, nous éliminerons tout ce qui n'est qu'accidentel; et les particularités individuelles, dont nous nous occuperons d'ailleurs avec intérêt sous une foule de rapports, s'effaceront pour le moment d'elles-mêmes et permettront de bien saisir et de bien rendre les manifestations habituelles, ordinaires, invariables de notre espèce.

En voici bien assez, Messieurs, pour vous faire sentir l'énorme différence qu'il y a entre l'observation des psycologistes et la nôtre. Je ne veux point ôter de valeur à l'observation intérieure : un homme instruit qui s'observe, qui s'écoute, qui se sent penser, qui descend en lui-même, qui communique à d'autres hommes instruits les résultats qu'il obtient, et qui reçoit à son tour information de ce qui se passe en eux-mêmes, peut

certainement arriver à quelques inductions positives; mais, néanmoins, il reste toujours ainsi
renfermé dans les faits particuliers, il ne connaît
que les actes de quelques individus placés comme lui
dans des circonstances déterminées, et par cela
même n'embrassant point dans leur ensemble et
leur généralité les manifestations de l'espèce humaine, il devient incapable de pouvoir donner la
solution de la moindre question sociale. Ce qui dif-
férencie encore plus le psycologiste de nous autres,
Messieurs, c'est qu'il ne s'élève point à la cause, à la
condition matérielle et palpable de tous les intéressans phénomènes dont il est le témoin; il n'étudie
point le développement et la forme du merveilleux appareil qui les tient sous sa dépendance
immédiate, le cerveau est pour lui lettre close.
Nous autres physiologistes, Messieurs, nous diri-
geons tout autrement nos études; nous observons
l'homme depuis l'état d'embryon jusqu'à la mort;
nous l'observons dans l'état normal et anormal,
et en raison de l'inégalité des dons de la nature
à notre égard; nous l'observons dans des conditions d'organisation bien différentes de celles où
l'observateur de soi-même a pu se saisir; nous l'observons lorsque la fatigue, les besoins extrêmes, le
sommeil, l'ivresse, le délire, interrompent l'exercice régulier de ses facultés; en un mot, nous

observons l'homme, quand l'homme ne peut s'observer lui-même. Indépendamment encore de ce
que nous ne nous bornons point à nous observer
nous-mêmes ; indépendamment de ce que nous
observons les individus et les peuples avec leurs
particularités de constitution cérébrale et la diversité des circonstances au milieu desquelles ils
se meuvent ; indépendamment de ce que nous
observons tout à la fois, l'enfant, l'adulte, et le
vieillard, et que nous saisissons ainsi le moment où telle ou telle faculté apparaît, et
le moment aussi où telle ou telle faculté décroît
pour s'effacer presqu'entièrement avant telle et
telle autre ; nous observons encore, Messieurs,
comme terme de comparaison, chez les espèces
inférieures, les facultés qu'elles partagent avec
nous ; nous faisons de l'anatomie et de la physiologie comparées, et dans notre propre espèce
comme dans tout le reste du règne animal, nous
nous attachons constamment à montrer les formes
cérébrales, à faire voir les instrumens, les appareils, les organes qui sont non seulement en rapport avec ces différentes facultés, mais encore sans
lesquels il ne peut y avoir de manifestations instinctives, intellectuelles ou morales, d'aucun ordre.

Les philosophes anciens et modernes, Messieurs,
n'avaient jamais procédé de cette manière ; ils

n'avaient pas de vues aussi larges, aussi profondes, aussi simples, aussi vraies; les différentes
fonctions de l'encéphale ne leur étaient point
connues, et par cela même leurs systèmes exclusifs, échafaudés sur des observations particulières
et presque toujours incomplètes, se sont successivement écroulés les uns sur les autres ; nous
pouvons donc l'affirmer, sans crainte d'être dé-
mentis par les faits, Gall est le premier homme
qui ait commencé la science de la philosophie, et
qui, en rendant au cerveau ses apanages, l'ait assise sur des bases indestructibles et invariables.

On a prétendu, Messieurs, que les idées de
Gall conduisaient au matérialisme : et c'est encore
aujourd'hui le mot, en quelque sorte mystique,
dont on se sert pour flétrir ses découvertes et
pour diminuer autant que possible le nombre de
ses adeptes; habitués que nous sommes au langage des passions, aux assertions de l'ignorance
ou à l'audace des sophistes; ce mot, vous le sentez, Messieurs, ne saurait nullement nous imposer, parce que, comme l'a fort bien dit l'illustre
Broussais, nous n'avons l'intention ni de découvrir ni de nier la cause première des phénomènes
dont nous faisons l'histoire. Nous affirmons, nous
ne pouvons pas ne pas affirmer, que la cause première, quelle qu'elle soit, de notre intelligence et de no-

tre moral, a besoin de tels et tels organes pour se manifester par les actes que l'on désigne sous ces dénominations, et sous ce rapport, les idéologues, les moralistes, les psycologistes ne sont ni plus ni moins avancés que nous.

Après cette objection qui, comme vous le voyez, n'en est pas une, on a aussi répété partout que la doctrine de Gall menait au fatalisme, qu'une organisation déterminée ne pouvait être que ce qu'elle est, que par conséquent l'homme était dépouillé de ses plus beaux attributs, qu'on lui faisait abdiquer son intelligence, qu'on le privait de ses qualités morales, qu'on détruisait sa liberté, qu'il n'y avait plus ni mérite ni démérite dans ses actes, qu'il était sans vices et sans vertus, déshérité de sa gloire et de sa puissance, et qu'en un mot enfin, par une semblable doctrine, tout était chez lui, comme chez le dernier des animaux, le résultôt de la constitution *telle quelle* qu'il avait reçue de la nature.

Une pareille réflexion, Messieurs, me fait soupçonner chez nos adversaires une admirable candeur ou une prévention singulière. Il faut n'avoir rien vu, n'avoir enregistré aucun fait, n'avoir tenu compte d'aucune observation; il faut avoir voulu faire de l'opposition à tout prix pour alarmer encore par cette fâcheuse expression la conscience des gens de bien qui, n'ayant point en eux-mêmes, par défaut de lumières, leurs motifs déterminans d'action, se conduisent toujours d'après les paroles et l'autorité des personnes qui les entourent. Eh quoi! ne sait-on pas que le monde extérieur pèse de tout son poids sur le végétal, sur l'animal et sur l'homme, et que les germes qu'ils ont en eux restent sans développement si les circonstances ne sont pas favorables. Ne sait-on pas que les qualités qu'ils recèlent sont entièrement subordonnées aux influences du dehors. Comparez la même plante dans le Nord et dans le midi; comparez la même plante dans une bonne exposition et dans un bon terrain, avec la même plante mal exposée, dans un sol ingrat; faites sur les animaux des expériences et des observations analogues, et vous verrez si ces différentes productions de la nature ne reçoivent pas aussi la couleur et la vie de tout ce qui les entoure.

L'homme n'échappe point à cette loi, Messieurs; il est éminemment modifiable, et les circonstances extérieures sont si puissantes sur lui, que sa constitution cérébrale, partout l'univers identique, offre dans ses manifestations autant de variétés qu'il s'en trouve dans la diversité du climat, des mœurs et des institutions. S'il y a du fata me quelque part, Messieurs, il est incontestablement dans l'influence de l'éducation ; car avec elle et par elle on fait indifféremment tout ce que l'on veut de l'homme moyen qui forme l'espèce. Les annales de l'histoire en font foi, et les manières d'être, si différentes les unes des autres, des divers peuples de la terre, vous prouvent bien évidemment que la constitution physique la mieux arrêtée, la mieux déterminée, se modifie au gré des législateurs. Elle reçoit indifféremment toutes sortes d'empreintes ; c'est le bloc de marbre qui, sous la main du statuaire, se métamorphose au gré de son caprice ou de sa volonté. Observez l'homme sous le despotisme oriental, voyez-le sous le régime du moine ou du prêtre, observez-le sous un roi conquérant ou sous un roi dissolu, étudiez-le vivant libre sous la protection des lois, et dites-moi de quel côté, entre les tendances innées de l'organisme et les influences de l'exemple et des institutions, de quel côté, dis-je, se trouvent le fatalisme et la puissance.

Deux causes principales nous rendent donc un compte exact, Messieurs, du peu de succès de nos prédécesseurs dans leurs recherches sur la nature de l'homme. D'une part, ils ne connaissaient pas l'organisation, et ils rattachaient à des principes indépendans d'elle les phénomènes de premier ordre qu'elle présente dans l'exercice des fonctions cérébrales; et d'une autre part, si j'en excepte l'école écossaise, ils ne faisaient point de ces phénomènes, dont ils ignoraient la cause, une science d'observation méthodique et régulière. Une autre cause que nous devons indiquer, indépendante de tout système, et qui a augmenté les difficultés du sujet, ce sont les modes infiniment variés de l'existence humaine; ce sont, chez le même individu, les contrastes et les contradictions que l'on constate à tout moment dans les mouvemens de son cœur et les déterminations de son esprit; ce sont, pour me servir du langage de l'école, les oppositions de ses deux natures.

Tantôt, en effet, complètement asservi par ses facultés inférieures, poussé par l'ardeur des combats, le plaisir de la destruction, animé par la luxure et la convoitise, dévoré d'orgueil et d'ambition, l'homme se manifeste comme un animal déprédateur et féroce, comme un hiène et comme un tigre. La rudesse de ses manières, la contraction de ses traits, révèlent au premier coup-d'œil la bassesse et la laideur de ses incitations. Tantôt, au contraire, obéissant aux inspirations de sa nature morale, il fait servir ses connaissances au bien-être de ses semblables, se montre vénérant, consciencieux, dégagé d'égoïsme, superbe de noblesse et d'amour, et nous apparaît comme un dieu dans ce monde. Sur sa face auguste, on voit alors se refléter les grandeurs et la majesté de toutes ses pensées.

Quoi qu'il en soit, Messieurs, de ces contradictions qui sembleraient déposséder l'homme de lui-même et le placer au-dessous du dernier des êtres, elles ne retombent point cependant sur l'arrangement qui a présidé à la formation de la tête humaine. J'espère pouvoir arriver à vous démontrer qu'elles ne tiennent point à la nature même de notre espèce, ainsi qu'on l'a pensé dans tous les temps, et qu'elles n'en forment point un de ses caractères. Je ne puis admettre que l'homme soit le jouet de lui-même et des choses du dehors. Comme être à part et premier dans la création, comme être possédant des facultés qui le distinguent et l'ennoblissent, il a en lui tout ce qu'il faut pour fixer ses irrésolutions, gouverner ses penchans, éclairer ses déterminations, s'appartenir tout entier, et avoir une manière d'exister puissante, fixe, spéciale, intelligente et noble. Il n'a point été livré sans défense à toute l'incitation naturelle de ses penchans inférieurs, ni à tout l'entraînement des circonstances; il n'a pas été constitué non plus pour faire le bien, le juste et l'honnête par instinct, par caprice, par moment, et pour offrir, en un mot, à chaque instant dans sa conduite, la versatilité la plus grande et les oppositions les plus singulières. Non, il a été fait homme, c'est dire qu'il a reçu un cerveau comme il n'y en a pas chez les autres êtres, un cerveau à grand développement dans ses parties antérieures et supérieures; conséquemment, c'est dire qu'il a été comblé de libéralités, qu'il a tout reçu pour avoir sur cette terre la plus brillante, la plus douce et la plus digne existence qu'on puisse imaginer.

A moins qu'on ne suppose, ce qui est inadmissible, que par une exception extraordinaire à ses lois, la nature s'est mise en faux frais, en dépenses inutiles, il faut reconnaître non seulement qu'aucun animal ne présente une semblable constitution cérébrale; non seulement que c'est sous la voûte haute, large, bombée du front, que cette même nature a placé le siége de l'intelligence et de l'âme humaine, mais encore que c'est à dessein dans cet endroit élevé, comme signe de la suprématie qui leur appartient, qu'elle a placé ces deux nobles pouvoirs, qui font de l'homme un être exceptionnel. C'est là qu'elle a mis la puissance qui doit l'affranchir de l'esclavage des sens et en faire le maître de lui-même et du monde.

Nous n'avons donc point de sujet plausible,

d'accuser la nature; l'homme porte donc en lui-
même ses dieux sauveurs et protecteurs. S'il se
contredit souvent, si l'animal, en se débattant
sous lui, finit fréquemment par l'entraîner à sa
suite; si les hommes et les choses dont il est entouré, le captivent, le séduisent et l'enlèvent à
lui-même; s'il fait le mal et le bien sous les inspirations du moment; si dans un même jour et
dans un même instant, il est tout différent de lui-
même et s'étonne de ses propres contradictions;
si rien n'est stable, ni dans son esprit, ni dans
son cœur, c'est que tout a conspiré du dehors à
jeter la confusion dans sa tête; c'est qu'il a été
mal élevé, mal entouré dès l'enfance; c'est qu'on
l'a laissé vivre dans l'ignorance de lui-même et
des autres; c'est qu'on n'a pas voulu tirer parti
des dons du créateur; c'est qu'on n'a pas voulu
cultiver son intelligence et ennoblir ses passions;
c'est qu'on s'est appliqué à l'avilir, à le dégrader,
à prolonger son enfance, à le maintenir animal,
et en tous points à le traiter comme tel; c'est
qu'il a vécu malheureux, en proie à tous les besoins, sans avoir le temps ni l'habitude de la réflexion; c'est qu'au milieu de ce concours défavorable de circonstances, ses facultés morales et
intellectuelles n'ont presque point trouvé d'exercice ni d'application, et que par ce fait seul de

leur défaut d'emploi, comme toutes les autres forces de l'économie qui s'affaiblissent dans l'immobilité, elles ont perdu leur ressort et leur énergie, n'ont pu faire contrepoids permanent dans sa tête, et par conséquent le mettre à même de régulariser ses pouvoirs et de montrer la supériorité de son caractère et de son intelligence sur tout le reste des êtres.

Maintenant, Messieurs, que nous avons énuméré les causes principales qui ont retardé la marche de la science, nous allons dire ce que doit être pour nous la connaissance exacte de la nature de l'homme; ce sera, d'ailleurs, placer en quelque sorte sous vos yeux le programme de ce cours.

Connaître la nature de l'homme, c'est connaître son organisation cérébrale et tout ce qu'elle comporte; c'est connaître les propriétés qui y sont invinciblement et éternellement attachées; c'est connaître les facultés primordiales qui, par leur ensemble, constituent son existence instinctive, morale et intellectuelle; c'est connaître l'emploi, le but, le mouvement, le désordre ou l'abus de ces facultés, chacune d'elles considérée isolément dans son exercice ou dans ses rapports et ses combinaisons avec toutes les autres; c'est connaître tous ces principes d'action réduits à leur force native, à leur activité propre, indépendamment de tout ce qui peut du dehors en solliciter ou en neutraliser la puissance, ou au contraire c'est connaître ces mêmes pouvoirs, modifiés par les circonstances extérieures, favorables ou défavorables à leurs manifestations. Connaître la nature de l'homme, c'est connaître sa destination et l'ordre entier de ses rapports dans ce vaste univers; c'est connaître ses intérêts, ses devoirs, ses plaisirs, les trésors de son intelligence, les libéralités de son âme.

Ce n'est pas tout, Messieurs. Connaître la nature de l'homme, c'est pouvoir estimer à sa juste valeur la capacité intellectuelle et morale d'un peuple ou d'un individu; c'est pouvoir mesurer tous les degrés de l'intelligence, depuis l'idiot, l'imbécile et l'homme ordinaire, jusqu'au génie le plus grand et le plus universel; c'est pouvoir suivre tous les mouvemens du cœur humain; c'est pouvoir déterminer les causes internes et externes de nos actions; c'est pouvoir différencier la vertu du vice, l'intelligence du délire, et l'héroïsme de tout ce qui en est le faux simulacre. Vous le sentez, Messieurs, pour aborder et trancher toutes ces questions de la plus haute et de la plus ancienne philosophie, pour aller ainsi arracher tous les secrets à la nature et donner des bases à l'éducation, à la morale, à la politique et à la législation des différens peuples, il faut un ensemble de choses, si rares à trouver chez un seul individu, que de quelque libéralité dont je veuille user envers moi, je ne puis, devant l'importance et la majesté de mon sujet, ne pas m'empresser de réclamer bien vivement votre indulgence.

Il n'y a pas encore bien long-temps, Messieurs, j'occupais, comme vous, les bancs de nos écoles. Les études spéciales que j'ai commencées depuis lors, je viens les achever parmi vous; je dois presque avoir, à vos yeux, les titres d'un condisciple. Veuillez donc ne pas trop exiger de ma personne, et pour légitimer la réserve que je m'impose dans mes engagemens envers vous, laissez-moi, du moins, vous faire connaître tout ce que notre illustre maître en philosophie, le docteur Gall, dont je n'ai point oublié les entretiens, exigeait de celui qui voulait scruter les profondeurs de la science. Laissez-moi vous dire comment il comprenait, dans la nouvelle Athènes, les leçons du portique; et si vous ne connaissez pas ses ouvrages, vous pressentirez, par la nature même de ses recommandations, sous quel large point de vue cet homme, véritablement supérieur, envisageait l'étude et l'histoire de l'humanité.

Il ne suffit point, pour un pareil travail, répé-

\`ait-il souvent, d'avoir reçu tout à la fois une ins-
truction solide et brillante, ni d'avoir été formé à
l'école des bonnes mœurs ; il ne suffit point d'être
versé, comme un érudit, dans l'étude de l'histoire ancienne et moderne, d'être affranchi du joug
des préjugés de caste ou de nation, ni de se trouver dans une position sociale d'où l'on puisse convenablement observer les hommes et les événemens de son temps ; il faut aussi avoir été, au
moins, placé par la nature dans la moyenne de
l'organisation. Il faut être apte à goûter, à sentir, à
faire et à analyser tout ce qui constitue la vie de
l'espèce entière.

Le monde, alors, est un espace ouvert au développement et à l'application des facultés de
l'homme ; il comprend la plus belle intelligence,
il descend jusqu'à la plus misérable, et sait aussi
se mettre en rapport avec elles. Il se passionne pour tous les chefs-d'œuvre des arts, il
parcourt toutes les régions auxquelles le génie peut
atteindre, et par le pouvoir qu'il tient toujours de
son organisation d'arriver, à l'aide de l'enregis-
trement et de la comparaison des faits, à connaître
le *comment* et le *pourquoi* des choses, il conçoit
également les bizarreries, les ridicules, les supers-
titions, les fanatismes, les désordres et les vanités de ce même esprit humain, dont tout à

l'heure encore il admirait l'élévation, la puissance et l'éclat.

Quant aux facultés affectives, aux sentimens et aux penchans qui nous sont communs avec les espèces inférieures, ou qui forment l'apanage exclusif de l'espèce humaine, il faut, non seulement que celui qui en veut faire l'objet public de ses réflexions, soit apte à constater, par l'observation chez la masse des individus, l'inégalité de force et d'activité de chacune de ses facultés, mais il est encore à désirer, pour qu'il soit mieux en état de juger leurs manifestations, qu'il en sente en lui-même toutes les incitations; il faut que son âme ait été dans toutes les positions de l'âme humaine; il faut qu'elle se soit faite et brisée à toutes les émotions, à toutes les joies, à toutes les douleurs de ce monde. Rien de ce qui appartient à l'humanité, ainsi qu'on le disait autrefois dans l'école, ne doit lui rester étranger. Le tableau des vertus les plus sublimes doit faire battre son cœur et transporter son âme; il doit concevoir toutes les belles actions et être capable de les faire. Sous un autre point de vue non moins important, il faut aussi que se dépouillant de tout orgueil et de tout charlatanisme, plein d'amour pour la justice et pour la vérité, il pénètre dans les replis les plus cachés de son cerveau, qu'il en étudie les mouvemens secrets, et que, malgré les priviléges dont il jouit, convaincu de ses propres faiblesses, honteux de certains sentimens qui, bien des fois, lui ont fait oublier ses obligations d'homme, il soit également apte à concevoir tout ce qui résulte de l'action incomplète ou démesurée de nos penchans ou de nos sentimens primitifs.

J'en ai la plus intime conviction, si tout ce qui peut, soit en bien, soit en mal, soit en génie, soit en stupidité, se présenter à l'esprit et au cœur de l'homme considéré d'une manière générale, n'entre point dans la tête de celui qui veut deviner l'énigme de sa nature, il peut renoncer à son entreprise : comme instituteur, comme juge, comme législateur ou comme philosophe, l'intelligence des faits lui échappera toujours ; sa mission est manquée.

Vous connaissez maintenant, Messieurs, les difficultés de notre entreprise ; cependant il faut le reconnaître à l'honneur de nos devanciers, les matériaux ne manquent point à l'édification de notre œuvre. A toutes les époques remarquables, dans les sciences, il s'est trouvé des hommes d'une grande capacité, qui se sont appliqués à étudier la nature de l'homme, et, sous une foule de rapports, ils ont chacun, dans leur ordre, enrichi le domaine de la science. Les noms de Platon, d'Aristote, de Leibnitz, de Descartes, de Mallebranche, de Bacon, de Locke, de Condillac, de Kant, de Buffon, de Voltaire et de Rousseau, se présentent tout d'abord à votre souvenir.

Quant aux modernes, vous citer Geoffroy Saint-Hilaire, Cuvier, Serres, Breschet, Magendie, Geoffroy Saint-Hilaire fils, Tiedman, Adelon, Charles Lucas, c'est vous faire pressentir tout le parti que nous avons tiré de leurs travaux.

Nous avons à citer aussi avec la plus grande distinction les travaux de l'école écossaise, et, en particulier, ceux de nos compatriotes, Royer-Collard, Lamoriguière, Destutt de Tracy, Cousin, Thomas-Jouffroy, Guizot.

Je n'ai pas besoin de vous dire tout ce que je dois aux fondateurs de la physiologie du cerveau Gall et Spurzheim.

Les vues profondes de leur digne ami, l'honorable docteur Roberton, Vice-Président de notre société phrénologique, m'ont bien souvent guidé dans mes recherches.

J'ai suivi également les progrès qu'ont fait faire à la science, en Angleterre, Georges Combe; et en France, mes condiciples Dennecy, Bouillaud, Andral, Fossati, Casimir Broussais, Vimont, Delonde, Bessière, Lacorbière, Calmeil, les deux frères Gaubert, Dumoutier, Debout, Lélut, Leurret et Falret, quelle que puisse être d'ailleurs, sur certains points, la diversité de nos opinions.

Je ne vous parle point de notre illustre Broussais; vous connaissez comme moi tous ses titres à la haute estime de ses contemporains.

Quant à ce qui concerne les maladies mentales et nerveuses, je rappelle avec reconnaissance et vénération les noms et les travaux de mes deux maîtres, Pinel et Esquirol. Il est deux autres hommes à placer à côté d'eux : ce sont MM. Ferrus et Rostan.

Messieurs, mon but, dans ce cours, est de passer en revue les puissances de tout ordre qui nous ont été données; nos sens extérieurs, nos penchans, nos sentimens, nos facultés intellectuelles et morales. J'indiquerai leur subordination respective; je serai à la recherche de tous les moyens qui peuvent faciliter le développement complet de notre être; je dirai tout ce qu'il convient de faire pour mettre l'homme en toute valeur pour lui-même et pour ses semblables; je ne laisserai sommeiller aucune de nos facultés. Il faut répondre aux intentions libérales de la cause première : nous avons beaucoup reçu, nous devons beaucoup donner; il est temps que l'homme apparaisse en ce monde. Vivre, comme le disait fort éloquemment le grand citoyen de Genève, l'illustre J.-J. Rousseau, ce n'est pas respirer, c'est agir, c'est faire usage de nos organes, de nos sens, de nos facultés, de toutes les parties de nous-mêmes qui nous donnent le sentiment de notre existence. L'homme qui a le plus vécu n'est pas celui qui a compté le plus d'années, mais celui qui a le plus senti la vie; mais celui qui, sans cesser de veiller aux soins de sa conservation, sans se dépouiller de l'animalité, a le mieux exercé ses facultés supérieures, a le mieux déployé ses richesses et ses grandeurs, et vécu de la vie noble et puissante de l'humanité. D'ailleurs, toutes nos facultés veulent être employées. L'agitation, disait Montaigne, est vraiment la vie de l'esprit et sa grâce. Un fait majeur qui vous frappera, Messieurs, à mesure que nous avancerons dans nos études, c'est que tous les plaisirs ont leur origine nécessaire dans le mouvement des différens systèmes dont la constitution humaine est composée. L'existence sans activité n'est rigoureusement autre chose que la végétation; il faut donc satisfaire à toutes les exigences de l'organisme; il faut à notre corps du mouvement, à notre cœur de l'affection, à notre intelligence de l'exercice et de la liberté, à tous nos penchans et à tous nos sentimens leurs objets légitimes, et à nos sens le spectacle et l'harmonie du monde.

Voilà l'homme, voilà ses besoins, voilà ses droits, voilà les vues généreuses de son Dieu sur lui, voilà les sphères d'activité dans lesquelles doit se passer enfin sa magnifique existence.

DES DIFFÉRENTES FACULTÉS RENFERMÉES DANS LA TÊTE HUMAINE.

Puissances instinctives, ou Puissances de la brute. — Puissances morales. — Puissances intellectuelles. — Siège de ces différentes facultés dans l'encéphale. — Comment l'homme doit-il vivre ?

> Les sentimens moraux et les facultés intellectuelles embrassent toute la race humaine dans leurs résultats, tandis que les facultés animales n'ont d'autre but que la conservation de l'individu et de sa famille ; et comme le premier de ces deux mobiles est d'un ordre plus élevé, c'est son autorité qui est suprême.
>
> Georges Combe.

Nous avons dit que par l'espèce, le nombre et la puissance de ses facultés, l'homme était le premier des êtres, et qu'aucune existence ne pouvait être comparée à la sienne. Gall et Spurzheim me paraissant avoir donné la systématisation des facultés humaines la plus claire, la mieux ordonnée et la plus complète, qu'on ait encore produite, je l'adopterai d'autant plus volontiers, comme base de classification, que toutes les facultés qu'ils admettent, sont des facultés démontrées ; elles existent pour tout le monde, pour ceux qui ne veulent point entendre parler de phrénologie, comme pour ceux qui pensent qu'on ne peut arriver sans elle à la connaissance scientifique de la nature de l'homme. Nous divisons en con-séquence, avec ces deux grands observateurs, les facultés, en penchans communs à l'homme et aux espèces inférieures, en sentimens moraux et en pouvoirs intellectuels. Vous le voyez déjà, Messieurs, aucun être en ce monde ne réunit en lui-même une aussi grande variété d'attributs et de puissances.

Nous pouvons donc le dire sans orgueil et avec un sentiment profond de reconnaissance, la nature nous a placés au premier degré de l'échelle des êtres. Par la richesse de notre constitution cérébrale, la variété et l'étendue des pouvoirs qui y sont attachés, par cette multitude de pen-chans, de talens, d'instincts, qui n'y sont pas moins inhérens, par le nombre et la délicatesse de nos sens, l'excellence et la noblesse de nos sentimens, nous avons été incontestablement appelés à l'ac-complissement de faits de premier ordre, à des actions multiples et très diversifiées, et à cet effet même une longue chaîne de rapports a été établie entre nous et le monde extérieur.

Mille et mille faits sont là sous nos yeux pour attester notre prééminence, nous mettre sur la voie du perfectionnement et nous faire pressentir les brillantes destinées de notre espèce.

Quel est d'ailleurs l'homme bien constitué, intégralement conservé par une éducation libérale et affranchi des premiers besoins, qui n'ait, à peu de choses près, apprécié dans sa propre individualité, tous les pouvoirs du cerveau, toutes les forces déposées dans l'intelligence et dans l'âme humaine ? Où est celui que les désirs les plus vastes et les plus légitimes, ainsi que les passions les plus nobles, n'aient pas fait vibrer dans tout son système nerveux ? Voyez aussi la manière dont quelques têtes parfaitement ordonnées, se sont déployées dans la vie.

Admirez en même temps, Messieurs, la bienveillance de la nature, dans les moyens dont elle se sert pour nous faire arriver directement à ses fins. Remarquez par conséquent le sentiment de plénitude et de joie qui accompagne et qui suit l'exercice de chacune de nos facultés ; notez par opposition la sensation pénible, le trouble et cette espèce d'inquiétude regardée comme indéfinissable, qui tiennent à leur défaut d'emploi ; rappelez-vous que rien n'a été fait en pure perte dans la création, que tout a

été donné dans un but pratique, et bientôt vous reconnaîtrez avec nous d'une part, qu'aucune organisation, aucune existence ne peut être comparée
à la nôtre, et d'une autre part que cette organisation pour être satisfaite, que cette existence pour
être pleine et complète, doit se passer tout entière dans l'activité, dans le mouvement, dans l'application universelle de l'être aux objets du
dehors.

Du moment où un individu, du moment où un
peuple, ne mettent point sous vos yeux la somme
entière de leurs forces fondamentales ; du moment
qu'ils ne font point usage de toutes les parties de
l'organisme qui peuvent leur donner l'idée ou le
sentiment de la vie, que tous leurs appareils de
sensation ne sont point en contact avec leurs objets
respectifs, qu'ils passent tout leur temps sur cette
terre dans une seule série d'idées, dans l'expression machinale de quelques aptitudes industrielles,
dans la satisfaction de quelques sentimens ou
penchans, dans la pratique de quelques vertus ;
du moment enfin qu'ils ne réalisent point tout ce
qu'ils ont en eux-mêmes, quelques succès qu'ils
aient d'ailleurs obtenus dans leurs différentes
carrières, ils ne peuvent se féliciter de la place
qu'ils occupent et du rôle qu'ils remplissent dans
cet univers. On peut dire en ce sens qu'ils sont

restés au-dessous des libéralités de la nature, qu'ils n'ont point répondu aux espérances que faisaient naître l'importance et la pluralité de leurs organes encéphaliques, et on regrette de les voir ainsi arriver au tombeau, sans avoir eu conscience ni de ce qu'ils étaient, ni de ce qu'ils pouvaient être, et sans avoir par conséquent complètement vécu dans l'espace qui leur était ouvert et dans le temps qui leur était déterminé.

Si la vie n'est point autre chose que la place de nos affections, si les rapports les plus variés avec les hommes, les choses et les lieux, constituent à eux seuls sa réalité, si elle ne peut être dite heureuse et finie que lorsqu'aucun organe n'a manqué à sa destination, si elle doit se composer de toutes les merveilles de l'intelligence et de tout ce qu'il y a de beau, d'utile et d'élevé dans l'expression franche et cependant mesurée de chacune de nos passions; si les sentimens moraux et la raison doivent seuls ordonner ses rapports dans le monde extérieur, il faut avouer que l'espèce humaine est loin du terme de son perfectionnement, et que son existence même encore aujourd'hui est bien exclusive et bien tronquée.

On s'abuse étrangement, Messieurs, sur le degré de notre civilisation : permettez-moi de vous le dire ; mais cette civilisation tant vantée, je la nie.

Un peuple n'est point civilisé, parce qu'il a de l'énergie, parce qu'il goûte tous les plaisirs des sens, parce qu'il a des vertus domestiques et qu'il défend en héros son pays. Un peuple n'est point civilisé, parce qu'il a de l'ambition et qu'il court après la fortune, parce qu'il a de l'esprit et du savoir-faire, parce qu'il est industriel et qu'il construit des cabanes ou des palais, etc., etc.; toutes ces facultés-là, toutes ces manières d'être ou d'agir, s'observent aussi bien chez les espèces inférieures que chez nous-mêmes, et à moins d'être totalement privé d'intelligence, je ne vois pas qu'on puisse tirer vanité de ces manifestations instinctives, et qu'on puisse en inférer l'existence de la civilisation.

Un peuple n'est point civilisé non plus, Messieurs (ou du moins il ne l'est qu'incomplètement, il ne l'est que dans une partie de son être), il n'est point civilisé parce qu'il est intelligent, parce qu'il a dans ses rangs des hommes de talent, parce qu'il y compte un grand nombre de peintres, de statuaires, de musiciens, d'orateurs, de médecins, de jurisconsultes, de prêtres, de physiciens, etc., etc.; tous ces individus révèlent incontestablement par leur science, leurs écrits, leurs chefs-d'œuvre, le perfectionnement et la puissance des facultés intellectuelles proprement dites.

Mais, Messieurs, n'avons-nous donc qu'un seul ordre de facultés supérieures dans la tête, n'avons-nous pas vu d'ailleurs tous ces prodiges de l'esprit humain, toutes ces merveilles des arts, toutes ces conceptions du génie, chez les Égyptiens, chez les Grecs et chez les Romains. Ne les avons-nous pas vus chez cette foule de peuples barbares, dont les chefs inhumains s'étaient partagé tous les pouvoirs et toutes les jouissances de la terre. Eh bien, parce que ces déprédateurs et ces égoïstes, ces sardanaples et ces despotes nous ont laissé des pyramides, des colonnades, des temples, des aqueducs, des poëmes, des histoires, des codes, etc., direz-vous, lorsque l'humanité dégradée gémissait tout entière sous leur oppression, lorsque pour la satisfaction de leurs penchans inférieurs, ils comblaient en toutes choses la mesure de la débauche, de la violence et de l'iniquité ; direz-vous qu'ils vivaient dans les plus beaux temps de la civilisation, et que rien n'est à mettre au-dessus des siècles de Périclès, d'Auguste, des Médicis et de Louis XIV ? Messieurs, la civilisation telle que je la comprends, et telle qu'elle doit être un jour pour être complète, s'annonce par d'autres caractères, et aujourd'hui que nous n'avons presque plus rien à envier aux anciens sous le rapport de la beauté des grands monumens, aujourd'hui que nous avons plus qu'eux le bien-être matériel, les bateaux à vapeur, les chemins de fer, etc., et que tout semble prédire un avenir immense à l'humanité, je persiste encore à nier la civilisation.

Je le répète, les beaux-arts, la science, la poésie, l'éloquence, sont certainement les produits perfectionnés d'un certain nombre de facultés supérieures du cerveau, mais par l'état d'indépendance où sont nos différentes facultés les unes des autres, ces dernières ont pu se manifester mille et mille fois, et elles se manifestent même encore tous les jours, sans entraîner dans leur activité les autres élémens constitutifs également supérieurs de l'encéphale.

Messieurs, voyez Constantinople; examinez l'Italie, observez la Russie et toutes les autres contrées où la servitude est encore établie, visitez les principales villes et les capitales de ces empires, et vous y trouverez, comme à Thèbes, comme à Babylone, comme à Memphis, comme à Londres, comme à Paris, tout le luxe, toute la féerie et tous les prestiges de votre prétendue civilisation.

Il n'y a point de civilisation pour moi dans un pays, Messieurs, quand les parties cérébrales supérieures ne sont point en activité, quand les facultés morales sont comme anéanties dans l'être. Il n'y a point de civilisation dans un pays quand on ne s'y élève point par le sentiment et par la pensée à la connaissance et à l'adoration d'un arbitre suprême, quand les personnes et les choses n'y sont respectées que par la crainte des lois, quand il n'y a point de vénération pour la vieillesse et le talent, et quand la femme n'y reçoit pas les honneurs de la considération. Je nie la civilisation, quand la justice est chaque jour indignement outragée, quand la vie tout entière se passe dans le jeu des plus misérables passions, quand réduite au plus grossier matérialisme, elle n'aperçoit aucun objet au travers du prisme de l'espérance et de l'idéalité, quand elle se consume dans les affections de l'envie et de la jalousie; quand avec toutes nos faiblesses et toutes nos misères, au lieu de nous supporter, de nous protéger, de nous aimer les uns les autres, nous nous montrons sans bienveillance, sans pitié, sans miséricorde et sans compassion. Je nie la civilisation, quand il n'y a point d'étoffe et de grandeur dans l'âme, quand les divins préceptes sont méconnus, quand tout n'est pas charité, quand tout n'est pas amour.

Entre cette manière de considérer l'existence de l'humanité, et les idées qui règlent encore aujourd'hui le mode du développement physique,

instinctif, intellectuel et moral de nos enfans, la
différence est assez marquée pour que je doive
m'attendre à trouver plus d'une opposition ; et cependant, que me voit-on demander qui soit, je ne
dirai pas au-dessus des forces de l'humanité, mais
qui ne soit dans son essence et dans ses attributions? Quoi, la nature n'aurait point fini sa création dans l'homme : ce prétendu chef-d'œuvre ne
serait qu'une ébauche imparfaite et grossière. Les
insectes, les poissons, les oiseaux, les quadru-
pèdes, tous les animaux qui peuplent la terre se
dessineraient, aux yeux de l'observateur, sous
toutes les formes et sous tous les caractères de
leur condition, ils manifesteraient en toute plénitude leurs instincts, leurs penchans, leurs aptitudes industrielles, aucune faculté chez eux ne
porterait préjudice dans ses exercices à une autre
faculté ; chaque individu s'agitant librement dans
sa sphère suffirait pour donner une idée nette de son
espèce, et par une contradiction inexplicable,
l'homme seul, au milieu de l'existence heureuse et
pleine de tous les êtres, resterait au-dessous des
pouvoirs de son admirable organisation! Une pareille idée est inadmissible, la cause première ne
se joue point ainsi de ses œuvres. Si l'homme
réunit à la surface extérieure de son corps, tous
les appareils connus de la sensation, si en fait

de qualités et de facultés, il rassemble sur sa tête tout ce qui est épars dans l'animalité, si à tous ces avantages, il joint encore des formes distinctives, des sentimens et des talens qui n'ont point d'analogue dans aucune espèce vivante, c'est qu'il est appelé à la première des existences. A l'aspect de tant de prérogatives, on ne peut ne pas croire que ce but élevé ne soit marqué dans toute sa personne ; il faut, de toute nécessité, reconnaître qu'il est réellement placé en tête de la création, et en même temps que dans ce monde extérieur, qui le circonscrit de toutes parts, rien ne manque à sa vie. Des rapports immédiats ont été établis, tout a été préparé pour que chacun de ses sens, chacun de ses organes, y rencontrât l'objet de sa fonction ; pour que ses désirs, ses besoins, ses penchans, ses passions, son intelligence, pussent simultanément et sans aucune exclusion, y trouver aisément leur emploi.

L'organisation du cerveau, réduite à un terme moyen de développement chez les masses, n'entraîne point, il est vrai, Messieurs, une grande énergie dans l'exercice des facultés ; mais cette médiocrité dans les forces morales et intellectuelles, n'enlève aucun attribut, n'entrave aucune manifestation, n'exclut ni les qualités du cœur, ni les dons de l'intelligence : loin de là, elle favorise le cerveau dans l'ensemble de ses opérations, elle sert à l'harmonie de ses différens pouvoirs, l'affranchit du joug de tout organe prédominant, et le maintient dans la condition la plus avantageuse à l'impression variée de tous les objets du dehors.

Avec un pareil fonds, avec de tels avantages, l'homme doit infailliblement arriver à prendre un jour le rang qui lui appartient. L'histoire que l'on cite peut-être dans des desseins coupables, ne prouve rien contre lui ; son ignorance, son fanatisme, ses extravagances, ses fureurs, son animalité grossière, ne doivent point lui être imputés ; ce sont là les effets de l'enveloppement de sa nature morale et intellectuelle sur tous les points du globe ; ce sont là les effets de la domination successive ou simultanée des castes militaires, sacerdotales ou nobiliaires, dont pendant si long-temps il a été la victime et la propriété. Au lieu d'obscurcir les lumières de son entendement, de fausser les inspirations de sa conscience, d'entretenir l'activité de ses penchans inférieurs, éclairez son intelligence, ennoblissez son âme, donnez-lui des institutions qui répondent à la noblesse de son origine, à la valeur de ses titres, et vous verrez si je me fais illusion sur son compte, si c'est à tort que je le considère et que je veux le faire reconnaître comme le premier, le plus fort, le meilleur et le plus intéressant des êtres.

Maintenant, Messieurs, nous allons entrer plus spécialement en matière; nous allons entrer dans le détail de chacune de nos facultés; nous commencerons par celles de l'ordre inférieur, par celles que nous partageons avec les autres animaux. Je les désignerai sous le nom de propensités animales : n'allez pas croire, Messieurs, qu'en me servant de cette expression je sacrifie aux erremens d'une orgueilleuse philosophie ou de plusieurs religions sacriléges, et que je veuille déverser le moindre mépris sur une partie ou sur un mode de l'existence humaine. Tout est admirable, tout est respectable dans les œuvres de la nature, toutes nos facultés sont bonnes en elles-mêmes et dans leur destination, mais elles sont toutes sujettes à l'abus. Celles qui nous sont communes avec les espèces inférieures, entrent comme base fondamentale dans la constitution de l'être ; elles sont données, ainsi que j'en fournirai la démonstration, pour la conservation de l'individu de la famille et du pays ; elles possèdent, pour me servir de l'expression de Georges Combe, la dignité de l'utilité ; elles sont la source d'une foule de jouissances, elles soutiennent de leur énergie l'activité des autres facultés, elles font les hommes de courage et d'action, elles donnent de l'ambition et un caractère affectueux; par le charme le plus

doux et le plus enivrant, elles invitent au grand
œuvre de la reproduction, et assurent ainsi la per-
pétuité de l'espèce. Conséquemment sous aucun
prétexte, en général, on ne doit chercher, ni à détruire, ni à affaiblir leur action. Toute législation,
toute entreprise faite pour empêcher la manifestation simple et légitime d'une ou plusieurs facultés
est entachée de criminalité : c'est une atteinte
portée aux lois de la création. Nous indiquerons
dans la suite de ce cours, à l'occasion de l'exercice et du rôle de chaque faculté, les violations
particulières qui ont été, ou qui sont encore
faites aux commandemens de la nature.

Cependant, Messieurs, comme les propensités
animales sont inférieures dans leur nature aux facultés particulières à l'homme, comme elles sont
bien loin de les égaler en excellence et en élévation, comme elles sont égoïstes dans leur satisfaction, comme elles jouissent d'une grande énergie native et qu'elles sont presque toujours insatiables, comme elles sont sans lumière dans leur
application, comme en définitive dans leur emploi même le mieux ordonné, elles ne font véritablement que mettre au grand jour l'homme animal, elles ont à tout moment besoin d'être réglées et modifiées dans leur action ; à elles
seules elles ne sauraient sans malheur pour

l'individu et pour l'ordre social, former nos motifs premiers et déterminans dans nos rapports avec nos semblables. La suprématie appartient de droit aux organes supérieurs, c'est-à-dire, à l'intelligence et aux sentimens moraux. C'est pour avoir méconnu les obligations de sa nature morale et intellectuelle, c'est pour n'avoir point montré la force de sa tête et la noblesse de son cœur, c'est pour avoir vécu comme un reptile ou comme un singe, comme un renard ou comme un tigre, comme un paon ou comme un étourneau, que l'homme n'a jamais pu goûter le bonheur de sa condition naturelle, ni s'en faire même une idée ; c'est pour cela qu'on l'a mis en tutelle, qu'on l'a privé de l'exercice de ses droits, et qu'on n'a pas craint de lui ravir le premier des biens quand on sait s'en servir, je veux parler de sa liberté.

Aujourd'hui même encore, Messieurs, au milieu de notre prétendue civilisation, nous reprochons à quelques gouvernemens de notre vieille Europe, de traiter l'humanité avec orgueil, mépris et dureté. Le reproche est légitime, je le laisse subsister.

Permettez-moi néanmoins, jeunes hommes qui êtes appelés à réaliser un nouvel ordre de choses, qui êtes appelés à manifester les grandeurs de l'espèce humaine ; permettez-moi, dis-je, de vous exprimer ici toute ma pensée.

Les gouvernemens résument les faits généraux, les faits exceptionnels ne signifient rien pour eux; ils voient la foule humaine tomber dans l'abus des propensités animales, y sacrifier exclusivement et démesurément; ils la voient cupide, vaniteuse, livrée à toute la brutalité des plaisirs des sens, astucieuse, craintive, colère, implacable et cruelle dans ses vengeances; ils la voient se donner en toute occasion à celui qui la paie, à celui qui la flatte ou à celui qui l'épouvante; ils la voient sans bienveillance, sans justice, sans vénération, sans grandeur, sans fermeté, sans désintéressement, sans la moindre apparence de tous les nobles pouvoirs humains qu'elle a reçus, ou si ces facultés apparaissent dans sa vie, ce n'est que d'une manière instinctive, accidentelle et isolée: l'intelligence n'y a donné ni sa lumière ni sa consécration. Je vous le demande, ne leur paraît-il pas qu'ils vivent au milieu des espèces inférieures. Peut-il leur venir en tête de traiter en hommes des êtres qui n'en ont aucune des manifestations. Messieurs, l'homme animal n'est point capable des choses qui sont de l'intelligence et des sentimens moraux, elles lui paraissent folie, il ne peut les comprendre, et il ne s'arrête que devant l'expression énergique des facultés animales, qu'il soulève d'ailleurs chez les autres, violemment contre lui.

Cette distinction que je viens d'établir entre les facultés qui nous sont communes avec les animaux et celles qui forment l'apanage exclusif de notre espèce, nous était nécessaire autant pour éviter des répétitions fastidieuses, que pour indiquer tout d'abord, l'ensemble des choses qui doivent composer notre mode entier d'existence.

S'il est vrai qu'il n'y a point de bonheur pour un individu en dehors de sa constitution ; nous devons apporter le plus vif empressement, non seulement à faire une analyse exacte de tous les élémens primitifs renfermés dans notre organisation, mais nous devons encore nous appliquer à bien connaître l'ordre invariable et marqué par la nature même, suivant lequel doivent s'établir leurs rapports respectifs.

L'homme n'est point seulement un animal, il n'est point simplement un être intelligent, il n'est point simplement non plus un être moral, il est à la fois ces trois choses, mais il ne perd pas pour cela sa manière déterminée d'exister : il conserve son unité, il est indivis. A l'harmonie de ces trois ordres de pouvoirs, sont invinciblement attachés, sa force, son empreinte spéciale, son bonheur et la vie pleine et entière de son être. S'il y a le moindre désaccord entre eux, si l'animal en lui devient dominateur, il perd ses caractères propres.

sa supériorité disparaît, sa grandeur et sa beauté s'effacent ; il est voué à la faiblesse, au malheur et au mépris des nations.

Regardez partout dans la société, Messieurs, et par anticipation des preuves que je vous fournirai de la vérité de ces paroles, vous jugerez du sort de l'homme qui méconnaît sa nature, qui ne fait point marcher ensemble et de front les différentes puissances de son être, et qui en désunit ou en brise le faisceau protecteur.

Résumons-nous, et faisons voir où la nature a placé le siége de nos différentes facultés. Voyons où se trouve l'homme animal, indiquons à quels signes on reconnaît l'homme moral, et montrons également les appareils dont le développement entraîne et comporte la richesse et l'étendue de l'intelligence. Veuillez bien ici, Messieurs, me prêter toute votre attention.

Les penchans de la brute, les puissances de conservation et de reproduction, les facultés, sans l'activité perpétuelle desquelles la vie s'affaiblit et s'éteint, occupent les parties latérales et postérieures de la tête ; elles constituent l'homme animal ; elles apparaissent les premières dans la vie, elles se conservent puissantes pendant toute la durée de l'existence, ne vivent que pour elles seules, et si j'en excepte l'instinct générateur, ne perdent leur énergie qu'au moment de l'anéantissement complet de l'être. Toutes les autres facultés, les facultés intellectuelles et morales, peuvent disparaître sans entraîner la mort du sujet, comme on le voit dans l'idiotisme et la démence; celles-là, au contraire, ne peuvent un instant cesser leur action sans tuer l'individu, c'est sur elles que reposent tous les autres pouvoirs de la constitution.

Ainsi donc, Messieurs, lorsque vous apercevez une tête humaine bien renflée dans ses parties latérales et postérieures, vous pouvez affirmer sans crainte, que chez elle, les penchans de la brute, les instincts de la conservation jouissent d'une grande énergie. Si les sentimens moraux et l'intelligence ne sont pas développés dans la même proportion, ou n'ont pas été suffisamment exercés, vous pouvez être convaincus que vous avez sous les yeux un homme fortement et aveuglément passionné, un homme à mouvemens égoïstes, un homme de convoitise, de courage, d'ambition, de ruse, d'attachement, de destruction et d'amour animal ; si vous ajoutez à cette constitution, à cette forme cérébrale, de hautes facultés morales et intellectuelles, l'individu renferme alors en lui toutes les puissances propres à former un grand homme.

Voyez les faits, Messieurs, comparez par exemple

les têtes de ces criminels (1) avec les têtes de ces hommes justement illustres, et voyez si déjà, à la première vue, vous ne distinguez pas ceux qui, sous le rapport des facultés caractéristiques de notre espèce, ont été disgraciés par la nature de ceux qui ont été dotés libéralement par elle ; voyez si les uns ne portent pas l'empreinte de leurs mutilations, si les autres ne vous présentent pas les signes incontestables de la plus belle organisation.

Sur les têtes de criminels en général, l'homme animal, en tout ou en partie, est parfaitement bien dessiné, et autant par nature que par vice d'éducation, l'homme moral et l'homme intellectuel ne sont en quelque sorte qu'ébauchés dans sa personne. En effet, dans sa partie supérieure, la tête est évidée comme le toit d'un couvreur ; dans sa partie antérieure, elle est étroite, déprimée et fuyant en arrière.

La plupart des criminels sont donc des enfans mal nés, ou s'ils n'ont point une organisation défectueuse, ils ont été horriblement mal placés dans le monde extérieur. Presque tous surgissent des classes inférieures de la société ; non seulement ils n'ont point reçu d'instruction ni d'éducation, mais loin encore d'avoir été placés dans une position négative sous ce rapport, ils ont

(1) Voir à la fin de ce volume le développement et la conséquence pratique de ces observations.

au contraire vécu dans les circonstances les plus propres à pervertir les sentimens moraux, à fausser l'intelligence et à renforcer les dispositions animales déjà nativement prédominantes.

Voilà, Messieurs, en grande partie ce que sont les criminels; certes la société doit être protégée, mais devrions-nous avoir contre eux tant de colère. Chefs de peuples qui semblez ne pas vous apercevoir que vous faites une œuvre inutile et sans fin, qui ne réfléchissez point sur l'effrayante régularité avec laquelle vous payez votre budget, aux maisons centrales de détention, aux bagnes et à l'échafaud, continuez, puisque vous ne voulez point aller à la racine du mal, à demander de vaines réparations ; séquestrez , enchaînez les criminels, tuez-les même si vous le jugez convenable, mais au nom du respect que vous devez à l'humanité, abstenez-vous au moins de toute amère dérision, et ne leur demandez point compte de choses qu'ils n'ont reçues ni de Dieu ni des hommes; incarcérez-les, tuez-les, mais n'exigez pas d'eux qu'ils soient autres que ce que les font nécessairement être une nature ingrate , votre abandon condamnable et le vice odieux de vos institutions.

Les satisfactions les plus légitimes et les plus multipliées accordées aux facultés inférieures,

Messieurs, ne suffisent point à l'homme, il a d'autres besoins que les besoins du corps, pour me servir du langage vague et obscur des philosophes de nos jours ; la sphère animique, pour continuer à me servir de leurs expressions, réclame aussi son développement. En d'autres termes, les sentimens moraux qui n'existent point chez les animaux, ou qui n'y sont qu'à l'état rudimentaire, demandent aussi de l'exercice et de l'emploi. Les parties supérieures de l'encéphale en sont la condition matérielle et indispensable.

Néanmoins, Messieurs, ces facultés sont moins vivaces que les précédentes, elles sont un des apanages distinctifs de l'espèce humaine; mais en général les sollicitations du monde extérieur, leur sont nécessaires pour acquérir toute l'activité dont elles sont susceptibles pour devenir principes déterminans d'action et constituer par elles-mêmes de véritables besoins; sous ce rapport l'homme est tout entier dans la main de l'homme. Grande vérité dont se sont habilement servis les chefs des anciens peuples pour assurer le triomphe de leur politique. En effet, tout ici est le résultat des circonstances extérieures, et l'homme moyen qui forme l'espèce, est véritablement le disciple de tout ce qui l'entoure. Indifféremment on peut donc abaisser, avilir, dégrader, élever, ennoblir la nature humaine.

On ne paraît point se douter de tout cela dans nos colléges et dans notre brillante université de Paris ; on ne s'y occupe que de la culture des facultés intellectuelles , que de la recherche des moyens propres à mettre les jeunes gens en relief sous le rapport des talens. On s'imagine que les belles âmes, que les honnêtes gens , que les grands caractères se forment d'eux-mêmes. Erreur capitale , Messieurs, qui condamne au silence les plus hautes facultés de notre être , qui nous prive des plus doux et des plus grands plaisirs de l'âme, qui enlève un contrepoids nécessaire à la violence des instincts, qui éternise le règne de la force brutale, qui empêche l'homme de se montrer comme homme, et qui en fait un animal d'autant plus dangereux qu'il est plus éclairé.

A ces deux ordres de facultés , la bienveillance de la nature en a ajouté un troisième , je veux parler des puissances intellectuelles dont les parties antérieures du cerveau sont le siége et le théâtre. C'est encore par là que l'homme se distingue du reste de la création , non que je veuille avec Buffon réduire les animaux à un simple automatisme et leur refuser l'intelligence ; mais chez l'homme les facultés de la causalité et de la comparaison , ont une sphère d'activité tellement étendue, qu'il est impossible de placer sous tous ces rapports, un seul instant à ses côtés, l'espèce inférieure la plus élevée dans l'échelle zoologique.

Avec son intelligence et à l'aide aussi des facultés perceptives placées à la partie inférieure du front, on voit l'homme analyser et enregistrer avec méthode et précision les faits de l'observation extérieure, les faits que lui présentent dans la succession des temps, et la terre, et les cieux, et les hommes. Par elles toutes, il saisit l'enchaînement des phénomènes, il en découvre les lois et s'élève enfin à la connaissance des causes qui peuvent et qui doivent l'intéresser le plus vivement dans son passage dans ce monde.

Il en est des facultés intellectuelles comme des sentimens moraux, Messieurs : pour se développer, elles ont besoin de culture ; elles ne vont point d'elles-mêmes si je puis dire ainsi, leur puissance et leur étendue ne se montrent que par la suite et l'effet d'un exercice continuel.

Ici encore l'homme tout entier est façonné par l'homme ; les despotes le savent bien ; mais s'il jouit en quelque sorte sous ce rapport d'un pouvoir créateur, si, nouveau Prométhée, il peut animer la matière et donner la vie intellectuelle ; l'histoire à la main, il faut reconnaître, à part ce qu'il a fait pour quelques initiés, non seulement qu'il ne s'est point servi de cette puissance.

mais encore que, dans presque tous les lieux du monde, il a osé tout entreprendre, je dirai plus, il a commis tous les crimes pour empêcher le développement de l'intelligence, pour maintenir l'espèce humaine entière, dans un état voisin de l'imbécillité.

Voyez aujourd'hui même encore, Messieurs, ce qui se passe en Europe, vis-à-vis de la France et de l'Angleterre. Tous les ouvrages de science, de belles-lettres et de philosophie qui font le plus d'honneur à ces deux nations, qui peuvent servir à l'instruction de l'univers, qui font éclater à tous les yeux la puissance de la nature et les grandeurs de l'humanité ; tous les ouvrages étincelans de génie ou empreints de la morale la plus pure, la plus libérale et la plus évangélique, tous les ouvrages en un mot qui font un appel aux plus nobles facultés de notre être et qui tout à la fois font le mieux ressortir nos droits et nos devoirs, sont impitoyablement et rigoureusement mis à l'index.

La France et l'Angleterre, à la hauteur desquelles on ne peut placer aucune autre nation, sont regardées et traitées par les puissances politiques qui les entourent comme deux pays dangereux dont on ne saurait avec trop de soin éviter le contact pour échapper à la contagion. Un cordon sanitaire est formé sur tous les points, et les plus beaux efforts du courage, du talent et de la vertu , tentés chez nous autres en faveur de l'émancipation , de l'ennoblissement et du bonheur des peuples , viennent se briser partout, Messieurs, à l'extrémité de nos frontières.

Maintenant que vous connaissez les élémens divers qui entrent dans notre constitution et les impulsions diverses qui en sont la conséquence , vous allez sans doute me demander comment faut-il que l'homme vive , comment faut-il qu'il soit?

Messieurs, il faut que l'homme soit homme, il faut qu'il réponde aux intentions de la nature. Comme animal il doit tout sentir et tout faire , mais comme être intellectuel et moral, l'animalité brute, instinctive, égoïste, en s'unissant à lui , doit perdre ses caractères inférieurs, doit prendre quelque chose de son être. Il est intelligent, il est noble, il est plein de bienveillance et d'amour, il s'élève à la connaissance d'un Dieu, il aime la justice, il cherche la vérité, il veut la grandeur et la perfection en toutes choses, l'espérance soutient et embellit sa vie, la fermeté donne de la couleur à son caractère, de la fixité à ses idées, de l'appui à toutes ses autres facultés; il est homme enfin, Messieurs, le sceptre et l'empire lui appartiennent. Il doit tout modifier, il doit tout ennoblir , il doit tout gouverner.

DE L'AMOUR PHYSIQUE.

Amour physique. — Instinct de la reproduction. — Amativité de Spurzheim.

> Croyez-en celui qui sonde les cœurs et les reins :
> il n'est pas bon que l'homme soit seul.

> Notre âme, dit Plutarque, a en soi une faculté na-
> turellement amoureuse, et est née pour aimer.

Le premier des instincts que Gall a reconnus est celui de l'amour physique. Il en a placé le siége dans le cervelet.

C'est peut-être le point de la doctrine sur la pluralité des organes cérébraux et leurs fonctions particulières, en faveur duquel ce grand observateur a réuni le plus de preuves (GEORGET).

Dans le langage ordinaire, c'est la passion de l'amour, considérée sous tous ses rapports, dans tous ses degrés et dans tous ses écarts; son but est la conservation de l'espèce.

Le caractère le plus universel de cette fonction est d'appartenir à tout ce qui existe. Tout être vivant se régénère; on dirait volontiers que la vie n'est donnée que pour donner la vie. Aussi est-ce par l'observation profonde et répétée de cet ordre de choses, que dès la plus haute antiquité, quelques esprits supérieurs ont annoncé les faits qui devaient s'accomplir, et qu'ils n'ont pas craint, pleins de confiance en leur génie, de faire entendre à l'univers, comme étant loi suprême et divine, comme étant la grande voix de la nature, ces paroles sublimes: vous tous qui avez reçu la vie, croissez et multipliez.

Dans la grande et perpétuelle rénovation des espèces, vous remarquerez, Messieurs, un fait particulier: c'est que l'espèce est tout pour la nature, et que l'individu n'est rien pour elle.

Elle ne le comble de ses faveurs, elle n'est jamais plus libérale envers lui que pendant le temps de la reproduction; aussitôt qu'il a répondu à ses intentions premières, qu'il a accompli la loi, elle le laisse périr par degrés et se montre indifférente au reste de son existence.

On voit des insectes qui ne vivent que le temps nécessaire à leur rénovation, comme on voit des

fleurs se faner et mourir après la cérémonie nup-
tiale.

L'aloès d'Amérique vit souvent un siècle, mais
quand une fois il a porté ses fruits, aucun procédé,
aucun art ne peut empêcher sa tige magnifique
de mourir à la nouvelle année.

En trente-cinq ans, le grand palmier à éventail
arrive à la hauteur de soixante-dix pieds, il grandit alors de trente pieds dans l'espace de quelques mois, puis il fleurit, il porte ses fruits et
il meurt la même année.

Mille autres faits sont là, sous nos yeux, pour
faire ressortir la prédilection marquée de la nature envers les espèces et toujours, au préjudice
de l'individu. A peine la saison des amours est-elle
passée, que le cerf perd son bois, l'oiseau ses
chants et une grande partie de sa beauté, le poisson
son parfum et son goût délicat, et nos plantes leurs
belles couleurs; le papillon perd ses ailes et le
souffle de la vie s'éteint en lui. Tel est, Messieurs,
le cours de la nature dans le mouvement des êtres
qui procèdent l'un de l'autre. Le fleuve coule,
quoique chaque vague se perde dans la vague qui
lui succède.

La nature travaille à la reproduction des êtres,
par des voies bien diverses. Elle a voulu que l'espèce humaine se renouvelât par le concours de

deux individus semblables par les traits les plus généraux de leur organisation, et destinés à y coopérer par des moyens particuliers et propres à chacun. Aussi l'essence d'un sexe ne se borne point à un seul appareil, mais s'étend par des nuances plus ou moins sensibles à toutes les parties de l'être.

On pourrait dire que dans la femme, tout est fait pour les grâces et les agrémens, si l'on ne savait que la nature en la parant avec tant de magnificence, a un objet plus essentiel et plus noble. Ce n'est point pour la femme qu'elle a répandu sur elle les trésors de ses dons, ce n'est point pour elle qu'elle a entrelacé dans sa ceinture les charmes les plus enivrans et qu'elle en fait, pour ainsi dire, une coupe de volupté, Messieurs, c'est pour accomplir sa grande fin, et non pas seulement celle d'une frêle créature, qui n'a qu'un jour ou qu'une année de brillante existence. Or, cette fin est la propagation, la continuation de l'espèce.

Tout ceci, Messieurs, est d'un grand intérêt et conduit loin un homme qui réfléchit. Le penchant qui porte l'homme à procréer son espèce, a quelque chose de plus instinctif, de plus irrésistible, de plus fatal, de plus impérieusement prescrit par la nature, que toutes les autres obligations dont nous avons à nous acquitter et que nous trouvons néanmoins également écrites et révélées dans les dispositions et l'arrangement de notre admirable constitution : la moindre réflexion fait voir l'extrême sagesse de celui qui a tout institué. Il ne s'agissait point ici dans le don de cette faculté, de gratifier l'homme d'une puissance énergique qui assurât au milieu de mille et mille obstacles sa conservation comme individu ; non, il s'agissait de la conservation de l'espèce entière ; en conséquence il lui fallait pour atteindre ce but, une force, une incitation, que sa propre activité seule pût affaiblir à la longue ; il lui fallait une puissance plus considérable que toutes les autres puissances qu'il a reçues ; il lui fallait un commandement plus explicite, un besoin plus dominateur, une invitation plus manifeste, pour qu'il ne pût échapper par l'instabilité et le caprice de sa volonté ou les faux calculs de son intelligence, aux décrets éternels.

C'est ordinairement à quatorze, quinze, seize, dix-huit, dix-neuf ou vingt ans, lorsque la nature a achevé son œuvre, qu'elle a tout sacrifié, dans les premiers temps de la vie, au développement et à la conservation de l'individu, qu'un nouvel ordre de fonctions vient donner une nouvelle existence à l'homme, vient lui révéler sa puissance et sa destination, et l'appeler au grand œuvre de la reproduction ; c'est alors aussi que le cervelet prend son développement et que les fosses occipitales inférieures, jusqu'alors aplaties, donnent à la nuque sa largeur et sa saillie déterminée.

Jusqu'alors, la vie du jeune homme et de la jeune fille, n'avait point eu de caractère, tous les changemens successifs qui s'étaient opérés dans leur organisme s'étaient faits lentement, sans secousse, et n'avaient imprimé aucune modification bien tranchée à leur constitution physique et morale : ils vivaient ensemble sans se connaître, dans le calme et l'innocence des mœurs ; dans la joie, l'amitié et l'insouciance de leur âge. Tout-à-coup, quelque soin qu'on ait pris de prolonger le sommeil du cerveau, et indépendamment de toute sollicitation extérieure, la scène change. Ces jeunes gens élevés dans la pureté, vivant dans l'ignorance des plaisirs, ressentent les impressions les plus vives sans pouvoir d'abord deviner quelle en est la cause et l'objet. La nature est leur premier séducteur ; l'œil du jeune homme s'anime, sa voix change, il se sent plein d'amour et de vie ; c'est un ébranlement général, un enchantement complet de l'être.

La jeune fille n'est pas moins différente d'elle-même ; ses formes se prononcent, elle donne à son maintien de la grâce et de la dignité ; elle s'émeut sous la moindre impression et ses joues se couvrent de rougeur; un mélange de douleur et de plaisir s'empare de son âme; sa tête se remplit d'illusions, elle sent le besoin d'aimer. Ils errent tous les deux sur une mer de déceptions : créatures doucement déçues, jouissez de votre heure, mais sachez que vous accomplissez, non pas vos rêves décevans, mais le grand dessein de la nature, auquel elle vous invite par tant de séductions.

Vous le voyez, Messieurs, les intentions de la nature sont manifestes, et ses commandemens sont d'autant plus impérieux, que c'est par l'attrait du plaisir qu'elle détermine l'homme à répondre à ses vues; mais vous seriez étrangement dans l'erreur, si vous vous imaginiez qu'elle n'a attaché du bonheur qu'à l'exercice de cette faculté; Messieurs, la nature est pleine de bienveillance, aucun appareil ne peut fonctionner dans l'économie, sans donner un sentiment de bien-être. Il me tardait de le proclamer devant vous et de l'établir en principe, elle a véritablement fait du plaisir l'instrument de conservation de tous les êtres sensibles, elle a mis de la volupté dans tous les phénomènes de l'existence humaine.

Réfléchissez sur chacune de vos sensations, suivez attentivement mon analyse, et jugez si je me suis exagéré les bienfaits que nous avons reçus.

Devant les tableaux imposans et variés de la nature, sous l'impression de tous les objets du dehors, nos sens et nos facultés perceptives reçoivent une espèce d'animation, ils entrent en exercice, multiplient nos points de contact avec l'univers, satisfont notre curiosité, nous mettent dans un rapport harmonique et délicieux avec les choses de la terre, et nous procurent autant d'instruction que de jouissances.

Que vous dirai-je, que vous n'ayez également ressenti comme moi touchant l'activité des facultés qui nous sont communes avec les animaux. Que de plaisir ne trouvons-nous pas dans l'attachement; quels doux transports n'excitent point en nous les caresses et les soins que nous donnons à nos enfans! comme le courage et l'énergie de notre âme s'emploient avec bonheur à la défense de la patrie! comme une approbation méritée nous rend fiers et contens de nous-mêmes! que d'ivresse dans l'amour, quand on le sent en homme de cœur et qu'une femme honorable nous l'inspire! quelle satisfaction d'échapper par le tact et l'esprit aux intrigues de la duplicité! Le sentiment de la propriété n'a-t-il pas aussi, quand il s'exerce, son charme par-

ticulier ? n'est-ce pas lui qui est l'âme du commerce et de l'industrie, et qui répand sa puissante
activité sur tous les points du globe. Il n'est pas,
Messieurs, jusqu'à la circonspection, qui ne communique un sentiment de sécurité et de satisfaction intérieure à celui qui l'éprouve.

Je ne pense pas qu'en m'entendant parler ainsi
l'on me suppose l'intention de vouloir, dans
la signification que l'on donne ordinairement à
ce mot, ramener à la doctrine du sensualisme,
et rétrécir, abîmer la noble existence humaine,
dans les satisfactions exclusives des penchans
et des sentimens inférieurs, ou des plaisirs des
sens ; vous avez, j'en suis sûr, mieux compris
ma pensée ; vos sentimens élevés ne voudraient
point d'ailleurs accepter une pareille existence.

Il est bien vrai que par une bienveillance toute
particulière de la nature, les sensations de l'ordre
le plus inférieur, contribuent au bonheur de la
vie ; mais, ainsi que je vous l'ai déjà dit, indépendamment de ce qu'elles ne l'embellissent
qu'à la condition d'être exercées dans certaines
limites et d'être réglées dans leur action par
l'intelligence et les sentimens moraux, elles sont
bien loin de suffire aux besoins de l'âme humaine ;
réduites à leur propre activité, elles laissent toujours après elles du vide, de l'ennui, du malaise ;

pourquoi cela ? vous le savez, Messieurs, c'est que l'homme est un être à part, c'est qu'il n'est pas fait pour consumer sa vie dans des jouissances du second ordre, c'est que ses facultés spéciales lui demandent de l'emploi, c'est que son intelligence lui ouvre et lui fait apercevoir un autre monde, c'est qu'il faut de toute nécessité qu'il donne tout ce qu'il a reçu comme homme, c'est qu'il veut goûter les plaisirs de son espèce, et que les satisfactions de l'animal ne lui en donnent aucune idée; il sent que ce n'est point à cela que la nature a borné ses libéralités, et qu'elle lui a réservé bien d'autres voluptés dans l'exercice de ses organes supérieurs.

Revenons à l'instinct de la reproduction, et reprenons l'homme dans ce moment d'ivresse où il semble pour la première fois naître véritablement à la vie.

Le passage de l'enfance à la puberté, Messieurs, n'est pas tellement déterminé par la nature, qu'il ne varie dans les individus selon l'organisation et l'influence des circonstances , et dans les peuples selon les climats. Tout le monde sait les distinctions observées sur ce point, entre les pays chauds et les pays froids ; néanmoins sous quelque latitude que l'on vive, il faut reconnaître avec une foule de grands observateurs , qu'en général les instructions de la nature sont tardives et lentes, et que celles des hommes sont presque toujours prématurées. Dans le premier cas les besoins ne se font sentir que lorsque le développement de l'individu est achevé ; ils éveillent alors l'imagination, excitent et mettent en jeu toutes les facultés de l'être ; c'est un pubère puissant et bien préparé dont le cœur aimant et généreux répond à toutes les intentions de la nature. Dans le second cas, au contraire, la tête éveille, sollicite l'action de l'instinct générateur ; elle lui donne une activité précoce, qui ne peut manquer d'énerver, d'affaiblir d'abord les individus, puis l'espèce même à la longue. La loi respective de l'amour physique des pays septentrionaux, et des méridionaux, est donc atténuée ou modifiée, par l'état de l'intelligence et des mœurs du pays. A Paris, dont la température est bien froide, en comparaison de nos provinces méridionales, les filles sont plutôt nubiles que dans les campagnes même voisines de Paris. La précocité corporelle, si je puis me servir de cette expression, est due à l'exercice précoce des facultés intellectuelles, qui ne s'aiguisent guère avant le temps, qu'au détriment des mœurs. L'enfance est plus courte, l'adolescence hâtive devient héréditaire, les fonctions animales et l'aptitude à les exercer s'exaltent (car se perfectionnent ne serait pas le mot) de génération en génération, et finissent, je le répète, par détériorer la constitution de l'espèce. Notez bien cela, Messieurs, les dispositions organiques et les facultés sont entre elles dans un rapport qui peut être transmis par génération : grande vérité qui suffit pour faire sentir de quelle importance serait pour les sociétés une éducation nationale bien conçue.

Chez quelques individus néanmoins, indépendamment de toute influence extérieure, l'instinct de reproduction se manifeste avant l'époque de la puberté, bien avant que la nature n'ait achevé son œuvre dans le perfectionnement de l'organisme; ses feux s'allument dès les premiers temps de la vie, des enfans de cinq, six, sept, huit ou neuf ans, chez lesquels l'appareil extérieur même n'est pas encore développé présentent assez souvent cette particularité. Il n'est pas de praticien qui n'ait été consulté pour quelques-uns de ces enfans précoces, qui, dans les colléges et les pensions, menacent les mœurs et la santé de leurs camarades. On croyait autrefois que leurs actes devaient toujours être attribués à l'influence de certaines circonstances extérieures, qu'ils tenaient à une espèce de dépravation et qu'ils pouvaient tenir à la négligence des chefs d'institution, sans réfléchir que, dans cette hypothèse, les effets en seraient généraux, et qu'il serait impossible d'expliquer la violence de ce même penchant chez des enfans soumis à une éducation particulière et soustraits avec le plus grand soin à toutes les causes capables d'exciter les sens et d'éveiller l'imagination.

Le fait s'explique tout simplement aujourd'hui ; c'est qu'il en est, Messieurs, de ce penchant comme de tous les autres, c'est-à-dire que sa force native , réduite à la médiocrité chez les masses, est très considérable chez quelques personnes , et quelquefois d'une nullité incroyable chez d'autres. Tous les degrés intermédiaires de son activité se trouvent entre ces individus qui, mutilés par la nature même, sont sortis eunuques du ventre de leur mère, et ces autres individus qui, trop fortement constitués au contraire, ont à lutter constamment contre leur propre puissance. Ce sont ces derniers qui apparaissent ordinairement de bonne heure dans la vie, et il n'est pas rare, lorsque l'âge a affaibli tous les autres ressorts de leur organisme, de les voir conserver presque jusqu'au tombeau leur puissance de reproduction et se survivre en quelque sorte ainsi à eux-mêmes.

Dans toutes ces circonstances le cervelet offre un développement précoce et au-dessus de la moyenne. La nuque est large et bombée.

Quand ce penchant n'est pas dans une mesure ordinaire, il imprime au caractère des deux sexes quelque chose de particulier, suivant sa faiblesse ou son activité; ou suivant encore son association avec d'autres facultés, dont l'action, non moins énergique et persévérante que la sienne, apporte à son emploi des modifications plus ou moins nombreuses (GALL).

Tous les jours on observe des individus qui par une organisation incomplète, *par dépression du cervelet*, restent dans l'indifférence relativement au rapprochement des sexes. Parmi les hommes qui ont figuré sur la scène du monde, et qui ont offert cette particularité, on peut citer Newton, Charles XII et Kant.

Dans les rangs moins élevés de la société, on fait les mêmes observations; on y trouve un certain nombre de personnes réduites à cet état négatif, et ce qu'il y a de particulier, et ce qui prouve en même temps combien nous sommes fréquemment dupés de nous-mêmes, c'est que ces personnes, loin de se douter de leur infirmité, sont enchantées d'elles-mêmes, qu'elles se prennent comme modèles et comme type de l'être humain, et qu'elles considèrent comme se ravalant au-dessous de la brute, tous les individus qui n'ont ni la même organisation, ni la même impassibilité.

Épicure François Ier, qui avait coutume de dire qu'une cour sans femmes est une année sans printemps et un printemps sans roses ; Henri IV, Reynard, Buffon, Mirabeau, Gall, Lamarque, présentent une organisation différente et un caractère tout opposé : le penchant les domine et les entraîne, et ils auraient oublié dans les plaisirs, les grands intérêts dont ils étaient chargés ; ils y auraient compromis la gloire et l'honneur de leur nom, si la nature ne les eût pas dotés libéralement, sous une foule d'autres rapports, et ne leur eût pas fait racheter par des qualités éminentes et des talens supérieurs, les désordres d'amour de leur tête passionnée.

Parmi les femmes que l'on peut regarder comme personnages historiques, et qui, dans le cours de leur vie, ont manifesté un penchant effréné pour les voluptés, on peut citer Sémiramis, reine des Assyriens, Julie, fille d'Auguste, Messaline, femme de l'empereur Claude, Agrippine, mère de Néron, Faustine, épouse de Marc-Aurèle, la princesse Eusébie, femme de l'empereur Constantin, et la czarine Elisabeth.

Allez examiner nos collections, Messieurs, fixez votre attention sur les bustes, les plâtres de la plupart des personnages dont nous vous citons les noms, et voyez si chez eux le signe extérieur, le développement énorme du cervelet, n'est pas en rapport exact avec la puissance et la fréquence des manifestations. Poursuivez vos recherches dans la même direction, puis venez, en dehors des faits exceptionnels qui ne peuvent jamais avoir de signification ni donner matière à aucune induction, venez nous prouver que le volume du cervelet n'a point d'influence dans l'amour.

Envers beaucoup d'autres animaux que nous avons tous les jours sous les yeux, la nature, sous le rapport de la force et de l'activité du penchant à la reproduction, n'a pas été moins inégale en ses répartitions. Les observations que nous faisons sur les béliers, les taureaux, les étalons, etc., établissent des différences bien sensibles entre les individus de la même espèce, et ne permettent pas de contester un seul instant la vérité de cette assertion.

Quoiqu'il soit vrai de dire, eu égard aux observations générales, que l'instinct de la reproduction dans l'espèce humaine se montre, à peu de chose près, comme toutes les puissances de l'organisme, c'est-à-dire, ordinaire dans sa force et son activité ; cependant autant par ses ébranlemens profonds et voluptueux que par l'ordre des facultés qu'il entraîne dans sa sphère, il faut reconnaître que la nature n'a peut-être mis dans le jeu d'aucun autre appareil de l'économie, plus de spontanéité que nous en remarquons dans celui-ci. Elle semble avoir voulu sous ce rapport une aveugle obéissance; on dirait, à l'agitation de l'individu, au transport de ses sens, à la vigueur de son attaque, à la fièvre de son cœur, au tremblement de ses membres, à l'accent passionné de sa voix, que toutes les fibres de son être intellectuel et moral s'intéressent au succès de son amour. La mutilation même, surtout lorsqu'elle a eu lieu après l'accroissement complet de l'organisme, après l'époque de la puberté, ne tarit pas toujours les sources de ce sentiment, pour me servir ici d'une expression consacrée. L'eunuque, dépouillé de presque tous les caractères de son sexe, n'en éprouve pas moins alors intérieurement un vide épouvantable. Le malheureux, dit Roussel, survivant à sa nullité, voit encore dans la femme, sinon le bonheur, du moins une image du bonheur; il tourne en frémissant autour de ce fantôme, il s'attache à lui, il ne peut s'en séparer, et prend une idée de l'amour dans les rêves de son imagination.

Qui ne connaît l'histoire d'Abeilard, mutilé à la fleur de ses ans, vivant dans la solitude la plus sauvage, au milieu des exercices d'une austère piété; Héloïse est constamment présente à sa pensée. Lisez ses lettres, elles ne sont point d'un maître, d'un confesseur, d'un homme froid et insensible; elles sont d'un homme qui a aimé, qui aime encore, qui l'avoue, et qui ne sait consoler sa maîtresse, qu'en lui racontant tout ce qu'il souffre, tout ce qu'il lui en coûte d'être séparé d'elle.

Enfin, Messieurs, la nature manifeste si hautement ses intentions pour la conservation et la multiplication de l'espèce, le penchant qui nous porte à obéir à ses lois, est tellement inhérent à notre constitution, il est tellement prononcé, qu'on le voit se montrer souvent dans l'aliénation mentale la mieux établie et quelquefois même en former le principal caractère. Dans la démence même la plus complète, lorsque tous les pouvoirs, tous les penchans, les sentimens sont éteints, j'ai vu la puissance de reproduction survivre, en quelque sorte, à cette espèce d'anéantissement de l'être et justifier en tout point nos opinions.

Il n'est pas jusqu'aux idiots, jusqu'à ces êtres qui, par point d'arrêt dans le développement cérébral, ne représentent que des ébauches imparfaites et grossières de l'humanité, sur lesquels on ne puisse faire chaque jour des observations analogues. La nature, en les privant d'une foule de facultés, respecte presque toujours chez eux l'instinct de la reproduction.

Je me rappellerai toute ma vie avoir vu à Bicêtre, en 1828, lors du départ de la chaîne des forçats, un jeune homme de vingt-deux ans, atteint d'un idiotisme incomplet, et qui avait été condamné pour viol. J'entrais dans la grande cour de la prison au moment où l'on faisait exécuter un mouvement général parmi ces malheureux, pour en opérer le ferrement. Habitué que je suis à saisir les caractères extérieurs de ces êtres infirmes et dégradés, du plus loin que j'aperçois ce jeune homme, à sa configuration cérébrale, à sa démarche, à ses poses mal assurées, à son sourire niais et stupide, à la manière dont ses camarades le plaçaient et le déplaçaient, à son indifférence, il me vient de suite en idée que j'ai un idiot sous les yeux : je veux éclaircir mes doutes, je vais à lui, je l'examine, je l'interroge, je fais à ses compagnons d'infortune une foule de questions sur l'ordre et le genre de ses manifestations habituelles. Tous me regardent avec étonnement, ils ne savent rien de ce qui se passe dans ma tête, des émotions que j'éprouve, des idées qui m'assiègent; et comme ils ne se doutent pas de l'importance que j'attache à ne pas avoir le moindre doute sur la situation mentale de ce jeune homme, ils ne peuvent concevoir comment un homme qui leur paraît avoir d'ailleurs quelque instruction, peut rester si long-temps à constater une imbécillité si patente pour eux, et d'ailleurs, disaient-ils si manifeste à tous les yeux. Je ne m'étais point trompé, j'étais en présence d'un pauvre enfant à qui la nature avait été bien loin d'accorder tous ses dons, et que l'on sacrifiait en pure perte aux intérêts sociaux. L'infortuné n'avait point, il est vrai, la conscience de son état ; mais sa famille avait à subir les conséquences d'une condamnation infamante.

Avant d'arriver aux inductions et aux applications pratiques de tous ces faits, ce serait ici le lieu de vous prouver, Messieurs, par une foule d'observations, qu'indépendamment de l'influence première et indispensable du cervelet, sur les organes de la génération, il n'y a point en même temps de fonctions dans l'économie plus subordonnées que les leurs, aux affections de l'âme, aux affections du reste de l'encéphale. Je renvoie pour les détails de cette démonstration à mon ouvrage sur les causes physiques et morales des maladies mentales, et je me borne seulement ici à replacer sous les yeux de mes lecteurs les faits qui mettent le mieux cette vérité hors de contestation.

Le bruit, la frayeur, la crainte, en paralysent l'action. Au moment où les désirs sont les plus violens, où l'imagination ne peint que bonheur et volupté, un souvenir, un mot équivoque, un soupir mal interprêté, suffisent à l'instant même pour détruire le charme et glacer tous les sens.

Le silence, le mystère, les complaisances de l'objet aimé, tout ce qui laisse l'esprit dans la tranquillité, favorise au contraire les fonctions de ces organes et en augmente l'énergie.

Mille exemples prouvent qu'un homme trop fortement épris, perd par la vivacité de sa passion la faculté d'en posséder l'objet ; qu'après avoir épuisé presque toutes ses forces dans le feu des désirs et les illusions d'un bonheur anticipé, le trouble qui l'émeut à la seule vue du bonheur présent, achève d'en dissiper le reste et n'en laisse plus pour la réalité ; et qu'ainsi, contraire à lui-même, l'amour éperdu s'éteint à force de transports, et s'anéantit par son propre excès.

Catulle soupire pour Lesbie : au souvenir de sa maîtresse, son esprit, échauffé par mille images voluptueuses, ne connaît plus de félicité que par la possession de tant de charmes. Catulle plaît, Lesbie cède ; mais le moment de la victoire est celui de la faiblesse et de l'humiliation : rendu avant de combattre, Catulle se cherche et ne se trouve plus ; il s'étonne de s'échapper à lui-même. Affligé d'avoir tant promis, confus de tenir si peu, et de n'accorder à l'amour que le prix que l'on garde à la haine, il gémit d'un triomphe qui le couvre de honte ; et consumé désormais de l'ardeur et des vains efforts de sa flamme, adorateur sans culte et sans offrandes, il s'éloigne avec désespoir d'une beauté que ses sermens et sa froideur ont doublement outragée.

Je n'examine point si ce tableau, que l'on doit à une des illustrations de l'Institut, le docteur Percy, offre dans l'expression trop d'abondance et de coloris. Qu'il plaise à quelques lecteurs, qu'il alimente l'esprit satirique et frondeur de quelques autres, ces différences individuelles dans la manière d'être affecté, ne me regardent pas et sont entièrement étrangères à mon objet. J'ai cité cette observation parce qu'elle fait voir de la manière la plus positive le rôle important que joue le cerveau dans l'acte de la reproduction ; parce qu'elle s'ajoute conséquemment avec avantage à toutes les preuves que j'ai déjà données. et que je ne pouvais réellement en choisir une plus intéressante, tant sous le rapport de l'homme qui en a fourni le sujet que sous celui de l'auteur qui nous l'a communiquée.

Dans les sciences, et dans la médecine surtout, Messieurs, les observations des poètes ne sont d'aucune valeur aux yeux d'un certain nombre de personnes; quelque fondée que soit la crainte de voir, dans des études sévères, substituer à des faits rigoureux, les illusions et les produits de l'imagination, il faut se dégager cependant de tout préjugé, rendre à chacun ce qui lui appartient, prendre la vérité partout où elle est, et reconnaître que plusieurs d'entre eux ont montré dans leurs écrits une connaissance assez approfondie de la nature de l'homme pour qu'on ne puisse, sans ignorance, sans orgueil ou sans mauvaise foi, récuser dans toutes les circonstances leur autorité et démentir leur témoignage.

Ce sont les poètes, par exemple, qui, les premiers, ont fait remarquer que la séduction des lieux entre pour beaucoup dans l'amour, et qu'il y a des conseils de volupté jusque dans l'air embaumé qu'on respire. Armide, parmi toutes les surprises qu'elle ménage au jeune Renaud, prodigue les fleurs et leurs parfums autour de lui : c'est aussi parmi les fleurs que Milton a placé la couche des deux premiers époux du monde.

Rousseau, qui appelait l'odorat le sens de l'imagination, a fait la même remarque. Le doux parfum d'un cabinet de toilette, dit-il dans son Émile, n'est pas un piége aussi faible que l'on pense; et je ne sais s'il faut féliciter ou plaindre l'homme sage et peu sensible que l'odeur des fleurs que sa maîtresse a sur le sein ne fit jamais palpiter.

Ces observations ingénieuses, faites par des hommes qui ne voulaient ni créer ni défendre un système, donnent à mon opinion une force nouvelle ; elles mettent au grand jour la dépendance immédiate où se trouve être, des systèmes nerveux supérieurs, l'appareil érectile de la génération ; et comme elles sont incontestables, elles vengent les littérateurs du mépris que certains hommes ont toujours manifesté pour leurs compositions (1).

Apercevez-vous maintenant, Messieurs, en opposition avec la sagesse des lois de la primitive église, le vice d'une des principales institutions de la cour de Rome, vous faites-vous une idée du cé-

---

(1) J'engage bien sous tous ces rapports mes jeunes auditeurs à ne point rester étrangers aux productions des hommes qui font aujourd'hui l'honneur de notre littérature. Qu'ils lisent et relisent les œuvres de MM. Alexandre Dumas, Victor et Abel Hugo, Frédéric Soulié, Charles Nodier, Jules Janin, Balzac, James Rousseau, etc., et ils verront que dans les drames, comédies, tragédies, histoires ou romans, qu'ils ont publiés, ces grands observateurs, tout en donnant carrière à leur imagination, ont donné mille et une preuves des études les plus approfondies du cœur humain.

libat de l'homme prêtre (1)? Qu'en pensez-vous ? Ne sentez-vous pas que c'est une amère dérision, et qu'une politique impie a pu seule l'établir ? Ne pensez-vous pas avec nous qu'il ne faut jamais demander à l'homme plus qu'il ne peut donner ; pour me servir ici des expressions de Montaigne, pourquoi ne pas mettre plus de proportion entre le commandement et l'obéissance, entre le vouloir et le pouvoir. Pourquoi nous tailler, à bon escient, de la besogne plus que nous n'en pouvons faire, et multiplier ainsi, à plaisir, les infractions de la morale et des lois. Je l'ai déjà dit dans un mémoire inséré dans le journal de la Société phrénologique, les Orientaux sont plus conséquens et mieux instruits que nous; ils ne croient point à l'impossible, leurs convictions ne se fondent point sur des faits exceptionnels, ils pensent que l'homme n'est pas assez

(1) Le célibat nuit à la société en la corrompant. En la corrompant parce que c'est une règle tirée de la nature, ainsi que l'illustre auteur de l'*Esprit des lois* l'a bien remarqué, que plus on diminue le nombre des mariages qui pourraient se faire, plus on nuit à ceux qui sont faits, et que moins il y a de gens mariés, moins il y a de fidélité dans les mariages; comme lorsqu'il y a plus de voleurs, il y a plus de vols.

fort pour violenter sa nature et lutter contre l'ordre des choses établi par le créateur; aussi pour n'avoir point d'inquiétude à l'égard des femmes que leur penchant jaloux pour les voluptés, tient renfermées dans le sérail, ont-ils le soin de n'en confier la garde qu'à des individus mis hors d'état par la mutilation de s'établir le moindre rapport avec elles.

Il faut l'avouer, Messieurs, nous sommes d'une injustice criante envers tout le clergé romain, le pape et ses cardinaux, l'évêque et ses curés, le chanoine et le desservant de la paroisse ; aucun membre de la corporation n'échappe à nos sarcasmes et à notre colère. Nous voudrions que par le fait de l'ordination, et l'obligation d'un serment enlevé au défaut de réflexion de jeunes hommes, à leur ignorance d'eux-mêmes et du monde, toutes les choses de l'humanité vinssent à s'anéantir en eux.

Examinons-les avec plus d'impartialité, de lumières et de bienveillance, et peut-être alors ne pourrons-nous nous défendre d'un sentiment d'intérêt envers des malheureux que le hasard des temps et des circonstances a placés dans une aussi fausse position. Cet examen, j'ai plaisir à le redire, mettra dans tout son jour la haute capacité intellectuelle et morale de la primitive église, et nous fournira d'ailleurs une occasion de plus, de faire ressortir le ridicule et l'insolence de ces législateurs qui ont osé contrôler l'œuvre divine et cru pouvoir substituer leurs idées folles, téméraires, incomplètes, à la grandeur, à la fixité et à la sagesse de ses lois.

Voilà nos jeunes prêtres sortis du séminaire; ils entrent dans le monde pleins d'âme et d'instruction, pleins d'avenir et d'activité; aucun attribut ne leur manque, le fer n'a point passé sur eux. Sens bien ouverts, facultés perceptives bien disposées pour les impressions extérieures, puissances intellectuelles incontestables, penchans et sentimens de tout ordre : rien ne les met au-dessous de leur espèce.

La femme se présente à eux comme à nous, belle, attrayante, riche de tous les dons de la nature; constituée pour produire les effets les plus magiques et les plus enivrans; elle vient à eux, tantôt dans la candeur et l'innocence du premier âge, leur demander l'explication de tous les mouvemens secrets et jusqu'alors inconnus qui s'élèvent dans son âme, étonnée de ce qui se passe en elle, obsédée d'une foule d'idées à la fois; distraite à chaque instant dans son culte et sa vénération, elle vient dans la simplicité de sa foi, leur accuser son indifférence, leur demander pardon de son trouble involontaire, de ses préoccupations bien naturelles. Elle ne sait pas, la jeune fille, que par la loi de nature, sa vie ne peut se passer dans une adoration perpétuelle, et sur le pavé d'un temple ; elle ne sait pas que cette inquiétude et cette agitation qu'elle éprouve, sont le résultat de l'activité des penchans qui sommeillaient en elle ; que c'est la voix de Dieu qui l'appelle à l'existence de son espèce ; non, elle se croit coupable, et elle vient, vierge timide, pleine de grâces et d'abandon, invoquer leur appui et demander la fin de ses perplexités.

Tantôt et plus avancée dans la vie, la femme que de mauvaises mœurs n'ont point totalement dépravée, ou qu'une indiscrète et froide curiosité n'a point égarée ni flétrie, la femme encore se présente à l'homme-prêtre. Elle est alors dans tout l'éclat de sa beauté, dans tout le feu de ses passions, dans toute la force de son intelligence, et, le dirai-je, dans tout le mécompte des espérances de son cœur. Entraînée par sa sensibilité, trompée bien souvent dans ses affections et ses calculs, mécontente d'elle-même et des autres, regrettant les sacrifices qu'elle a faits quelquefois à un amour désordonné d'approbation publique, elle revient à quelques-uns des sentimens domi-nans de sa première enfance; elle craint d'ailleurs de ne plus trouver personne au monde qui la respecte, qui la console et qui la comprenne ; s'exagérant peut-être aussi ses faiblesses, et ne pouvant néanmoins entièrement s'en dégager, elle rejette sur son invisible Dieu l'amour qui la consume encore ; nouvelle Madeleine repentante ou nouvelle Lavallière, elle vient tout alarmée embrasser les autels ; elle oublie qu'elle porte son excuse avec elle, qu'elle inspire d'autant plus d'intérêt qu'elle a aimé avec plus de désintéressement et de candeur, et que par toutes ces choses elle a droit au pardon qu'elle implore. La voilà donc, comme je le disais, pour la seconde fois en présence de l'homme-prêtre.

D'après les détails dans lesquels je viens d'entrer, vous représentez-vous actuellement, Messieurs, la situation de cet homme, vous mettez-vous à sa place ! Le voyez-vous? cette femme que la nature a créée pour lui, qu'elle a créée dans un rapport parfait et harmonique avec lui ; cette femme est devant lui, elle est là, à ses côtés, à ses genoux ; sa figure remplie d'expression, animée par tous les sentimens dont j'ai parlé, touche presqu'à la sienne ; il la voit enfin, cette femme à laquelle il a tant de fois songé dans l'isolement du séminaire ; il la regarde, la sent, la respire, l'interroge et l'écoute. Vous vous rappelez, Messieurs, qu'il n'a point été mutilé, qu'il a en lui la tête, le cœur, les sens, l'âme et le feu d'un homme ; ainsi donc, indépendamment des incitations qui lui sont naturelles et qui, par leur propre énergie, le portent déjà à honorer la femme, il se trouve encore, par le fait de l'exercice de son ministère, dans un concours de circonstances où la plus froide impassibilité ne peut pas ne pas s'émouvoir ; où aucun homme d'honneur, impressionnable et bien organisé, ne voudrait être placé un instant de sa vie.

Reconnaissons-le de bonne foi, Messieurs, servons-nous de notre intelligence ; n'obéissons point à des sentimens bas ; en vérité, les membres du clergé romain ont droit à nos égards, ils sont hommes comme nous, et en dépit des calculs d'infirmes législateurs, l'œuvre de Dieu ne s'anéantit point, ils restent hommes comme nous ; voyons donc de plus haut nos semblables, nos frères ; tenons leur compte des difficultés de la position et des sacrifices qu'ils font tous les jours aux préjugés du peuple. En général, ils ne portent point de scandale, et ce n'est qu'en silence et avec discrétion qu'ils marchent dans les voies providentielles.

Tel est le sort des institutions qui ne sont point basées sur une connaissance exacte de la nature humaine, et de l'ordre invariable de ses rapports dans le monde extérieur. Ces institutions révoltent le sens intime des êtres, elles n'entraînent point une obéissance générale, elles donnent de la douleur, conduisent à la dissimulation, et sont souvent la cause d'une foule de désordres dans la Société.

Telle est aussi néanmoins l'influence de l'habitude et de l'éducation, tel est, chez quelques hommes, l'empire des sentimens honnêtes, que j'ai vu, comme M. de Buffon, des ecclésiastiques se faire un point d'honneur de l'engagement qu'ils avaient pris, et lutter long-temps entre la crainte de trahir leurs devoirs et le désir de céder au penchant qui les entraînait ; je les ai vus s'examiner souvent avec inquiétude et douleur, et lorsqu'ils ne pouvaient plus douter de leur infortune, lorsque leurs convictions du jeune âge s'éclairaient et se modifiaient, s'écrier avec amertume ; *Lux cur data misero*, lumière pourquoi viens-tu briller aux yeux d'un malheureux!

Avant de continuer à bien faire ressortir, par la simple exposition des faits, la volonté marquée du créateur pour la multiplication et la conservation des espèces, j'ai à vous communiquer, Messieurs, au sujet de l'homme-prêtre, une observation particulière que j'ai faite dans nos grands pénitentiaires et qui ne laisse pas que d'avoir son importance : c'est que, à part certains faits d'escroquerie et de spoliation, l'homme-prêtre, que l'institution de

son ordre a vainement voulu rendre insensible, encourt toujours le mépris public et la vengeance des lois, pour des outrages à la pudeur et pour viol (sur 31 prêtres pour lesquels j'ai consulté le livre des écrous, 26 avaient été condamnés pour viol). C'est toujours pour ce genre d'infractions qu'on les punit et qu'on les renferme dans les bagnes et les maisons centrales de détention; et ce qu'il y a de bien plus remarquable encore, c'est que presque toujours ces actes ont chez eux des particularités d'exécution plus ou moins atroces, plus ou moins dégoutantes, plus ou moins abominables, qu'on n'observe point chez les autres hommes, et qui ne s'expliquent que par la violence plus ou moins prolongée, faite aux besoins impérieux et sans cesse renaissans d'un organisme parfaitement constitué, et, je le répète, appelé par Dieu même à accomplir la loi.

Si la cour de Rome, par intérêt politique, et pour mieux conserver sa domination, s'oppose au mariage des prêtres catholiques, si elle veut avoir dans chacun d'eux un soldat qui ne vive que par elle, dans elle et pour elle; si elle veut avoir une milice esclave obéissante, placée tout en dehors des intérêts généraux et toute disposée par cela même à défendre et à soutenir ses passions personnelles; rien de mieux, tant que les peuples seront assez aveugles pour ne rien voir à tout cela; mais si elle désirait tant soit peu voir régner chez tous les siens la décence et les bonnes mœurs, je ne vois pas pourquoi elle ne ferait point pour les prêtres, ce qu'elle faisait autrefois pour les moines qu'elle tenait renfermés dans les couvens; craignant à tout instant chez eux que les instincts énergiques de la nature ne se révoltassent contre un joug odieux et contre les habitudes qu'elle cherchait à leur faire contracter, elle les soumettait à un régime diététique particulier, elle les faisait vivre dans la solitude et le silence, loin de toute sollicitation extérieure; elle leur imposait des mortifications, leur faisait pratiquer des saignées fréquentes et copieuses, et par l'ensemble et le concours de ces moyens divers, elle parvenait à diminuer au physique et à affaiblir au moral tous les membres de la communauté.

Là on était conséquent, l'œuvre était une œuvre indigne, mais comme on ne voulait point chez ces hommes de manifestations puissantes et chaleureuses, le but était atteint, et il faut avouer que l'on s'y entendait à merveille à glacer les transports de la vie et à dépouiller la constitution de tous les caractères de la virilité.

Eh! que répondraient à mes observations ces prétendus philosophes qui croient pouvoir affranchir l'homme de toutes les lois de sa nature, si après tous les faits que je viens de mettre sous leurs yeux, j'allais encore les convaincre, par d'autres faits non moins irrécusables, que cet être si orgueilleux et si libre en apparence, est cependant, eu égard à l'activité de la fonction de reproduction, à la manifestation de cet instinct, ni plus ni moins que les plantes et les animaux entièrement soumis aux simples influences des saisons; c'est cependant ce qui résulte des recherches statistiques, faites tant en France que dans l'ancien royaume des Pays-Bas, par les deux honorables savans MM. Villermé et Quetelet.

Ils ont constaté par des milliers d'observations, que tout le monde peut consulter : d'abord, que l'influence des saisons est beaucoup plus prononcée dans les campagnes que dans les villes, ce qui semble naturel puisqu'on y trouve moins de moyens de se préserver de l'inégalité des températures; et ils ont ensuite prouvé que dans l'une comme dans l'autre localité, le maximum des naissances est en janvier, février et mars, ce qui établit le maximum des conceptions en avril, mai et juin, lorsque la force vitale reprend toute son activité après les rigueurs de l'hiver, lorsque tout est en mouvement, en amour sur la terre.

Ce n'est pas tout, Messieurs, les documens de la

justice criminelle en France, ont fait connaître un résultat non moins intéressant et qui vient parfaitement à l'appui de nos idées; c'est que l'époque du maximum des conceptions coïncide avec celle où l'on compte le plus de viols et d'attentats à la pudeur. M. Villermé observe avec raison à ce sujet que cette coïncidence peut faire naître la pensée, que les coupables y sont parfois portés d'une manière irrésistible et sans avoir tout leur libre arbitre. Cette dernière réflexion, qui fait honneur à la tête de M. Villermé, acquerra plus de valeur encore, si l'on considère que presque tous les hommes condamnés, pour cet ordre d'infractions, appartiennent aux classes inférieures de la société, qu'ils ont vécu par conséquent dans les circonstances les plus défavorables à la culture de l'intelligence et à l'ennoblissement de l'âme, et qu'ils n'ont pu avoir en eux-mêmes, dans cet état de faiblesse intellectuelle et de dégradation morale, de contrepoids naturels, assez nobles et assez puissans, pour refrenner, modifier, écraser l'animal en rut qui remuait tout leur être.

En résumé, Messieurs, l'instinct de la reproduction est d'un ordre inférieur; nous le partageons avec les animaux du plus bas étage; par conséquent, il n'a pas droit de suprématie dans les déterminations de l'âme humaine. L'illustre auteur

que nous avons cité, Buffon disait que tout était bon
dans l'amour physique, que le moral seul n'en valait
rien. S'il a voulu réduire cet acte au plus grossier matérialisme et assimiler en cela l'homme à la brute,
Buffon, malgré tout son génie, n'a point connu
les plaisirs et les destinées de son espèce; s'il a
voulu, par suite d'observations générales ou à lui
particulières, faire entendre que l'homme généreux qui met aux pieds d'une femme son amour
et sa vie, qui n'a plus de volonté devant elle, qui lui
sacrifie son pays, son honneur et ses dieux, s'expose, par cette abdication de ses nobles pouvoirs,
à la douleur, à l'ingratitude et à l'exploitation,
Buffon a raison, le moral n'en vaut rien; seulement il se sert d'une expression impropre : le moral
de l'homme n'apparaît dans aucune de ces choses.

L'amour de l'homme pour la femme sans le
moral, sans l'assistance des facultés humaines
qui seules peuvent épurer, ennoblir un penchant,
un sentiment quelconque, l'amour sans vénération, sans bienveillance, sans noblesse, sans poésie, sans protection, sans intelligence et sans
choix, est un amour indigne, est un amour hideux. L'animal, en suivant son instinct aveugle,
irrésistible, matériel, est dans l'ordre de sa constitution; l'homme qui se met à son niveau est dépossédé de lui-même et de ses plus beaux attributs.

Dans tous les cas, que ce soit par organisation incomplète, ou par dégradation réelle, qu'il se manifeste ainsi, c'est un être dont personne n'enviera l'existence ; il n'aura point connu la femme, il n'aura point analysé ses qualités si diverses et si bien calculées pour sa place et son rôle en ce monde, il n'aura point apprécié ses grâces, son esprit, sa naïve coquetterie, son courage, sa bonté, son attachement inaltérable ; il mourra sans lui avoir donné son estime et sans l'avoir aimée. Non, aucune tête humaine n'enviera son existence. Si c'est abjection de son âme, il inspire trop de mépris ; si c'est vice de constitution, il est trop malheureux.

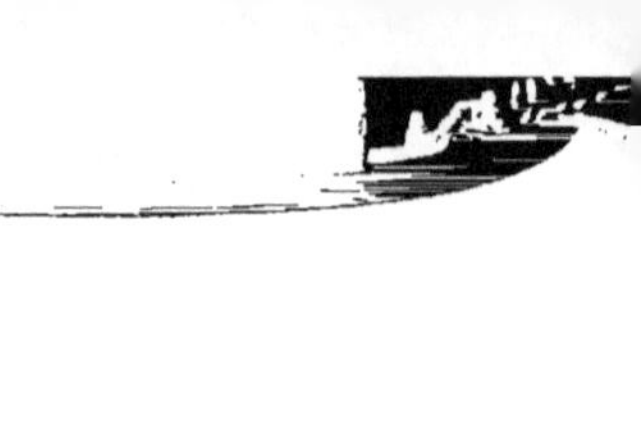

UNE VISITE AU BAGNE DE TOULON.

Recherches et Expériences sur le signe extérieur de l'instinct de la reproduction. — De son activité dans l'espèce, de sa fougue et de sa violence chez quelques individus. — Réponses à quelques observations

> Quoique ce sujet, objet des méditations de tant de naturalistes, ait été traité mille fois, il fournit encore des résultats aussi neufs qu'importans pour le physiologiste, pour le médecin, pour l'instituteur et pour le moraliste.
>
> GALL.

Toute faculté prédominante a-t-elle en général un signe extérieur à la surface du crâne?

Peut-on rigoureusement, et *à priori*, induire de l'existence de ce signe extérieur des manifestations énergiques, fréquentes et quelquefois inévitables de la faculté?

Voilà les deux questions que je me proposais de résoudre en 1828, lorsque par l'entremise et la bienveillance de M. Émile Barateau, alors secrétaire intime de M. de Martignac, j'obtins de M. Hyde de Neuville, ministre de la marine et des colonies, l'autorisation de faire des observations sur les criminels renfermés dans nos bagnes. Je voulais confirmer ou infirmer, par des faits tirés de mon expérience personnelle, les opinions de MM. Gall et Spurzheim.

On se rappelle encore le bruit que fit dans le monde savant la publication de leur grand ouvrage sur l'anatomie et la physiologie du système nerveux en général et du cerveau en particulier, avec des observations sur la possibilité de reconnaître plusieurs dispositions intellectuelles et morales de l'homme et des animaux, par la configuration de leurs têtes.

Les résultats que j'ai obtenus dans mes recherches, je le dis par anticipation, sont en faveur de leur doctrine ; mais comme il ne s'agit point ici de ma croyance particulière mais bien des faits qui l'ont établie, je vais mettre mes auditeurs à même de juger s'il dépendait de moi d'arriver à d'autres convictions.

J'arrivai au bagne de Toulon, dans les derniers jours du mois de novembre 1828. M. Reynaud y remplissait alors les fonctions de commissaire. Il crut d'abord que je me proposais d'en examiner l'intérieur, tant sous le rapport de l'administration que sous celui du régime alimentaire, et de toutes les autres parties de l'hygiène. Je lui eus bientôt fait connaître le but de ma visite. Si les observations de MM. Gall et Spurzheim sont exactes, lui dis-je, je dois découvrir par le simple toucher, les penchans et les sentimens des individus qui, dans cette foule de criminels, ont un caractère à eux et qui ont dû nécessairement fixer votre attention, non seulement par la nature de leur délit, mais bien mieux encore, comme je viens de vous le faire entendre, par une manière d'être habituelle, qui a dû nécessiter fréquemment l'emploi de tous les moyens de répression dont vous pouvez disposer. Intéressé que vous êtes au maintien du bon ordre, chargé d'une grande responsabilité, vous avez dû vous attacher à connaître parfaitement tous ceux dont je viens de vous parler. D'ailleurs leurs œuvres ne vous ont point manqué, vous avez sur chacun d'eux vos notes particulières, et vous savez seul le mal qu'ils vous ont tous donné. Eh bien, je le répète, si Gall et Spurzheim ont bien observé, je dois, en portant la main sur leurs têtes, vous dire ce qui les distingue des autres criminels, tout aussi bien que si j'eusse été long-temps, comme vous, le témoin journalier de leurs manifestations, et je dois par conséquent ne pas me tromper dans la majorité des cas, sur l'espèce d'infraction légale qui les a fait condamner.

En m'entendant parler ainsi, M. Reynaud, entièrement étranger à l'étude de la phrénologie, ne revenait point de sa surprise ; il ne demanda pas mieux que de me mettre à l'épreuve. Je pris l'engagement de revenir le lendemain, et à l'heure convenue entre nous deux, je trouvai sur l'un des quais de l'intérieur du bagne, trois cent cinquante faussaires, voleurs ou homicides, parmi lesquels il avait confondu, sur ma demande, vingt-deux hommes condamnés pour viol ; cherchez ces derniers, me dit-il en souriant, et, si vous les trouvez, prenez leurs numéros, je vous attends au secrétariat.

J'opérai sous les yeux de MM. Sper, chirurgien en chef de la marine de Toulon, Fleury, médecin en chef, Lauvergne, chirurgien-major, et Possel, conservateur du musée. Sans parler, sans dire un seul mot, je soumis à mon investigation les trois cent soixante-douze têtes, qu'on avait mises à ma disposition ; et chaque fois que je trouvais un individu qui me présentait une nuque large et saillante, je le faisais sortir des rangs et je prenais son numéro. Je mis ainsi hors de ligne vingt-deux individus, et ma liste complète je me rendis en grande hâte auprès de M. Reynaud, impatient que j'étais de voir de quelle manière une expérience faite de bonne foi, allait prononcer sur la première des questions majeures que je m'étais posées : toute faculté prédominante chez un individu a-t-elle, en général, un signe extérieur à la surface du crâne?

M. Reynaud prend sa liste, je déploie la mienne : sans pouvoir me défendre d'une certaine émotion; je fais connaître les numéros que je viens d'y inscrire, et ce n'est pas sans surprise que sur vingt-deux individus condamnés pour viol, et perdus dans une foule de trois cent cinquante autres criminels, j'en vois treize se révéler à moi par la simple inspection de leur crâne; proportion numérique considérable qui suffirait à elle seule, comme on va s'en convaincre, pour donner la solution de ma question, et qui montre bien en même temps, l'empire despotique de l'organisation sur les manifestations des êtres.

Quelque remarquables que soient ces résultats m'a-t-on dit, quelque incontestables que puissent être les faits qui les fournissent, quelle conséquence rigoureuse néanmoins pouvez-vous en tirer? ne voyez-vous pas que la *contradictoire* de votre proposition ressort évidemment de votre expérience même? Examinez : vous avez vingt-deux individus condamnés pour viol, à trouver parmi trois cent cinquante criminels de tout autre ordre, eh bien ! vous en découvrez treize; c'est, il est vrai, une forte proportion ; mais il en reste neuf pour arriver à vingt-deux, et réfléchissez bien que les neuf autres que vous avez fait sortir de la foule, vous ont présenté un grand développement du cervelet, sans cependant avoir été condamnés pour viol, et que les neuf qu'il vous fallait pour compléter votre nombre, ne vous ont point présenté le signe extérieur; qu'ils sont passés, comme de raison, inaperçus sous votre main, et que cependant ils expient au bagne l'outrage qu'ils ont fait aux mœurs. Ainsi, jugez vous-même de la valeur de la doctrine, voyez si l'on peut s'en rapporter à de pareilles observations, et si l'on a tort de s'élever contre un système qui conduit à d'aussi fausses applications.

Ces objections sont précises, elles paraissent avoir une certaine solidité. Je vais tout-à-l'heure y répondre. Voyons d'abord si elles vont tenir contre les faits qui me restent à faire connaître. Revenons donc à M. Reynaud, à mes témoins, à mes forçats, à mon expérimentation.

Chose bien singulière, me dit le commissaire général, les vingt-deux individus que vous avez signalés, ne sont pas tous condamnés pour viol, ainsi que je viens de vous en convaincre, mais je puis certifier qu'ils sont tous dangereux pour les mœurs, que depuis long-temps ils sont notés dans mon bagne pour être, sous ce rapport, l'objet de la surveillance la plus active, et que par conséquent la conformation de leur tête ne vous a point trompé sur la violence de leur penchant particulier.

Je n'ai pas besoin de faire remarquer tout l'intérêt qui s'attache à la déclaration de M. Reynaud, je vais y revenir dans le cours de la discussion ; mais je ne connais pas de fait qui puisse mieux ôter tout prétexte à l'incrédulité, je n'en sais point qui démontre avec plus d'évidence, que la faculté dont il est question, quand elle est prédominante, se trahit véritablement à l'extérieur du crâne, par un développement plus ou moins prononcé des fosses occipitales inférieures.

Voilà les faits tels que je les ai vus, et, je ne crains point de le dire, les voilà tels que les verront les naturalistes qui, se dégageant de toute prévention, ne voudront s'en rapporter qu'au témoignage de leurs sens. Lorsque Gall publia ses découvertes, découvertes qui allaient changer la face de la science, et asseoir la philosophie sur des bases naturelles, il ne voulut point être cru sur parole. Il fut, pour lui-même, au-devant de toutes les difficultés et ne cessa d'en appeler à l'expérience. Ce n'était point là le langage d'un imposteur, ni celui d'un misérable charlatan. J'ai suivi dans tous mes travaux les intentions de cet homme supérieur ; le prestige de sa réputation ne m'en a point imposé,

et si les faits que j'ai recueillis viennent à l'appui
des siens, c'est la force des choses qui a donné ce
résultat. C'est elle qui doit venger sa mémoire et
qui, tôt ou tard, doit infailliblement le faire inscrire au premier rang de ces hommes illustres
qui, à différentes époques, ont substitué aux
vaines hypothèses de l'école, les données positives de l'observation la plus sévère et de l'induction
la plus rigoureuse.

On peut voir maintenant à quoi se réduit la
force de l'objection qu'on m'a faite, et si chez les
vingt-deux individus que j'ai signalés, la forme
cérébrale m'a mis une seule fois en défaut ; cependant, comme eu égard au fait en lui-même, il paraîtrait toujours y avoir une espèce de contradiction dans mon expérience, je vais, en résumant
les faits généraux de l'observation, expliquer
comment il se fait que les neuf individus que je
n'ai pu découvrir, parce qu'ils ne me présentaient
point une nuque large et saillante, avaient été
néanmoins condamnés pour viol; je dirai aussi
pourquoi les neuf autres, qui les ont remplacés
pour compléter mon nombre de vingt-deux, et
qui m'avaient offert un développement considérable du cervelet, avaient été punis pour des actes
entièrement étrangers aux incitations de cet organe.

Chez les premiers, l'infraction légale était un accident de leur vie, je veux dire qu'ils s'étaient rendus coupables d'une chose à laquelle les prédisposait le moins leur constitution. Je les ai interrogés avec le plus grand soin, j'ai cherché dans les journaux du temps, dans l'acte d'accusation lui-même, les documens essentiels, et voici en quelques mots, d'après ce mode d'investigation et l'étude que j'ai faite de leur vie, le résumé de leur histoire.

Ne craignez point, Messieurs, de prêter l'oreille à tous ces détails, j'y apporterai assez de circonspection pour n'éveiller dans votre imagination que des idées scientifiques. Je vais donc vous les présenter avec cette retenue qui fait la décence du style; et vous les recevrez comme moi avec cette indifférence philosophique, qui détruit tout sentiment dans l'expression, et ne laisse aux mots que leur simple signification.

Hommes des classes inférieures de la société, hommes ordinaires sous tous les rapports de leur constitution cérébrale, ils n'avaient jamais, ni en bien, ni en mal, fixé sur eux l'attention de la société. Privés d'instruction, sans énergie dans le caractère, n'ayant pas grande élévation dans l'âme, ils n'avaient point en eux-mêmes d'existence propre et indépendante; et rien chez eux ne pouvait faire prévoir qu'ils se rendraient coupables plutôt de telle et telle infraction que de telle et telle autre. Ils étaient seulement, comme tous les hommes de cette catégorie, à chaque instant exposés à tout l'entraînement des influences extérieures.

Un jour, excités par le vin, animés par des conversations licencieuses, après avoir passé tout leur temps à table, dans le repos, la bonne chère et l'oubli des chagrins, ils avaient, isolément ou plusieurs ensemble, rencontré par hasard, et le plus ordinairement vers le soir, dans les champs ou sur les chemins, une femme qu'ils ne connaissaient pas, et qu'ils ne demandaient point. Sans qu'il y eût de leur part la moindre préméditation, sans projet arrêté, cette femme, vieille ou jeune, laide ou belle, avenante ou sans grâces, s'était fatalement présentée devant eux. Leurs préoccupations mentales, le sentiment presque extraordinaire pour eux d'une vitalité puissante, l'entraînement des sens, l'affaiblissement de la raison, la facilité que nous avons tous à nous laisser entraîner dans une direction exclusive, en pareille disposition, la promptitude de l'esprit et la faiblesse de la nature; tout les avait mis hors d'eux-mêmes, et jetés dans des transports, qu'ils pouvaient certainement ignorer toute leur vie. C'est l'analyse de ces faits qui m'a fait dire que le délit avait été chez eux un véritable accident; c'est par elle que je me rends compte de l'absence du signe extérieur, que j'explique une infraction légale, qui semblait ne devoir jamais menacer leur existence; et c'est par elle encore, que j'arrive à constater une vérité de premier ordre, savoir : que l'homme, même le moins vibratile, au milieu des circonstances et des impressions extérieures qui l'assaillissent quelquefois de toutes parts, ou des incitations qui peuvent le surprendre, n'est pas toujours le maître de ses mouvemens, et qu'il a, sous ce rapport, un droit incontestable à l'intérêt, à la justice et à la pitié de ses semblables.

De pareils faits, sans doute, nuisent à l'intérêt social, et on ne doit point hésiter à en demander la réparation; mais, si la punition doit en être exemplaire, il faut, autant que possible, qu'elle soit en rapport avec le degré de la culpabilité. Les lois doivent frapper un être libre, un être moral, un être intellectuel; elles doivent surtout être utiles à la fois à l'infracteur et à la société : craignons de les appliquer en pure perte, en luttant vainement contre la nature des choses. En vérité, n'y a-t-il pas des événemens malheureux dans la vie? ne grossissons pas les objets, ne faisons point l'homme plus méchant et plus terrible qu'il n'est; attachons-nous à ne point confondre ses écarts, ses misères et ses imperfections, avec ses manifestations véritablement criminelles. L'esprit de détail n'amène à rien et ne change rien dans le monde : rien n'est empêché par nos appréciations étroites et passionnées, et par les faux calculs qui en sont la conséquence. Lors donc que nous allons porter sur un des nôtres, un jugement d'où va dépendre son honneur et sa liberté, élevons-nous aux considérations les plus larges, laissons de côté la matérialité de l'acte, examinons l'homme en lui-même et l'ensemble des circonstances. Les législateurs qui n'ont pas tout compris, ne doivent point avoir d'autorité parmi nous; nous avons à nous prononcer dans une circonstance solennelle, agissons toujours de manière à faire une œuvre de haute intelligence, de noble morale et de grande utilité publique.

Quant aux individus qui se trouvaient dans des prédispositions originelles contraires, qui par conséquent m'avaient présenté un grand développement du cervelet, et qui subissaient néanmoins une condamnation pour des faits qui n'avaient aucun rapport avec les écarts et les désordres dont nous parlons, quelle conclusion veut-on tirer d'un pareil fait? De ce qu'un homme est emporté, dominé par un penchant particulier, s'ensuit-il qu'il foule à ses pieds tous les autres ? Ne peut-il pas avoir plus d'un tyran dans sa tête ? Dans la forme entière qu'il présente de l'humaine condition, les excitations extérieures ne peuvent-elles pas aussi l'entraîner dans une foule de directions opposées et le subjuguer à leur tour ? Parce qu'il est fort, ardent et généreux en amour, est-il donc sans ambition, sans convoitise, sans besoins de mille sortes, sans passions, sans haine, sans colère et sans désir de vengeance ? Pourquoi vouloir, en dépit de l'observation, le placer en dehors de son espèce, et le rendre étranger à tout ce qui constitue la vie inégale, dramatique et variée de ses semblables ?

Quelle est donc cette philosophie qui abîme et confond ainsi l'existence de l'homme dans l'exercice d'une seule faculté et en quelque sorte dans les impressions d'un seul sens ? Il est vrai, et les faits que je viens de signaler à l'attention de mes auditeurs en sont un éclatant témoignage, que celui qui possède à un haut degré une force particulière, est porté, par la nature même, à en chercher l'emploi, et à en faire l'application. Moins il est bien organisé sous les autres rapports, moins il a de facultés énergiques d'un autre ordre pour contrepoids ; moins il a d'éducation, moins il a d'instruction, plus alors il fléchit sous l'empire de la domination qu'elle exerce; et plus alors il devient facile à découvrir au premier examen. Mais il n'en résulte point encore qu'il soit exempt de toutes les choses que comporte l'humanité. Bien loin de là, les ténèbres de son esprit et le silence de ses facultés élevées, le livrent presque sans défense à tous les hasards de la vie; aussi se trouve-t-il à la merci de tout ce qui le circonscrit au dehors; et dans la mobilité nerveuse qu'il a d'ailleurs, comme tout autre homme, en partage, il est en quelque sorte placé sur le bord de tous les précipices.

Messieurs, pour ne pas laisser dans vos esprits aucune interprétation défavorable à la liberté de l'homme, je dois ajouter à tout ce que je viens de dire, une dernière considération. On serait étrangement dans l'erreur si l'on s'imaginait que la prédominance d'un organe entraîne infailliblement la nécessité de sa manifestation.

L'homme, voyez-vous, est un être complexe, et s'il a en lui, comme le disait Montaigne bien long-temps avant Gall, une forme sienne, une forme maîtresse, une forme qui fournisse matière aux calculs des personnes qui ont un intérêt quelconque à l'étudier et à le bien connaître; si, dans la majorité des cas, il légitime leurs prévisions sur son compte, il faut dire néanmoins avec

le même auteur, que l'homme est un être merveilleusement divers et ondoyant, et qu'il est loin
de répondre en toute circonstance à l'opinion
générale que l'on s'est faite de son caractère.
Pourquoi cela? C'est qu'une faculté prédominante
n'est point exclusive d'une ou de plusieurs autres
facultés puissantes; et qu'il trouve déjà, dans
cette disposition de son encéphale, des contrepoids naturels et des courans contraires; c'est
que, lorsqu'avec un organe dominateur, sa constitution cérébrale ne lui donne pas d'autre pouvoir isolé de la même force, elle ne le laisse point
encore sans défense contre ses sollicitations habituelles. Il trouve dans la libéralité des dons de la
nature, dans le nombre et l'association de ses autres organes, de quoi contrebalancer, neutraliser
ou modifier sa trop grande énergie. Les déterminations de l'homme ne sont presque jamais le
produit d'une seule force cérébrale en action.
Lorsqu'une idée se présente à lui, et qu'il en désire ou qu'il en veut la satisfaction, à l'instant
même le conseil s'assemble dans son entendement,
si je puis dire ainsi; les différentes facultés font
entendre leurs voix et si quelques-unes viennent
renforcer la disposition primitive, d'autres plus
élevées, plus nobles ou plus craintives, s'opposent à ses exigences, compriment ses mouvemens

et amènent des résultats diamètralement oppo-
sés à ceux que l'on attendait de l'individu au moment où l'éveil a été donné à toutes les fibres de
son cerveau. Néanmoins, il ne faut pas se le dissimuler, les vertus méritoires ne sont pas toujours
les vertus les plus sûres ; et quand on a l'âme ardente, expansive et pleine d'activité ; quand on vit
au milieu des circonstances extérieures les plus
propres à l'entretenir dans un état d'effervescence
et d'agitation, et qu'avec tout cela on n'a pas une
grande portée d'intelligence et une grande élévation de caractère, il est bien difficile de livrer tous
les jours des batailles à ses passions, sans s'exposer
à essuyer plus d'une défaite dans le cours de sa vie.

Il résulte évidemment pour moi de tous ces
faits, que l'instinct de la reproduction, lorsqu'il
est prédominant, se décèle à l'extérieur du crâne,
par un développement plus ou moins considérable
du cervelet, et qu'en raison de cette prédominance même, il tend incessamment à s'exercer
dans le monde extérieur.

D'après ce que nous avons dit sur le cervelet,
organe ou condition matérielle de l'instinct générateur, il est temps, Messieurs, d'aborder la question
de savoir : si la physiologie du cerveau, si la phrénologie n'a rien à donner à la science de la folie pour
la direction morale et la cure des aliénés.

Comme, à raison de mes profondes convictions, on pourrait me suspecter de partialité; comme, à raison de mes études spéciales, on pourrait croire qu'avec une foule d'hommes exclusifs j'aperçois les objets à travers mes préoccupations habituelles, ou, pour ne me dissimuler aucune objection et mettre les choses au pire, comme on pourrait croire que semblable à certains auteurs je puis avoir assez de mauvaise foi pour torturer les faits au bénéfice de ma vanité et en tirer de fausses inductions, je laisserai la réponse à faire à un de nos antagonistes les plus distingués ; c'est avec le docteur Lélut (1), qui s'est posé lui-même cette question, et qui l'a résolue négativement, c'est avec lui, c'est avec ses propres argumens, que je vais soutenir la thèse opposée. Les hommes impartiaux seront juges entre nous ; je lui demanderai d'abord dans quel ouvrage antérieur à celui de Gall, il a été prendre son langage ; dans quel ouvrage de physiologie ou de psycologie ancienne ou moderne, on trouve sur un sujet jusqu'alors si obscur, un langage si simple, si positif et si vrai ; puis, reprenant la solution de la question , satisfait d'avoir autant qu'il était en moi rendu à cha-

____

(1) Essai sur les significations et la valeur des systèmes de psycologie en général, et de celui de Gall en particulier, par F. Lélut, P. 342.

cun ce qui lui appartient je ferai connaître les services incontestables que peut rendre la physiologie du cerveau au traitement des aliénés.

Je terminerai ces considérations par une observation que vient de publier l'honorable docteur Parchappe. Cet homme plein de candeur, et qui promet une illustration à la France, n'appartient à aucune école. Il constate les faits , les raconte à ses confrères, et ne se croit point encore assez avancé pour avoir aujourd'hui une opinion bien arrêtée sur tous ces points ; en lisant son observation avec l'attention qu'elle mérite, on verra si les faits ne viennent pas de tous les côtés se presser en faveur de nos opinions.

« A une doctrine de psychologie physiologique, dit le docteur Lélut, Gall devait chercher dans la psychologie pathologique, c'est-à-dire surtout dans la folie, des preuves et des applications. Il devait, en d'autres termes, montrer que cette dernière partie de la science de l'homme intellectuel et moral se rallie parfaitement aux principes de son système, et que son étude en fournit la confirmation; et c'est, en effet, je crois, ce qu'il a accompli, mais dans le sens que je vais dire.

» L'étiologie de la folie, son incubation, son début, sa marche, ses diverses formes, *tout cela, sans aucun doute, établit invinciblement que ce sont bien les sentimens et les passions* et non point les facultés intellectuelles des écoles, qui sont le fait primordial et générateur de l'intelligence; que c'est sur les sentimens et les passions, c'est-à-dire sur la partie de cette intelligence qu'agissent exclusivement les causes au moins du premier accès de folie; que c'est par les sentimens et les passions que s'ouvre la scène de la folie, et qu'elle se continue, se diversifie, se complique, jusqu'au point de devenir quelquefois inintelligible. Le délire des idées, c'est-à-dire leurs différens vices d'association et leur transformation en sensations externes, ne vient qu'après, ou simultanément, et comme expression du désordre de la partie affective de l'intelligence; et comme pour Gall (comme pour tout le monde aujourd'hui, Monsieur le docteur Lélut), les sentimens et les passions représentent les facultés fondamentales de la pensée, il s'ensuit qu'il a pu dire *avec raison en thèse générale*, que la folie est le résultat direct, immédiat, du désordre de ces mêmes facultés, et non point celui du désordre des hautes facultés intellectuelles des écoles, l'attention, la mémoire, le jugement, etc... Mais Gall et ses disciples sont allés plus loin, et ont prétendu davantage. Ils ont dit que, dans tous les cas, la folie pouvait être essentiellement ramenée à la lésion et au trouble primitif d'une ou de quelques-unes seulement de leurs facultés primordiales. *Cela n'est pas encore dépourvu de vérité* ; il ne s'agit que de s'entendre. »

« *Il est certain qu'il y a des aliénés presqu'exclusivement érotomanes, homicides, destructeurs, rusés, voleurs*, et c'est à ces sortes de lésions de l'intelligence qu'on a pu, avec le plus de vérité, donner le nom de monomanies. Eh bien, changez le mot, au lieu de dire qu'il y a des fous érotiques, homicides, etc...., dites qu'il y a des folies partielles des sens de l'amour physique, de ceux de la destruction, de la ruse, du vol, etc....., *vous n'aurez pas nui, sans doute, à la vérité de la chose*, mais vous n'aurez fait que mettre le nom de la faculté à la place de celui du résultat de son action, sans rien préjuger pour la question des organes. »

Nous aurons encore fait plus, Messieurs, n'en déplaise à M. Lélut, nous aurons mis le doigt sur la partie affectée, sur l'organe excité ou surexcité, et nous saurons par conséquent sur quelle partie de l'encéphale il faut particulièrement porter l'action des moyens curatifs; c'est par cette localisation précise de la maladie, par cette justesse de diagnostic que dernièrement quelques médecins français et étrangers ont obtenu dans un très court délai la guérison des affections érotiques, pour lesquelles on avait réclamé les secours de de leur art. Voyez leurs observations consignées dans la *Gazette médicale* de notre digne confrère Jules Guérin.

Indépendamment du régime alimentaire auquel ils ont soumis leurs malades, et de toutes les précautions usitées pour maintenir en repos le système nerveux en général, ils ont agi spécialement sur le cervelet, ils ont fait à la nuque des applications de sangsues, de glace, de substances narcotiques, et à l'instant même ils ont puissamment modifié, suspendu les emportemens déréglés de la passion; à l'instant même ils ont ramené l'organe à son état normal, à ses fonctions régulières.

« Montez plus haut , continue le docteur Lélut, passez des penchans aux sentimens de la phrénologie ; remarquez que, chez un grand nombre de fous, l'orgueil et la vanité ont pris une grande extension, que ces maniaques se croient princes, rois, papes, dieux, et qu'ils portent les insignes de ces divers ordres de pouvoirs; et dites qu'il y a, chez eux, lésion et trouble de l'estime de soi et de l'amour de l'approbation. Voyez-en d'autres qui, dans leurs accès de bienveillance, ne parlent que de faire le bonheur du genre humain, et distribuent, à tort et à travers, honneurs, dignités, richesses, et dites qu'ils sont fous par suite de la lésion des sens de la bienveillance, de l'espérance, de la justice, etc... Voyez-en d'autres encore se croire en communication avec des agens surnaturels, avec l'Être suprême, ou se donner pour cet être lui-même, et dites que chez eux, ce sont les sens du merveilleux, de la vénération et de l'orgueil qui sont malades. Mais voyez surtout les aliénés se diviser en deux grandes classes : la classe assez peu nombreuse de ceux qui sont gais, aimables, bons, ou les aménomanes; la classe bien autrement étendue de ceux qui sont peureux, violens, furieux, désespérés, les tristimanes ou les lipémaniaques. Dites que, chez les premiers, les sens de la gaîté, de l'espérance, de la bonté sont exaltés, pervertis; chez les derniers, ceux de la circonspection, de la rixe, de la destruction : et vous aurez encore rallié des faits vrais sous des mots qui les rappellent, mais qui ne sont toujours que des mots. »

Oui, M. Lélut, mais comme vous l'avez fort bien dit ailleurs, sous les mots il faut chercher les choses et ne les négliger qu'autant qu'ils ne servent d'étiquette à aucune idée, et ici Gall et Spurzheim en exprimant ainsi leur pensée, non seulement font connaître contradictoirement à l'opinion d'une très grande partie de leurs devanciers et de leurs contemporains, que c'est sur le cerveau et l'ensemble de ses opérations qu'il faut fixer l'attention des praticiens, mais encore que c'est plutôt sur telle et telle partie de cet organe qu'il faut diriger et appliquer les ressources de la thérapeutique.

Certes, quoiqu'il y ait bien quelque chose à relever dans l'assertion suivante qui vous appartient, savoir : que *pour les hommes d'expérience* le traitement de l'aliénation mentale *n'ait jamais pu consister et n'ait jamais consisté*, en général, à combattre par le raisonnement les erreurs de l'attention, de la mémoire, du jugement chez les aliénés, les vices d'association de leurs idées, ou la transformation de ces dernières en sensations, mais qu'il a *toujours et surtout* consisté à agir sur la partie affective de l'intelligence, par des impressions morales opposées aux sentimens ou aux passions malades, ou mieux encore à détourner l'attention et l'imagination, des objets de ces dernières, par des impressions, des douleurs, des actes, des travaux physiques, et par des médications de même nature, il n'en est pas moins vrai que Gall et Spurzheim, en faisant pour le cerveau malade, ce que d'autres médecins, et Broussais père en particulier, avaient fait pour les différentes autres affections du corps humain; qu'en cherchant à localiser chacune des maladies de l'encéphale, qu'en découvrant le siége de nos facultés, qu'en rattachant leurs manifestations normales ou anormales à leurs organes propres, aux conditions matérielles sans lesquelles elles ne sont pas, Gall et Spurzheim, dis-je, ont fait avancer la science, qu'ils ont fourni des indications majeures et positives au traitement de toutes les affections mentales, et qu'ils ont pu et dû conseiller autre chose que ce qui avait pu et dû être conseillé avant les découvertes de leur génie.

Voyons maintenant l'observation et les réflexions du docteur Parchappe, médecin en chef de l'asile des aliénés de la Seine-Inférieure, professeur à l'école secondaire de médecine de Rouen.

« La monomanie est une forme rare de l'aliénation mentale.

» Rien de plus rare surtout que l'occasion d'examiner l'encéphale d'un véritable monomaniaque. La monomanie ne se termine pas par la mort, et, en durant, elle se transforme ; elle passe par la mélancolie ou la manie, et aboutit à la démence.

» Parmi les 131 observations que j'ai recueillies, une seule peut être considérée comme une monomanie légitime. Cette désignation ne me paraît applicable qu'à une aliénation mentale dans laquelle le délire se soit constamment concentré, pendant toute sa durée, sur un ordre de pensées, de sensations et d'actions corrélatives, se rattachant à une seule faculté fondamentale.

» Tel est le cas dont je crois devoir publier l'observation, à cause de la rareté des faits analogues réellement acquis à la science.

» Sexe : femme.

» Age : 56 ans.

» Etat civil : célibataire.

» Profession : rentière.

» Cause de la maladie : célibat.

» Durée de la maladie : 6 mois.

» Cause de la mort : asphyxie par suspension.

» Antécédens :

» Santé robuste, habitudes casanières ;

» Menstruation régulière jusqu'à plus de 50 ans ;

» Depuis plusieurs années, désir immodéré du mariage ;

» Depuis plusieurs mois, quelques actes d'ex-travagance érotique.

» Nature du trouble intellectuel :

» Désir du mariage, provocations obscènes, la malade se dépouille de ses vêtemens ;

» Elle soutient opiniâtrément avoir vu un homme la nuit dans sa chambre ;

» Abattement, pleurs, désespoir à propos de la non satisfaction de ses désirs.

» Marche de la maladie :

» Après quinze jours de traitement, le délire érotique se calme, la malade raisonne parfaitement ; elle travaille, elle compte sur une sortie prochaine ;

» Au milieu de ce calme, elle a une hallucination nocturne, elle prétend avoir vu un homme dans sa chambre ;

» Peu à peu le délire érotique va croissant ; la malade, à qui on ne peut faire garder de vêtemens, se livre au désespoir, et se pend à l'aide de son mouchoir.

» Poids de l'encéphale, 1 k. 331 ; du cervelet, 189.

» Hyperémie générale de l'encéphale.

» Cervelet très développé.

» Les lobes postérieurs du cerveau paraissent plus développés proportionnellement que ses autres parties.

» Etat normal de l'appareil utérin.

» L'encéphale, chez cette malade, n'a offert d'autre altération qu'une hyperémie générale qui doit être en grande partie rapportée à l'asphyxie.

» L'appareil utérin était parfaitement sain.

» Il ne reste pour expliquer la monomanie érotique que le développement considérable du cervelet, constituant une sorte d'hypertrophie.

» En effet, chez cette femme, le poids du cervelet était de 189 grammes.

» C'est le cervelet de femme le plus lourd que j'aie rencontré dans l'état de raison et d'aliénation mentale.

» Son poids diffère de la moyenne du cervelet dans l'état de santé de 43 grammes.

» D'après mes recherches, le rapport du poids moyen du cervelet chez les femmes, 146 grammes, avec le poids moyen du cerveau, 1.062 : : 1 : 7. 2. Chez cette femme, le même rapport 189 : 1. 142 donne 1 : 6.

» Le volume absolu du cervelet et son volume relatif au cerveau étaient donc, chez cette femme, beaucoup plus considérables que dans l'état normal.

» Gall cite plusieurs faits analogues.

» La forme monomaniaque, si différente des autres formes symptômatiques par l'intégrité presque complète des facultés intellectuelles et morales qui la caractérise, ne s'est pas montrée moins différente sous le point de vue de l'anatomie pathologique.

» Cette forme est réellement la seule dans laquelle aucune altération pathologique de l'encéphale n'a pu être constatée après la mort.

» Il serait téméraire de tirer aucune induction absolue d'un fait isolé. Toutefois on ne peut se dissimuler que ce fait a une assez grande valeur.

en ce qu'il est complet et exempt de toute complication, soit pour les symptômes, soit pour les altérations.

» Ce que l'on peut rigoureusement conclure de ce fait unique, c'est que l'aliénation mentale peut exister sous la forme monomaniaque, sans qu'aucune altération pathologique existe dans le cerveau.

» Mais de plus, la prédominance organique du cervelet, dans une aliénation exclusivement érotique, est un puissant argument en faveur des opinions de Gall, sur le rôle du cervelet dans la physiologie et la pathologie.

» Enfin, en généralisant ce fait, on serait conduit à admettre que, dans les cas de monomanie sans altération pathologique de l'encéphale, l'altération morbide de l'intelligence n'est qu'une exagération d'action physiologique coïncident avec une prédominance organique.

» L'examen de cette question ne serait pas moins que la vérification de tout un système, et ne peut être incidemment entrepris.

» Je me contente ici de faire remarquer que l'organologie psychologique de Gall est le seul système physiologique qui puisse actuellement rendre compte de cet ordre de faits, et de constater l'existence d'une espèce anatomique de la folie aiguë, qui semble à-la-fois caractérisée et par l'absence de toute altération pathologique de l'encéphale, et par la présence d'une prédominance de volume dans une partie constituante de cet appareil organique. (1) »

(1) PARCHAPPE. *Recherches sur l'encéphale*, deuxième mémoire, page 115 et suivantes.

RÉSUMÉ.

Le cervelet est le siége de l'organe de la reproduction.

Chez les animaux dont la propagation ne s'effectue pas par le concours des deux sexes, on n'observe rien qui ressemble au cervelet ; chez ceux au contraire qui s'accouplent, on trouve une partie cérébrale placée immédiatement au-dessus de la moelle épinière ; partie qui remplace le cervelet dont sont doués les animaux plus parfaits.

A mesure que cet organe se développe le penchant paraît.

C'est vers la dix-huitième ou vingtième année qu'il a acquis tout son volume.

Le développement du cervelet est beaucoup plus précoce dans les pays chauds, que dans les pays froids; aussi les phénomènes de la puberté s'y manifestent-ils dès l'âge de huit, neuf ou dix ans.

Chez les adultes, indifférens à l'amour physique, le cervelet est petit.

Chez les personnes dominées par le penchant le cervelet est volumineux.

Dans l'espèce humaine en général il n'offre qu'un médiocre développement.

En général, il est plus développé chez l'homme que chez la femme.

Comparez entre elles les têtes des deux sexes.

Il n'est pas rare de trouver des femmes qui supportent les infidélités de leur mari et qui vont même jusqu'à les provoquer à en commettre pour n'avoir point à satisfaire leurs désirs.

Les abus, les écarts, la dépravation de cet instinct, tiennent plutôt à l'absence des sentimens supérieurs, et des hautes facultés de l'intelligence qu'à sa prédominance.

Les vices de l'éducation, les mauvais exemples, les violences faites à la nature par la sequestration des sexes en favorisent également tous les désordres.

Lorsqu'il est réduit à sa seule activité et que l'intelligence et les sentimens moraux n'en règlent ni n'en modifient l'exercice, il constitue l'amour, plaisir : c'est le plus connu, le plus fêté, le moins pur et le plus vulgaire des amours ; c'est celui qu'on nous représente enfant aveugle, armé d'un arc, d'un flambeau, célèbre par ses jeux, ses caprices, ses fureurs, son inconstance, ses crimes. C'est lui qui fait périr Thésée, qui livre Hercule aux flammes, et Samson à la vengeance des Philistins, qui arme la Grèce et cause la ruine de Troie ; il place des courtisanes sur le trône, il force Antoine à sacrifier la gloire, la liberté de Rome, et les richesses de l'Orient aux baisers de

Cléopâtre ; il préside aux orgies sanglantes de Néron : Messaline lui doit sa honteuse célébrité, et le page Borgia sa turpitude ; il cache sous ses fleurs et ses guirlandes les poignards des Médécis ; il énerve et dégrade Louis XV et ses maîtresses, et jette dans le dévergondage et la prostitution toutes les familles illustres de ce temps là.

Sous le rapport des manifestations de cet instinct en France, aujourd'hui nous valons mieux que nos pères.

Nous faisons l'amour en hommes; ils le faisaient à la manière des brutes.

Déjà, sous ce point de vue, il n'est donc pas vrai que notre espèce dégénère.

C'est sur le cervelet qu'il faut particulièrement agir dans le traitement de la nymphomanie et de toutes les autres affections du même ordre.

AMOUR DES ENFANS, PHILOGÉNITURE,
SENTIMENT DE LA MATERNITÉ.

Cet organe est placé immédiatement au-dessus du précédent : il est situé dans les lobes postérieurs inférieurs du cerveau.

Ce n'était pas assez d'avoir créé l'espèce, il fallait la conserver, il fallait la protéger contre la faiblesse, les souffrances et la misère de sa première enfance ; il lui fallait de l'amour et des soins, elle avait besoin de toute l'activité d'un penchant, d'un sentiment qui ne relevât que de lui-même, qui fût de tous les momens, qui fût sans bornes, sans réflexion, tout instinctif, tout animal, vif, profond, infatigable. C'est principalement dans la tête de la femme, que la nature en a placé l'admirable puissance ; c'est à elle qu'elle a demandé ce dévouement sublime.

Gall a placé le siége de cette faculté dans les lobes postérieurs du cerveau. Il est certain que le prolongement en arrière de cette partie de l'encéphale, chez les femmes, donne à la forme de de leur crâne, un caractère tellement prononcé ; qu'il est impossible au premier coup-d'œil, et sur cette seule configuration, de confondre ensemble les deux sexes.

Cette particularité dans l'organisation cérébrale de la femme, cet amour pour ses enfans, que rien ne peut affaiblir, est un fait majeur, est un fait incontestable, il suffit pour mettre la femme à part dans la création humaine, et en raison des empreintes ineffaçables de la nature, il détruit une partie des spéculations d'une secte prétendue philosophique, qui dernièrement a obtenu quelque célébrité ; mais qui aurait bien dû, avant de promulguer ses principes, prendre au moins le soin de les appuyer sur une connaissance exacte de ce que comporte, dans chaque monde extérieur, la constitution déterminée des êtres. La femme, heureusement, ne peut échapper à sa destination. Elle est instituée, Messieurs, elle est créée pour la conservation, le salut de notre espèce. Comme l'a dit avec tant d'éloquence et de vérité, le docteur Reveillé Parise, elle renferme en son cœur la passion providentielle par excellence.

Sara faisait entendre le cri de la nature, et mettait au grand jour l'âme entière de son sexe; lorsqu'elle disait du sacrifice de son fils : « Dieu ne l'eût jamais demandé à sa mère. »

Quel est donc d'ailleurs le rôle à lui donner qui soit supérieur à son rôle ?

Elle est belle de tous les soins qu'elle prodigue à ses enfans; elle est noble par tous ses sacrifices, elle flatte l'orgueil et la confiance de sa famille par l'intelligence et la moralité qui marquent chacune de ses inspirations : tout ce qu'elle fait en faveur des pauvres petits êtres qu'il lui suffirait d'abandonner pour les laisser périr de misère, émeut la bienveillance et commande le respect. Oui, je le soutiendrai toujours, il n'y a rien au-dessus d'une femme, qui se renferme dans l'ordre de ses attributions. Elle est complète, elle est puissante, pleine de grâces et de dignité, elle est véritablement la compagne et l'amie de l'homme, et aux yeux du public, comme dans l'intérieur du foyer domestique, elle marche son égale, et prend la place élevée que doivent, de toute nécessité, lui donner dans leur riche développement, et leur persévérante application, les dons précieux qu'elle a reçus de la nature.

J'ai dit que chez la femme, l'amour des enfans était tout instinctif, tout spontané, tout animal; fort par lui-même, irrésistible, capable de tous les dévouemens : ainsi l'a établi la nature, qui n'a point voulu soumettre à aucune chance d'arbitraire la conservation de notre espèce. Je reviens à dessein sur cette vérité, parce qu'elle a été contestée, et qu'on s'est mis en frais d'imagination pour expliquer ces mouvemens d'une nature sublime dans son but et dans ses moyens, par une foule de motifs accessoires, dont je ne nie pas l'influence, mais dont on s'est beaucoup trop exagéré l'importance.

Ainsi, on a prétendu (*voyez* le grand Dictionnaire des Sciences Médicales) qu'une mère aime son enfant parce que cet enfant est le fruit d'un amour qui fait ou qui a fait son bonheur; elle l'aime, dit-on, parce qu'il est une partie d'elle-même, parce qu'il est une partie de l'homme qui lui est, ou qui lui a été cher; elle l'aime parce qu'il lui ressemble, ou du moins parce qu'elle le croit; elle l'aime par le seul orgueil d'être mère, par les dangers qu'il lui a fait courir, par les douleurs qu'il lui a causées; elle l'aime parce qu'il est faible et qu'il a besoin de son secours; elle l'aime, dit-on encore, parce qu'elle l'a senti remuer dans ses entrailles, et parce qu'elle entend sortir de sa bouche le doux nom de mère ; elle l'aime enfin par devoir, par vertu, par habitude si vous voulez, lorsque les autres raisons n'ont pas été assez puissantes, pour faire naître et entretenir son amour.

Certes ce n'est point à aucune de ces choses que le créateur a confié la vie et le bien-être des enfans, il a mieux assuré leur sort. La tendresse maternelle est indépendante des combinaisons glacées du raisonnement ; elle exclut, pardessus tout, la pensée d'un retour personnel ; il n'y a point d'artifice, de calcul et d'effort en son jeu : j'en appelle à toutes les femmes, j'en appelle à l'observation. Messieurs, il est impossible à une mère de ne pas aimer son enfant. Elle aime son enfant lors même qu'elle en déteste le père ; elle aime son enfant lorsqu'il est sourd et muet ; lorsqu'il est difforme, imbécille, épileptique ; lorsqu'il est sans espérance et sans joie pour son cœur ; en tout état de choses, en quelqu'état qu'il soit, elle lui appartient tout entière. Sitôt qu'il jette un cri, tout son cerveau s'ébranle, toutes ses entrailles s'émeuvent, elle ne voit plus, n'entend plus que son fils, elle obéit à une force supérieure toute d'entraînement, d'amour et de protection ; ce n'est point un devoir, ce n'est point une habitude, ce n'est point une vertu : c'est mieux que tout cela pour la conservation du genre humain ; c'est un instinct de sa nature, c'est une nécessité de son être, c'est une grâce de son sexe et sa condition, c'est une puissance de Dieu.

La femme du barbare, la femme de l'homme civilisé, la femme du roi, du noble, du banquier, du bourgeois, de l'artisan, la femme du villageois, la dernière femme du peuple, toutes ces têtes de femme, si différentes les unes des autres par leur organisation individuelle, par leur naissance, leurs mœurs, leurs habitudes, leur caractère, leurs préjugés, leur ignorance, ou leur instruction, paraissent toutes sorties du même moule, par le prolongement de leur tête en arrière et par l'ordre des manifestations qui s'y rattachent : toutes auprès de leurs chers enfans, ne forment qu'un seul et même être, par les éclatans témoignages de leur inépuisable amour.

Si le penchant qui porte une mère à aller au devant de tous les besoins de son enfant, tenait à tous ces sophismes, à quelle cause l'attribuerions-nous chez les espèces inférieures ? n'est-il pas, chez elles, aussi marqué, aussi profond, aussi vrai que chez nous-mêmes. Nous sommes loin des temps où par ignorance, autant que par un sot orgueil, on s'imaginait que les élans de la maternité, que les transports de cet amour tutélaire, sont d'un tout autre ordre chez les animaux que chez nous. La science a marché, nous savons ce que nous partageons avec eux, en même temps que nous savons tout ce qui nous en distingue.

J.-J. Rousseau, à qui personne ne refusera un grand esprit de détail, dans l'observation, avait déjà saisi ce point de contact, cette similitude qu'il y a pour un certain ordre de facultés, entre les animaux et nous; l'analogie pour les manifestations qui se rapportent à l'instinct de la reproduction, lui paraissait si frappante, les différences si peu sensibles, qu'il ne manquait, selon lui, aux faits dont il était le témoin, que d'appartenir à notre propre espèce. Mes auditeurs ne me sauront pas mauvais gré de leur retracer le tableau qu'il a fait d'après nature, de tout le manége d'amour de deux jeunes pigeons, qu'il avait eu long-temps sous les yeux; on y reconnaîtra la touche d'un grand maître, et on se demandera effectivément si l'homme et la femme apportent dans l'expression de ce sentiment, plus de grâces, de calcul, de magie et de simplicité, que nous en remarquons chez ces heureux animaux.

« La blanche colombe va suivant pas à pas son bien-aimé, et prend chasse elle-même, aussitôt qu'il se retourne; reste-t-il dans l'inaction, de légers coups de bec le réveillent ; s'il se retire on le poursuit ; s'il se défend, un petit vol de six pas l'attire encore. L'innocence de la nature ménage les agaceries et la molle résistance, avec un art qu'aurait à peine la plus habile coquette ; non, la folâtre Galathée ne faisait pas mieux, et Virgile eût pu tirer d'un colombier ses plus charmantes images. »

Il en est également ainsi, Messieurs, de l'amour maternel ; il ne vit d'aucun emprunt, il a ses propres inspirations, il tire toutes ses forces de lui-même, et donne souvent aux autres facultés un surcroît d'énergie et d'activité, qui ne s'explique que par les sages institutions de la nature, pour la conservation et la multiplication des espèces.

Qui de nous étant enfant, lorsqu'il allait dans les bois, à la recherche de quelques nids d'oiseaux, n'a pas été frappé de la touchante affection dont les petits étaient à tout moment l'objet. Quelle inquiétude pour le père et la mère, lorsqu'on approchait de la couvée. Quand on s'en emparait, que de gémissemens et de cris ; comme ils suivaient long-temps et de près le ravisseur ; et si on se laissait toucher par l'expression de leur douleur, si on leur rendait leur amour et leur vie, que de joies, de félicitations, de soins et d'empressement, ne manifestaient-ils pas à tous les yeux !

Dans nos basses-cours, qui n'a pas admiré la poule auprès de ses poussins ; communément elle est égoïste, peureuse, un rien l'effarouche et la fait fuir. La voilà mère, quelle différence ; elle devient intrépide et généreuse, elle ne vit plus pour elle ; partout où elle conduit ses petits, on la voit, pour ainsi dire, tracer autour d'eux un cercle dont aucun autre animal ne peut venir impunément dépasser la circonférence ; l'épervier lui-même, à moins qu'il ne soit dans les mêmes circonstances, qu'il n'ait dans la tête l'incitateur du même ordre, recule souvent devant elle ; il cède à un ascendant supérieur, et encore une fois, là comme dans notre espèce, la progéniture est sauvée par le dévouement maternel.

Voulant, Messieurs, vous éviter des détails insignifians, je crois pouvoir me dispenser de consigner ici une foule d'autres faits analogues à tous ceux dont je viens de vous entretenir. Plus nous nous éleverions d'ailleurs dans l'échelle zoologique, et plus nous serions frappés de l'exactitude des rapprochemens établis, sous le rapport de quelques-unes de nos facultés entre les espèces inférieures et nous-mêmes. Chez les mammifères, que nous avons tous les jours sous nos yeux, nous pouvons nous convaincre que l'amour de la progéniture est pour eux aussi le plus actif et le plus impérieux des instincts. Il n'est pas jusqu'aux animaux féroces, jusqu'à ces êtres fiers et sauvages, qui vivent presque toujours solitaires dans le désert, dans la montagne, ou dans la forêt, chez qui ce penchant ne vienne modifier les habitudes ordinaires, et se dessiner avec une puissance de nature, d'amour et de conservation, bien capable d'exciter l'étonnement et la vénération de tous les observateurs.

Chez eux tous les lobes postérieurs du cerveau présentent toujours un développement d'autant plus prononcé que leur sentiment est lui-même plus profond et mieux manifesté.

Maintenant que nous avons constaté les faits, que nous savons qu'il ne faut point, avec Delpit, Cabanis et Richerand, aller chercher dans les entrailles, dans l'utérus et dans les glandes mammaires, le siége, la source et la cause de l'amour maternel ; maintenant que nous avons eu plaisir à reconnaître tout ce que nous devons de respect et de reconnaissance à la femme pour les soins dont elle a comblé notre enfance; il nous faut examiner les abus, les désordres et le mauvais emploi de ce penchant; il ne faut point oublier qu'il est un de ceux que nous partageons avec les animaux, qu'il est tout instinctif, que par conséquent il ne peut être abandonné à lui-même, et qu'il doit se montrer chez la femme avec tous les autres attributs de notre noble espèce; je veux dire qu'il doit se montrer modifié, ennobli, dirigé par l'intelligence et les sentimens moraux.

Cette recommandation, Messieurs, est plus importante qu'on ne pense; demandez aux magistrats d'une grande expérience, aux instituteurs de premier ordre, demandez aux philosophes formés à l'école de l'observation, aux médecins qui ont pu rechercher, comme nous, les causes les plus fréquentes du suicide, du crime ou des maladies mentales ou nerveuses; si vous ne vous en rapportez pas à mon témoignage, consultez les ouvrages où ils ont déposé le fruit de leurs études et de leurs réflexions, et vous pourrez alors vous imaginer, combien une tendresse aveugle et mal entendue, non seulement nuit au perfectionnement moral et intellectuel, mais encore combien elle pervertit le plus heureux naturel et fausse la plus brillante intelligence. C'est elle qui fait les enfans ingrats, c'est elle qui les rend orgueilleux, volontaires, insociables, égoïstes, incomplets et qui, au milieu des exigences raisonnables, justes, nobles et puissantes de leurs semblables; les prépare à une foule de mécomptes, et par contrecoup les expose à tous les malheurs dont je viens de faire à l'instant même la triste énumération.

Que l'amour des enfans chez les espèces infé-

rieures soit aveugle, qu'il agisse isolément, instinc-
tivement, que rien ne le modifie, qu'il conduise,
protège et soutienne avec zèle et transport le petit
être animé, jusqu'au moment où ses soins deviennent superflus, où ce petit être peut lui-même suffire à ses besoins, que cet amour finisse par son
inutilité même, et que l'œuvre étant accomplie,
tous les membres de la famille finissent aussi par
devenir étrangers les uns aux autres ; cela est ainsi,
cela se conçoit, cela ne peut être autrement, dans
l'ordre de choses établi, et eu égard au petit nombre des facultés, chez ces espèces inférieures ; on
peut le redire, le but est atteint, la race est conservée, toutes les forces de l'animal vont entrer en
activité, rien ne lui manque et lui-même va incessamment, et de la même manière, se renouveler
à son tour.

Chez la femme et dans notre espèce, ce n'est
plus la même chose ; il y a entre elle et son
nourrisson, des rapports beaucoup plus nombreux et beaucoup plus durables. L'enfance
de l'homme est aussi beaucoup plus longue ;
tous ses organes, toutes ses facultés, toutes
ses puissances ne s'éveillent point à la fois. Par
nature, par premier jet de création, les instincts et les penchans des brutes sont déjà forts
et bien dessinés dans sa personne, que l'intelli-

gence et les sentimens moraux, qui forment ses caractères distinctifs, sommeillent encore profondément en lui, ou ne se trahissent que par lueurs passagères. Cependant, Messieurs, il n'a pas seulement besoin de marcher ferme sur ses deux jambes, d'être en état de chercher sa pâture et de la défendre; il ne lui suffit pas d'avoir de l'attachement comme quelques-uns de nos animaux domestiques, d'avoir du courage comme un lion, de l'ambition comme un cheval; il n'a point atteint le maximum de son perfectionnement, en faisant le buffle ou le taureau, devant les femmes, en se pavanant devant elles et en procréant son espèce; tout cela est très bon, très bien, très naturel; tout cela, je le répète, va de soi-même et n'a pas besoin de culture. Mais nous n'apercevons là qu'une des trois parties cérébrales fondamentales de notre être, et l'homme a bien d'autres facultés à montrer en ce monde. Ce qu'il y a de particulier, Messieurs, et ce, sur quoi je me suis déjà permis de fixer votre attention, c'est qu'en général, toutes les facultés qui lui sont propres, qui le distinguent et l'ennoblissent, paraissent avoir une force native moins considérable que celles qui sont du domaine de l'animalité; et que pour acquérir tout leur développement, toute leur intensité d'action, elles semblent réclamer plus impérieusement que ces dernières les sollicitations extérieures et les influences de l'habitude. Voilà ce qui établit tant de différence entre les espèces inférieures et nous; voilà ce qui nécessite de la part des parens qui veulent, dans leur enfant, élever autre chose qu'un animal, tant de prudence et de soins, tant de lumières et de moralité.

Comment faut-il donc qu'une mère aime son enfant? vous devinez ma réponse, Messieurs : elle doit l'aimer en femme, elle doit l'aimer en créature du premier ordre, elle doit l'aimer autrement que par instinct aveugle, que par dévouement brut. Son premier devoir, sa première ambition, est de donner une tête humaine à la société; mais elle n'arrivera jamais à ce résultat, si elle ne commence par faire elle-même violence à ses penchans inférieurs; son œuvre est manquée, si l'intelligence et les sentimens moraux n'ont pas en main le gouvernail et ne règlent pas chacune de ses déterminations. Son enfant est faible, dépourvu de tout, et incapable de se rien procurer par lui-même; sous tous les rapports, il est à sa merci, elle lui doit assistance et pitié ; elle ne doit point avoir une seule faculté qui ne s'exerce et ne s'applique au bénéfice de sa chétive constitution; mais forte de son amour, des lumières de sa raison, de l'élévation de ses sentimens, du nombre de ses sacrifices, elle ne doit tolérer en lui que les manifestations qui l'éclairent sur les moyens de lui conserver la vie. Aussitôt qu'elle voit apparaître les signes de la colère ou de l'entêtement; qu'elle remarque certaine disposition à casser, déchirer, mordre, égratigner; sitôt qu'à mesure qu'il se développe et grandit, elle aperçoit à un degré trop prononcé d'autres tendances égoïstes et de bas étage; qu'elle le voit annoncer de la dissimulation, de la convoitise, de la vanité, ou un esprit de domination; à l'instant même elle doit tout organiser et tout faire pour maintenir dans le silence et l'immobilité ces mouvemens de nature animale. Sa colère est ridicule, son entêtement détestable, son plaisir à détruire, inquiétant, par la facilité avec laquelle il peut prendre un caractère de férocité; la ruse est bonne pour un renard; la vanité, pour un coq d'Inde; au milieu de toutes les libéralités dont il est l'objet, que signifie sa convoitise? au milieu de ses misères et de sa faiblesse, que veut dire son orgueil?

Et cependant, Messieurs, à part quelques exceptions qui ne signifient rien dans la science; c'est pourtant sur cette base, c'est pourtant sur les facultés de cet ordre, que tout a été établi et que tout est encore ordonné dans ce monde. Du dedans, comme du dehors, on dirait une conspiration formée pour mettre de mille manières obstacle au développement de l'intelligence et des sentimens supérieurs de l'homme. Comment faire pour sortir d'un pareil état de choses ; comment, au milieu des misérables passions qui absorbent presque entièrement l'existence humaine, balancer la puissance d'action qui est naturelle aux facultés inférieures, comment affaiblir les sollicitations extérieures, qui en entretiennent l'activité et la prédominance ; comment faire pour s'emparer du pouvoir, pour appeler l'homme à la vie de l'homme, pour donner à sa belle et noble tête la suprématie qui lui appartient ? Je l'ai déjà dit ailleurs, et je le répète, la méthode est simple, il ne faut que la mettre en pratique. Il faut prendre l'homme par les facultés qui lui sont propres, il faut faire le contraire de ce que l'on fait ; il faut vouloir en faire un homme. Au lieu d'animer, de nourrir, d'exciter en lui exclusivement l'animal, sollicitez l'action, favorisez l'application des facultés morales élevées, qui forment son brillant apanage, donnez à son intelligence, qui peut seule apporter du prix à ses meilleurs sentimens, qui peut seule en établir la grandeur et la moralité, donnez lui tout le développement qu'elle peut acquérir ; laissez sommeiller la brute, elle s'agitera toujours assez d'elle-même, sous les pouvoirs supérieurs dont vous aurez ainsi fortifié la puissance et assuré la domination ; et faites cela, non pas à quatre, cinq, six ou sept ans, quand par organisation animale nativement prédominante, autant que par mouvement et emploi de la même organisation inférieure, vous avez à lutter à la fois, contre la nature et contre l'habitude; mais dès le berceau, mais du moment où le ciel, en le jetant sur la terre, l'a jugé en état de commencer sa vie dans le monde extérieur et de s'y établir des rapports (1).

(1) En nous exprimant ainsi, Messieurs, nous ne voulons pas dire que la femme doive faire violence à son caractère, qu'elle doive se jeter en dehors des lois de sa propre constitution, qu'elle ne doive point en conséquence goûter avec transport les délices de la maternité ; oh ! non, qu'elle vive de la vie spéciale de son être, qu'elle idolâtre ses enfans, qu'elle savoure avec complaisance et volupté tous les momens qu'elle leur donne, qu'elle reste et qu'elle soit toujours auprès d'eux ce que la nature a voulu qu'elle fût: femme de dévouement, de bon secours, de sacrifices et d'amour ; qu'elle protége et qu'elle assure l'existence qu'elle a donnée, qu'elle jouisse de son ouvrage, qu'elle s'admire dans ses œuvres, qu'elle fasse participer au but important que la nature se propose, toutes les facultés de son être, et qu'elle ne craigne point surtout de se livrer au sentiment de l'espérance. Les illusions de la maternité, a dit avec autant de grâces et de sensibilité que de raison Mme. de Rémusat,

En signalant le vice ordinaire de l'éducation du premier âge, en faisant ressortir à vos yeux tous les dangers d'une tendresse instinctive livrée à elle même, sans mesure et sans guide ; en insistant sur la nécessité de respecter un enfant, dès son entrée dans la vie, et de ne manifester par conséquent devant lui que les facultés spéciales de notre être ; en faisant voir le ridicule et l'imbécillité des parens dont la tête fléchit devant les exigences inférieures de leur progéniture, je n'ai considéré l'amour maternel que dans son excès d'action, que dans son dévouement insensé ; il me reste maintenant à signaler un autre ordre de manifestations entièrement opposées : je veux parler de ce même penchant réduit à un état négatif et entraînant

sont bien naturelles, et elles sont souvent très utiles. Le champ de l'avenir s'ouvre à l'imagination près du berceau d'un fils, et je ne sais pas de mère qui n'aperçoive d'abord en lui les traces des plus grandes qualités. Loin de repousser cette illusion, faisons-la tourner au profit de l'enfant et de la patrie, encourageons les parens à développer ce qu'ils aperçoivent, à créer, en quelque sorte, ce qu'ils supposent ; même en se trompant ils auront toujours amélioré l'objet d'une innocente ambition, et leurs efforts parviendront peut-être à former, si ce n'est un grand citoyen, au moins un citoyen utile.

avec lui l'indifférence et quelquefois même l'antipathie.

Qui le croirait, Messieurs, il y a des femmes assez malheureuses, pour ne pouvoir jamais éprouver les joies de la maternité ; non seulement elles voient les enfans avec indifférence, mais elles ont même quelquefois besoin de se faire violence; il faut qu'elles appellent à elles les motifs de l'ordre le plus élevé, ou qu'elles soient excitées par la crainte d'encourir le blâme du public, pour s'acquiter envers leur nourrisson des premières obligations de leur sexe. Ici, Messieurs, n'allez pas vous méprendre, nous ne voulons point parler de ces femmes dépravées à qui une nature bienfaisante avait donné tous les dons en partage, et qui emportées par le désir de satisfaire leur vanité, impatientes de se mettre en scène sur les planches de nos cercles brillans , oublient et méconnaissent, dans les froides impressions des distractions du monde, leurs plus grands devoirs et leurs plus doux plaisirs. Celles-ci sont jugées, femmes dénaturées, femmes de désordre, sans réflexion, sans morale, sans amour, sans conscience et sans grandeur ; femmes de malheur pour elles et pour tous ceux qui les entourent, elles vont incessamment payer bien cher la mutilation de leur cœur et les travers de leur tête. Non ce n'est pas de ces femmes que nous voulons parler, elles sont capables de commettre tous les infanticides et nous les abandonnons sans pitié à vos mépris, à votre colère et à la vindicte publique ; notre intention est seulement de vous signaler, relativement au sentiment maternel, un fait que l'on constate aussi bien chez les espèces inférieures que chez nous-mêmes ; c'est qu'il y a quelquefois chez les femmes, eu égard au développement, à la force, à l'activité de ce penchant, organisation incomplète, vice de constitution, erreur de nature comme le disent les gens du grand monde.

Pour vous, Messieurs, qui devez un jour aborder et trancher les plus hautes questions de la morale et de la législation, pour vous, dont les décisions solennelles, en médecine légale, entraîneront la perte de la liberté, de l'honneur ou de la vie de vos semblables, il importe, vous le sentez, que toutes les choses de l'humanité vous soient parfaitement connues. N'oubliez pas qu'en matière criminelle, vous n'avez qu'un individu devant vous ; qu'il faut souvent avec lui abandonner les termes ordinaires de comparaison, et qu'il n'y a point de bonne justice, sans examen spécial, sans que l'intelligence n'ait consacré tous les motifs de la détermination qu'on va prendre. Vous pressentez, Messieurs, que je veux vous dire un mot de la

femme infanticide ; ne craignez point de ma part
aucune idée subversive de l'ordre social ; j'ai
comme vous, de la haine et de l'indignation pour
tout ce qui est immoral, exécrable ; mais néanmoins j'ai une telle défiance de tous les sentimens ,
même des plus honorables ; réduits à leur force
aveugle, instinctive , ils fascinent et troublent à tel
point l'entendement , que nous devons toujours
chercher à nous prémunir contre leur influence
isolée. Faites donc, Messieurs, un noble emploi
de la science ; élevez-vous au-dessus des préjugés
de vos contemporains, et quelque hideux que soit
tel ou tel fait matériel en lui-même, par cela seul
qu'il est en dehors des lois de la nature , n'adoptez
point avec précipitation les opinions populaires ;
défiez-vous du premier mouvement, aimez et res-
pectez toujours l'humanité , ne croyez point au
mal, scrutez les profondeurs des êtres : voyez si
l'organisation est riche ou misérable, si l'éducation a été bonne ou mauvaise, appréciez la diversité, l'étrangeté et l'horrible malheur de certaines
positions, tenez compte de la sensibilité du sujet ;
voyez s'il a le libre exercice de toutes ses facultés,
réunissez, en un mot, tous les matériaux propres
à éclairer votre religion, soyez intelligens, soyez
hommes, alors parlez, parlez au jury, aux juges,
à tous ceux qui vous entourent, ne recevez point

la loi, c'est à vous de la donner : dites-leur la vérité, dites-leur avec cette expression que donnent
toujours les convictions bien fortes, bien établies,
relevées de tous les sentimens généreux, qu'il y
a sur la terre des femmes qui ont été disgraciées
par la nature, qui n'ont point reçu tous les attributs de leur sexe; dites-leur qu'elles portent l'empreinte de leur mutilation, et que leur âme est fer-
mée aux émotions délicieuses de l'amour maternel.

Commencez par établir ce fait majeur, rendez-le
incontestable, faites voir que dans la très grande
majorité des cas, le développement de la partie
postérieure de la tête, est incomplet chez la femme
infanticide ; partie postérieure toujours large,
proéminente, projetée fortement en arrière, chez
toutes les femmes aimantes, affectueuses et bonnes mères. Pour puiser sans relâche vos argumens et vos preuves dans l'observation des faits,
rapprochez de ce signe extérieur, l'histoire entière de cette femme ; faites à l'aide de l'enquête,
ressortir ses manifestations habituelles; faites connaître ses antécédens, la froideur de son caractère,
l'indifférence et l'antipathie qu'elle a toujours té-
moignées pour les enfans; soutenez avec fermeté,
car c'est avec justice et raison, que déjà comme
femme incomplète et mutilée de nature, son œuvre
ne tourne point à la charge et à la honte de son es-

pèce et que dans les circonstances malheureuses où elle s'est trouvée, ses sentimens intérieurs réduits à un état négatif, n'ont pu dans son organisation marâtre, se soulever avec autant de vivacité, que chez une femme qui se trouve dans des conditions instinctives, diamètralement opposées.

Ce premier point établi, qui déjà rejette sur une créature infirme un fait abominable en lui-même et qui rend à la nature humaine sa dignité première, occupez-vous encore, Messieurs, de prouver chez la femme infanticide, l'affaiblissement de la liberté morale, faites voir sa cruelle position. Elle a été séduite, elle est enceinte et on l'abandonne, au moment même où elle a le plus grand besoin d'appui et de consolation.

« A des facultés intellectuelles plus faibles, a
» fort bien dit le docteur Gall, les femmes réunis-
» sent ordinairement un plus haut degré de sensi-
» bilité ; les affections vives et les passions les sur-
» prennent plus aisément et les entraînent avec
» plus de violence. On exerce chez elles, dès l'en-
» fance, on exalte et on rend plus vif, le sentiment
» de l'honneur et de la honte ; et nous demandons
» à ces créatures, sensibles à l'excès, timorées,
» jeunes et inexpérimentées, d'être froides, calmes
» et réfléchies, quand tout ce qu'il y a de plus af-
» freux et de plus décourageant vient les accabler.

» Les incommodités de la grossesse, le jeu de
» toutes les passions qui les tourmentent pendant
» sa durée, augmentent l'irritabilité de leur âme
» et égarent leurs facultés intellectuelles; le mo-
» ment décisif arrive, abandonnée sans consola-
» tion, déchirée par la douleur, affaiblie par la perte
» de son sang, et étourdie par la confusion des idées
» les plus effrayantes, la malheureuse mère
» anéantit, de ses mains tremblantes, la frêle exis-
» tence de son enfant. Peut-être même n'agit-elle
» que dans un accès de démence réelle, dont les
» mères les plus heureuses sont quelquefois atta-
» quées, au moment de leur délivrance. »

Ce n'est pas tout, Messieurs, dites à ces hommes
qui vous écoutent, et qui n'ont point étouffé dans
leur âme le cri de la conscience, qu'une pareille
situation ne borne point seulement son action à
affaiblir momentanément, chez quelques sujets,
la liberté morale, mais qu'elle est tellement poi-
gnante, tellement affreuse, tellement au-dessus
des forces de l'humanité, que chez un autre grand
nombre de femmes, qu'elles soient bonnes ou mauvaises mères, le désordre le plus complet se manifeste souvent alors dans les fonctions de l'encéphale ; qu'en un mot, l'aliénation la mieux décla-
rée en devient la triste conséquence.

Et bien, juges et membres du jury, qu'allez-vous

faire de cette folle, croyez-vous avoir aussi quelque réparation à lui demander ? Est-ce assez pour
elle d'avoir perdu la raison ? Que n'êtes-vous conséquens, que ne la rendez-vous responsable de la mort
de son enfant, ne l'avez-vous pas trouvé étouffé sur
sa couche ? D'ailleurs toute jeune, toute simple,
toute crédule, tout abusée qu'elle soit, n'a-t-elle
pas néanmoins offensé la morale et les lois. Qui peut
ainsi l'absoudre, la différence du résultat prouve-
t-elle quelque chose à vos yeux ? Quoi, parce que
sa tête fléchit, et se trouble entièrement sous le
poids des douleurs morales que nous avons énumérées, vous allez vous imaginer qu'il n'y avait
dans son âme aucune idée condamnable, que la
vie de son enfant n'était point dans ses mains ;
allons donc, vous n'y réfléchissez pas, le crime était
également consommé dans son cœur; un peu plus,
un peu moins de désordre dans les fonctions du
cerveau, ne change rien à la nature des choses.
C'est une contradiction de votre esprit, condam-
nez cette aliénée, il n'a pas dépendu d'elle qu'elle
ne fût sciemment infanticide, point de distinctions ;
que le désir du bien public vous anime, frappez la
société d'une terreur salutaire.

Mais attendez, voici encore, toujours sous l'influence des mêmes causes, une autre jeune fille
que vous devez faire comparaître devant votre

tribunal, si vous voulez rester fidèles à vous mêmes et à vos maximes. La malheureuse n'a point il est vrai commis d'infanticide, elle n'est point, non plus, devenue folle dans l'idée générale qu'on se fait de la chose, mais elle a porté la main sur elle-même, elle a voulu se débarrasser d'une existence qui lui était à charge, et ce n'est que par des circonstances indépendantes de sa volonté, qu'elle n'a pu trouver la mort : juges et membres du jury, je vous livre la femme *suicide*, dites-lui que rien ne peut l'excuser, que la trahison de l'homme à qui elle avait tout donné, ne signifie rien ; que les idées qui l'assiégeaient pendant sa grossesse, ne pouvaient faire naître de mélancolie dans son âme, que les douleurs de l'enfantement n'ébranlent point le système nerveux, que la crainte du déshonneur est une puérilité, que l'avenir, tant pour elle que pour son enfant, ne donnait lieu à aucune inquiétude, qu'elle ne se trouvait enfin, dans aucune de ces circonstances qui peuvent si non légitimer, du moins expliquer et excuser la résolution désespérée qu'elle a prise. Dites-lui qu'elle est coupable, poussez vos principes jusqu'à la dernière conséquence, et envoyez-la aussi devant Dieu, rendre un dernier compte de sa vie sur la terre.

Voilà pourtant, Messieurs, où nous en sommes

encore aujourd'hui dans nos cours d'assises et devant nos tribunaux. Quand on parle partout de civilisation, de progrès des lumières, de philantropie, etc...., n'est-il point inconcevable d'avoir à signaler pour la solution d'une question semblable, une aussi grande ignorance de toutes les lois de notre constitution. Que se propose-t-on, je le demande, par ce luxe de supplices et d'exécutions? où en est l'utilité, l'avantage? Que prétend-on changer? Quel monde nouveau veut-on substituer à l'ancien, et de quelle manière? n'aperçoit-on pas que ce sont là des effets inévitables, nécessaires, éternels, qui ne peuvent pas ne pas être, tant qu'il restera à la femme aussi malheureusement constituée, aussi lâchement abandonnée, aussi horriblement torturée, une ombre de sensibilité. A voir la manière dont on interprète les faits de cet ordre, on dirait véritablement que l'infanticide est le résultat d'un calcul fait avec sang-froid, préméditation et volupté, que l'idée s'en présente tout naturellement à l'esprit, que c'est une tendance primitive de la nature en nous, et qu'on ne saurait par conséquent combattre par trop de moyens de répression. On dirait que la femme est alors dans la plénitude de ses pouvoirs intellectuels, que rien n'a pu les affaiblir, qu'elle n'est point épuisée par la douleur physique et morale, qu'elle n'a perdu aucune goutte de son sang, qu'elle n'a que du bonheur devant elle, qu'elle est en un mot, dans la situation mentale qui comporte et entraîne le plus ostensiblement, toute espèce de responsabilité dans les actes. Supposition gratuite, monstrueuse, marquée au coin de la bête fauve, indigne d'une tête humaine.

Il faudrait dire aussi, dans la même hypothèse, que l'aliénation qui frappe l'enfant du martyr, ne prouve que la faiblesse de la tête, et le peu d'énergie du caractère, et qu'il faut bien d'autres causes pour faire éclater cette affreuse maladie.

Quant au suicide, toujours par suite du même raisonnement, il est inexplicable au milieu de pareilles circonstances ; il serait simplement ridicule, s'il ne violait pas ouvertement les lois de la nature; ou s'il n'était pas l'effet d'une maladie mentale, entièrement étrangère aux impressions du moment.

Par tous ces détails, Messieurs, il nous est facile de prendre une idée de nos obligations; soyons donc comme nous le disions, inébranlables et fermes dans la défense. Il n'est pas vrai que la femme, même la plus insensible, ait plaisir à égorger son enfant. Les monstruosités d'ailleurs, ne comptent pas dans l'espèce. Dans les faits matériels les mieux accomplis, la femme ne peut jamais être dite dans son état normal. Ne nous lassons donc point de faire retentir aux débats notre voix généreuse, et si les préjugés, les idées fausses, le zèle aveugle du bien public, les bonnes intentions, empêchent la vérité de se faire entendre; faisons notre devoir, protestons, appelons-en à toutes les vertus et à l'intelligence de notre espèce, rendons-nous innocens du meurtre que l'on va commettre, lavons nos mains, et rejetons la honte de la condamnation et le sang de la victime sur le malheur des temps et l'ignorance involontaire de nos contemporains.

Nous venons d'étudier l'organe de la philogéniture dans son état de développement incomplet. Examinons-le encore un instant sous son aspect opposé, et voyons ce qu'il produit quand il est trop prononcé ou quand il est exclusivement livré à ses inspirations instinctives.

Lorsque chez une femme, l'amour des enfans dépasse la moyenne de force et d'activité, et qu'il s'y joint peu de lumières et de sentimens élevés, cette disposition ne tarde point à conduire à l'égarement et même à la folie. La mère se soumet alors à tous les caprices de son enfant, elle respecte ses exigences les plus déraisonnables, et devient enfin l'esclave et le jouet de ses volontés impérieuses.

Si l'amour maternel acquiert un développement

encore plus considérable, la femme conçoit à chaque instant et sans motif des inquiétudes sur la santé et l'avenir de son enfant ; on la voit alors observer avec la plus vive inquiétude le sommeil de cet enfant bien-aimé, s'inquiéter s'il dort, et s'inquiéter encore s'il ne dort pas. C'est à peine si dans cette triste situation, elle ose prendre elle-même quelques instans de repos. Succombe-t-elle à la fatigue, ses rêves lui montrent des périls imaginaires que le réveil peut à peine effacer de son esprit.

La folie est alors imminente.

Des exemples de ce genre existent en assez grand nombre, et un de nos peintres distingués, M. Grenier a représenté dernièrement une mère qui vient de perdre son fils, et dont la raison égarée par la douleur lui fait donner des soins à une buche qu'elle prend pour cet enfant chéri.

Rien de plus éloquent que ce tableau; beaucoup mieux que tout ce que je pourrais dire, il fait ressortir la nécessité de subordonner aux lumières de l'esprit et aux influences des sentimens moraux, les penchans les plus purs, les plus vrais, les plus délicieux, les plus profonds de la nature.

RÉSUMÉ.

L'organe de la philogéniture est situé dans les lobes postérieurs inférieurs du cerveau.

Il est plus développé chez les femmes que chez les hommes, aussi donne-t-il au diamètre antero-postérieur de leur tête une grande étendue.

Cette configuration cérébrale particulière à la femme, ne devrait point échapper aux peintres et aux statuaires dans leurs compositions.

Quelques nations présentent un développement considérable de cet organe. Les Nègres et les Indoux présentent cette particularité d'organisation. Chez toutes ces nations néanmoins, l'affection des femmes pour les enfans, l'emporte sur celle des hommes, et toujours aussi la forme du crâne est en rapport avec la manifestation. La partie inférieure de l'occipital, suit le développement des lobes postérieurs inférieurs, et recule bien davantage dans le sexe féminin.

Chez les femmes disgraciées par la nature et qui vivent dans une grande indifférence dans tout ce qui a rapport à l'amour maternel, la tête n'offre point cette forme particulière.

Voilà, Messieurs, les faits de l'observation, voilà les faits qui défient toute l'argumentation des sophistes.

Beaucoup de mères portent ce sentiment trop loin; par excès de tendresse, elles deviennent incapables de bien gouverner leurs enfans, et par cela même elles en font presque toujours, des méchans et des ingrats.

D'autres femmes au contraire, ainsi que je viens de le faire entendre, pêchent par défaut de ce sentiment. Il y a de mauvaises mères.

La plupart des femmes infanticides sont dans ce cas.

En masse elles sont mal-nées : *premier point*.

En masse elles appartiennent aux classes inférieures de la société, aux classes qui par défaut d'éducation, par défaut d'instruction, par défaut de lumières et de morale, n'ont aucun noble contre-poids dans la tête ; *deuxième point*.

En masse, les circonstances au milieu desquelles elles sont placées, sont extraordinairement malheureuses et tout-à-fait exceptionnelles ; *troisième point*.

En outre, l'infanticide pour lequel j'invoque la pitié et la justice des hommes et pour lequel je fais un appel à leur intelligence, se commet toujours au moment même de la délivrance, au moment où tout l'organisme est dans l'ébranlement, la douleur, l'affaiblissement physique et moral, au moment où la femme ne peut point être considérée comme jouissant du libre exercice de ses facultés ; *quatrième point.*

Il y a donc chez les femmes infanticides, comme chez bien d'autres criminels, moins de perversité qu'on ne suppose ordinairement.

Des circonstances morales assez fortes pour donner presque indifféremment lieu , et dans des proportions presque égales à l'aliénation mentale, au suicide et à l'homicide, placent incontestablement les fauteurs en dehors et au-dessus des impressions et affections habituelles du monde extérieur. Ce n'est point sur de pareils faits qu'il faut juger de son espèce. Quelque disgraciée que soit d'ailleurs une femme ces faits accusent plutôt encore le vice des institutions que les écarts de la nature.

Voilà déjà, Messieurs, deux facultés que nous avons étudiées et suivies dans leurs mouvemens fonctionnels et leurs applications.

Vous ne pouvez plus nier maintenant, au moins pour chacune d'elles l'excellence et la réalité des plaisirs que nous avons à goûter dans ce monde. Vous n'ignorez plus également à quel prix la nature

y a attaché le bonheur. Soyez donc aussi complè-
ment heureux que vous pouvez l'être; aimez la femme de toutes les puissances de votre âme, aimez-la:
mais sous peine des plus cruels mécomptes, dans le
choix et le don de votre amour, servez-vous des lumières de l'intelligence, ne vous attachez jamais
qu'à la femme qui joint aux grâces de la personne, les
grâces de l'esprit, et qui, par dessus toutes choses, se
fait remarquer par la candeur de l'âme, l'élévation
des sentimens et la bonté du caractère.

Nous avons, Messieurs, un grand nombre d'a-
mours dans la tête, et après celui dont nous venons
de dire un mot, il en est un autre qui y fait suite
et qui nous appelle encore à une heureuse existence : c'est celui que nous portons à nos enfans. Sa-
vourons-en donc la tranquille volupté ; prodiguons-
leur nos caresses et nos soins , descendons quelquefois de la hauteur de nos spéculations, jetons au
foyer domestique un coup-d'œil sur leur mère at-
tentive et sur eux, reposons de temps à autre nos
sens sur la douce joie de ce sentiment, puis faisant
un retour sur nous-même et nous rappelant la
tendre affection qu'ont également eue pour notre
débile enfance, les auteurs de nos jours ; jetons
aussi les yeux de leur côté, levons-nous, saluons-
les, baisons leurs cheveux blancs ; comparons ces
momens à ceux que nous perdons si souvent dans

le monde, et dites-moi si déjà sous le rapport des deux facultés que nous avons analysées, si je vous ai trompé lorsque je vous ai dit, dans mon discours préliminaire, que la science dont nous allions nous occuper, apprenait à l'homme tout ce que la nature a fait pour lui. Dites-moi si je vous ai trompés, lorsque vous engageant à en suivre les inspirations, je vous ai dit que cette même nature nous traçait, pour ainsi dire, toutes les voies en toutes choses, et nous entraînait par la volupté même à vivre de la vie pleine et complète de notre espèce.

Si l'antiquité, Messieurs, eût mieux connu la nature humaine et se fût énoncée sur tous ces points d'une manière un peu moins vague, moins instinctive et moins confuse, je dirais que notre école se rapproche de celle d'Aristippe. Je ne sais plus quel despote asiatique ennuyé de la vie, proposait aux philosophes de son empire la recherche de nouvelles sensations et de nouveaux plaisirs. Malgré les brillantes récompenses que promettait sa hautesse, personne ne vint à son secours, et personne, en effet, ne pouvait y venir. Aujourd'hui, Messieurs, nous ne manquons point de satrapes, de sultans, de Sardanapales, de ministres, de rois et de financiers, qui ne soient, au milieu de leur grandeur, aussi réellement à plaindre que ce chef de l'Asie. Comme lui, ils voudraient à tout prix se sentir encore vivre. Eh bien! Messieurs, tous ces plaisirs inconnus, demandés dans les temps anciens, toutes ces sensations fraîches et nouvelles que désire avec tant d'impatience la sensibilité épuisée ou mal dirigée de nos sybarites, je les promets aux disciples de mon maître. Continuez-moi votre intérêt, prêtez-moi votre attention, et dans la suite de mon travail, comme dans l'analyse des deux facultés précédentes, je vous ferai découvrir les sources inépuisables de jouissances renfermées dans le mouvement et l'activité des profondeurs de notre organisation.

Je le répète et je le prouverai, depuis le jeu fonctionnel du dernier de nos appareils jusqu'aux manifestations les plus nobles et les plus élevées de notre être, tout est plaisir, tout est bonheur, tout est volupté dans notre vie. Heureux si je puis réconcilier avec leur propre nature une foule d'individus qui s'en dégoûtent par ignorance, qui s'en dégoûtent pour n'en avoir point connu les délices et les enchantemens naturels.

Dans la prochaine séance nous nous occuperons de l'attachement, de la sympathie, de l'amitié. C'est encore une faculté d'amour.

ATTACHEMENT, AMITIÉ, SENS DES SYMPA-THIES, AFFECTIONIVITÉ, ADHÉSIVITÉ, PRINCIPE D'AFFECTION ET DE SOCIABILITÉ.

Cet organe est placé dans la même région que les précédens; il fait saillie à la partie postérieure et latérale de la tête, un peu au-dessus et en dehors de celui de la maternité.

> Le besoin de l'attachement est la base de l'amour durable; il précède le besoin de la reproduction, l'accompagne et reste encore après lui. Il perpétue l'amour sous les traits de l'amitié.
>
> C. BROUSSAIS.

L'attachement, l'amitié, entrent dans le groupe des affections domestiques. C'est sur cette faculté que repose et s'appuie l'ordre social tout entier. Les liens de la famille, le mariage, l'intérêt que l'on prend à ses compatriotes, l'amour du pays, les rapports affectueux qui donnent un si grand charme au commerce du monde, sont les résultats remarquables de son activité.

11

Par nature l'homme est un être éminemment sociable. Il tient à ses semblables par une sorte d'attraction qui est un des plus intéressans phénomènes de son organisation. Non seulement il se dénaturerait en se dépouillant de ses qualités affectives, en s'isolant des autres hommes, mais il anéantirait encore par cela même en lui toutes les libéralités de la nature à son égard. A quoi pourraient lui servir en effet, sa puissance intellectuelle, son ambition, sa bienveillance, sa justice, les grâces et les facilités de son élocution, et toutes ses autres facultés, s'il n'avait personne devant qui montrer ces nobles impulsions de son être, s'il n'avait personne à qui consacrer ces brillantes qualités de son esprit et de son cœur. Messieurs, l'homme n'est rien par lui-même, il n'est quelque chose, il n'a d'existence, il n'est grand que par l'amour qu'il porte à ses semblables, que par l'estime qu'il leur témoigne, que par les bonnes et nombreuses relations qu'il s'établit avec eux, que par tout ce qu'il leur donne et par tout ce qu'il en reçoit. La loi sociale est écrite dans la constitution de l'humanité, elle est la source des plaisirs les plus élevés, elle indique la bienveillance de la nature et son extrême sagesse.

C'est donc en vain qu'on chercherait à remonter par une série de documens historiques, ou par une suite d'inductions logiques, à ce qu'on appelle l'origine ou l'établissement des sociétés humaines. Cette origine se trouve immédiatement dans la nature même de l'homme, c'est-à-dire, dans l'ensemble des conditions d'organisation qui le constituent ce qu'il est. A quelque degré d'ignorance ou de grossièreté sauvage qu'on ait pu observer l'espèce humaine, on l'a toujours trouvée existante dans un état de société, y échangeant en quelque sorte tout son être, et y mettant en commun ses idées, ses talens, ses besoins, ses sentimens, ses penchans.

Le petit nombre d'individus qui, à différentes époques, ont été trouvés errans dans les forêts, et y vivant à la manière des bêtes fauves, n'étaient, ainsi que l'observation en a fourni la preuve, que de pauvres idiots échappés à la surveillance de leur famille, ou indignement abandonnés par elle. Loin de représenter l'homme de la nature, ils n'en sont, au physique comme au moral, que l'ébauche et la mutilation. On ne peut méconnaître chez aucun d'eux les signes évidens d'une organisation cérébrale arrêtée dans ses plus beaux développemens ou paralysée par une maladie quelconque, dans l'expression et le mouvement de ses plus nobles pouvoirs.

Ces vérités, généralement admises par les philosophes grecs qui se sont occupés de la science sociale, leur firent éviter l'écueil contre lequel ont échoué plusieurs écrivains modernes; je veux dire l'hypothèse purement gratuite d'un prétendu état de nature qui aurait précédé l'état de société, et l'existence d'un contrat social exprès ou tacite, d'un ensemble de règlemens fondés sur des conventions que tous les membres de la société, ou le plus grand nombre d'entre eux, se seraient engagés à observer.

Sans doute, il peut nous être utile d'observer dans l'histoire les premiers linéamens, s'il le faut dire ainsi, de l'état social, et les divers degrés de perfectionnement dont il est susceptible; c'est même ce qui peut servir le plus au véritable progrès de la science politique; mais on ne doit point suppléer au défaut de documens historiques par des conjectures ou des hypothèses, et l'histoire ne nous montre partout, et ne peut nous montrer, que des sociétés déjà toutes formées. En un mot, dans cet ordre de faits comme dans tous les autres, la nature elle-même commence et fait tout. L'homme ne peut qu'en suivre les inspirations, et toute sa science se borne à constater les faits qui en naissent, et à tirer de leur enchaînement des inductions qui lui révèlent les conditions de son existence et les lois auxquelles la nature veut qu'il demeure soumis, sous peine d'être d'autant plus malheureux, qu'il les aura plus mal connues ou moins observées.

Voulez-vous d'autres preuves encore, Messieurs, voulez-vous vous convaincre, par d'autres faits, que l'attachement, l'amitié est un des élémens primitifs de notre constitution? Isolez-vous du monde, étudiez sur vous-mêmes les effets de la solitude, et vous pourrez juger de la puissance innée de l'instinct social. Nous nous sentons alors dans un état qui n'est pas naturel, si je puis dire ainsi; il semble que le vide et le néant nous entourent; toutes nos impressions, toutes nos pensées, toute notre activité, retombent péniblement sur nous-mêmes. La douleur, la fatigue, le découragement, le malaise et l'ennui nous abîment; les sensations nous écrasent. Bien plus, Messieurs, multipliez devant l'homme isolé de ses semblables, les distractions et les plaisirs de tout ordre, ayez en main les moyens de satisfaire tous les désirs de ses sens, rien ne pourra l'animer, rien ne pourra le faire vivre; il restera froid, insensible, triste, tant qu'il sera en dehors de son espèce, tant qu'il sera sans contact avec elle. Les scènes majestueuses de la nature, les concerts de l'Italie, les dîners de Lucullus, les trésors des satrapes, rien n'aura de saveur et de prix qu'autant qu'il aura près de lui quelqu'un pour partager les émotions de sa vie. Une tête humaine est le premier de ses besoins.

Connaissez-vous, Messieurs, le mot de cet assassin qui s'était creusé une caverne au milieu des montagnes des Cévènes? C'était là qu'il se cachait pour se soustraire à la vengeance des lois. Un jour, fatigué de son isolement, il abandonna sa sauvage demeure pour se rendre dans une auberge du bourg le plus voisin; il essaya de s'établir des rapports avec le premier individu qui s'offrit à lui; il fut bientôt saisi et incarcéré. « Quel motif puissant vous a donc fait quitter les lieux où vous vous cachiez? lui dit le juge dans son interrogatoire. — J'avais, répliqua-t-il, besoin d'un ami et je le cherchais.» Réponse qui, dans son temps et à raison des idées fausses que l'on a sur les criminels, fut trouvée bien extraordinaire dans la bouche de cet affreux cannibale, et qui n'est pour nous que l'expression naturelle et énergique d'un besoin que l'homme, quel qu'il soit, ne peut jamais étouffer.

Le besoin d'aimer, l'attachement, est à tel point inhérent à notre constitution, que dans de certaines circonstances et à défaut de nos semblables, nous reportons sur les plus vils animaux l'activité de ce penchant. Qui de nous, à ce sujet, n'a partagé, dans les lectures de sa première enfance, l'affection de Pélisson pour l'araignée que ses soins avaient touchée, que ses attentions avaient apprivoisée. Quelle inhumanité à ce geolier de le priver du seul compagnon qui charmait les ennuis de sa captivité. Comme on suit avec intérêt les mouvemens de ces deux êtres, si loin l'un de l'autre par leur organisation, et cependant entre lesquels s'étaient établis des rapports si touchans. Séparé qu'est Pélisson de tous les humains, on sent toute l'étendue de la perte qu'il vient de faire; à l'aspect de l'insecte écrasé, on jette le même cri que lui, on sent qu'il n'y aura plus d'existence, plus d'affection, plus de mouvement, plus de vie, dans ce cachot solitaire. Son affliction devient la nôtre.

Vous concevez maintenant, Messieurs, comment, dans tous les temps et comme par instinct, en raison de l'esprit de sociabilité de l'homme et des besoins de son caractère affectueux, l'emprisonnement a été regardé par les législateurs comme une forte punition à infliger aux infracteurs des lois. Aux États-Unis, on a donné une grande extension à cette idée, on en a fait une large application. Non seulement le criminel est enlevé à sa famille, à ses amis, à ses connaissances, à ses habitudes; mais au lieu d'être placé, comme dans nos bagnes et nos maisons centrales de détention, au milieu d'individus du même ordre que lui et d'y trouver les satisfactions de son instinct social, d'y contracter conséquemment des liaisons toujours dangereuses et toujours inévitables, il est tout d'abord séparé des hommes et des choses, il est en quelque sorte enfermé tout vivant dans un tombeau ; sa chambre est spacieuse, aérée, mais la lumière n'y pénètre que par la partie supérieure. c'est par cette même partie supérieure que descend et remonte un petit appareil particulier, un plateau chargé de différens alimens, ordonnés, calculés de manière à n'introduire dans l'économie que des principes doux de nutrition. Le plus grand silence règne constamment autour du prisonnier ; la voix humaine elle-même ne vient jamais vibrer à son oreille, ses yeux ne reçoivent non plus aucune impression du dehors, pour lui le rideau est tiré sur la nature entière ; plus il a en lui-même de ressources, de puissance et d'activité, plus il se tourmente et s'agite, plus il souffre et plus il retombe avec oppression sur lui-même. Cela se sent, cela se conçoit, cela s'explique ; toute harmonie créée entre le monde extérieur et l'homme, rompue par une violence supérieure, le défaut de stimulus sur les plus riches appareils de la sensation, le silence et l'immobilité des facultés qui sont en rapport avec eux et qui redemandent avec impatience leurs plaisirs, leur exercice et leur emploi, l'échauffement et la sourde fermentation des sentimens et des penchans qui, indépendamment des sollicitations du dehors, veulent se manifester et poussent incessamment l'homme à l'action ; enfin, pour tout dire en un mot, le repos forcé et complet d'un organisme dont le mouvement seul constitue la vie, font du *solitary confinement*, un supplice tellement intolérable, que l'on n'a point encore vu de criminel, quelqu'indomptable qu'ait été jusqu'alors son caractère, qui n'ait fléchi sous sa terrible application.

On a aussi prétendu que les relations de l'homme avec l'homme étaient la conséquence nécessaire de sa faiblesse, de sa misère, de ses besoins, que son intelligence l'avertissait bien vite de ce déplorable état de sa condition, et que c'était pour en sortir, pour centupler, multiplier ses forces, qu'il cherchait à s'établir des rapports, qu'il cherchait à s'appuyer en quelque sorte sur chacun de ses semblables, ne suivant par conséquent tout simplement en cela que les calculs d'un intérêt parfaitement bien entendu.

Cette opinion, Messieurs, s'est conservée jusqu'à nos jours, j'ai dû par cela même la rappeler dans ce cours, pour rendre à la nature humaine un des plus touchans attributs dont ait voulu la dépouiller une philosophie incomplète autant que mensongère.

Si les relations que nous formons dans le monde, tiennent au sentiment de notre faiblesse individuelle, si elles sont le résultat de l'égoïsme et de la réflexion, d'où vient donc l'attachement que forment entre eux certains individus privés par l'idiotisme intellectuel de tous les moyens d'éclairer leurs déterminations? qui les porte ainsi à se rapprocher les uns des autres? quel est le lien qui les unit? Incapables qu'ils sont d'associer aucune idée, dira-t-on qu'ils cherchent, comme les êtres complets et pervertis de notre espèce, à tirer parti de leurs grimaces et de leur faux semblant d'amitié; non, on ne pourra porter jusque là l'entêtement et la mauvaise foi, les hypothèses de l'imagination et les prétentions d'une fausse philosophie s'évanouiront devant l'évidence des faits, et on sera forcé de reconnaître que la sociabilité est une de ces facultés innées que la nature a placées dans notre âme, libre de toute sujétion, dégagée de tout intérêt, si ce n'est de celui d'aimer, et qui a été bienheureusement donnée comme fondement, sauve-garde et appui de l'ordre entier de nos rapports.

Vous savez, Messieurs, que le penchant qui nous fait aimer nos semblables, qui nous porte à nous associer avec eux, n'est point l'apanage exclusif de notre espèce; vous savez que nous le partageons avec beaucoup d'autres animaux, que nous ne sommes pas les seuls êtres qui vivent et marchent par troupeaux. C'est probablement aussi, chez ces espèces inférieures, le résultat d'une profonde combinaison politique.

Il est fâcheux, néanmoins, pour les faiseurs de systèmes, que l'on ne fasse point cette observation chez un grand nombre d'animaux qui ont une intelligence bien supérieure à quelques-uns de nos volatiles, car alors on se trouve encore contraint par les faits de reconnaître que l'association, que l'attachement qui s'épure et s'ennoblit dans l'espèce humaine, et qui y prend le doux nom d'amitié, n'est point le misérable produit de l'artifice et du raisonnement, mais qu'il tient à une faculté spéciale et innée de la constitution, qu'il est une faveur de la nature et le ressort puissant à l'aide duquel l'humanité utilise avec bonheur tous ses nobles pouvoirs, et doit parvenir un jour à l'accomplissement de ses brillantes destinées.

En disant, Messieurs, que quelques idiots et plusieurs espèces d'animaux ont, comme nous, de l'attachement et un certain esprit de sociabilité, je n'ai pas voulu vous prouver seulement que ce penchant est une force primordiale inhérente à notre être, et qui ne relève que d'elle-même ; j'ai voulu, comme je l'ai fait pour les deux facultés précédentes, arriver à examiner comment cette faculté doit agir dans la tête humaine, tant pour son avantage et sa propre satisfaction, que pour l'avantage et la satisfaction des personnes sur lesquelles elle doit déverser l'activité de sa puissance. Malgré le brillant traité de Cicéron sur l'amitié et tous les lieux communs que l'on a, depuis lui jusqu'à nos jours, débités sur la matière, je crois que le sujet est encore tout neuf, sous le point de vue que je vais présenter à mes lecteurs.

Aimer, a-t-on dit, est le commencement de la morale ; et une loi universelle de la nature veut que tout attachement durable perfectionne le cœur qui l'éprouve. Cette idée charmante, échappée de l'âme affectueuse d'une femme, n'est point seulement le produit du sentiment, elle repose encore sur la déduction la plus sévère de tous les faits de l'observation ; seulement, de la manière dont elle est exprimée, elle n'est point assez complète, assez large ; elle n'embrasse point, dans sa formule, la généralité des phénomènes que l'affectionivité tient sous son incitation chaleureuse. La

faculté, le pouvoir de s'attacher est incontestablement le fondement, l'assise de l'édifice social tout
entier; il n'y a pas dans le cerveau de l'homme de
facultés morales ou intellectuelles, de sentimens ou
de penchans qui ne viennent s'appuyer sur elle,
qui n'y puisent un certain degré d'énergie, et qui
n'y trouvent, en quelque sorte, la direction,
l'emploi et le but de leur propre puissance. Otez
à l'homme son esprit de sociabilité, enlevez-
lui son caractère aimant, on ne sait plus, vraiment, ce que veulent dire tous les dons de la
nature à son égard; ses facultés sont disjointes, si
je puis m'exprimer ainsi; il n'y a plus de point cen-
tral, il n'y a plus de cause harmonique d'action;
il n'y a plus de pères, plus de mères, plus de
frères, plus d'amis, plus de pays, plus de patriotisme et partant plus de vertus. Tous les liens
sociaux sont détruits, l'égoïsme envahit tout.

Les premiers matériaux manquent à la morale,
tout ce sur quoi elle doit principalement s'exercer,
lui fait faute, il n'y a plus de racine et de fond
dans l'être : l'économie pèche par une de ses principales bases. C'en est fait également dans cette
hypothèse, tant il y a d'influences respectives
entre les diverses pièces cérébrales de notre admirable constitution; c'en est fait des merveilles
de l'industrie et des miracles des arts. Que vou-

lez-vous en effet que fasse un peuple ainsi mutilé par le cœur. Où voulez-vous qu'un artiste, qui doit toujours se renfermer dans la peinture des sentimens vrais et profonds de la nature, puise ses inspirations; s'il n'a point en lui cette faculté première? sur quoi son génie pourra-t-il s'appuyer, sur quoi pourra-t-il s'exercer? qui soutiendra son courage? pour qui ses couronnes et sa gloire, s'il n'a personne sur la terre avec qui partager les joies de ses triomphes?

Quel est d'ailleurs le fait isolé des intérêts quelconques de la grande famille humaine qui remue les cerveaux contemporains, qui s'y grave en caractères ineffaçables, et qui, aux acclamations universelles, obtient, pour être transmis à la postérité, les honneurs de la toile et du marbre? Allez dans tous les musées du monde, Messieurs, et partout vous verrez que les plus beaux chefs-d'œuvre sont précisément ceux où l'homme de talent qui les créa, oubliant son individualité, vivant dans son espèce entière, s'élevant par l'étude et la méditation à la hauteur des hommes et des circonstances du temps qu'il voulait représenter, sentit et partagea toutes les émotions de ses semblables et s'anima de tous leurs sentimens.

On ne saurait trop le redire, et les faits sont là

de toutes parts consignés dans l'histoire pour en démontrer la vérité, l'homme n'est véritablement puissant, il n'acquiert toute sa force, il n'atteint tous les degrés de son perfectionnement, que par la sociabilité. Les plus grands hommes des temps anciens et des temps modernes, ou, pour me servir d'une expression plus exacte, les hommes qui ont le plus marqué dans leur siècle, ont toujours été les plus sympathiques, ont toujours été ceux qui, en résumant avec intelligence les faits généraux de leur époque, se sont le mieux identifiés avec la masse de la population. En s'appuyant sur les peuples, ils déterminaient les peuples à s'appuyer sur eux. Ils sentaient leurs besoins, ils formulaient leurs idées, ils en tentaient l'application et en devenaient ainsi tout à la fois les serviteurs et les rois.

Les avantages qui résultent de l'instinct social, qui résultent de l'appui que l'homme donne à l'homme, n'avaient point échappé au génie observateur des législateurs de l'antiquité : le soin qu'ils prenaient d'entretenir la concorde parmi les membres de leurs petites républiques, en est la preuve évidente. Entourées comme elles l'étaient d'ennemis puissans, l'existence de ces peuplades eût été bien précaire et de bien courte durée, si, par l'influence des lois, des habitudes et des mœurs, on ne se fût pas attaché à renforcer chez elles cet instinct protecteur. Leur union fit leur force et leur gloire.

C'est le même instinct, Messieurs, qui sauva la France de 89. Attaquée sur presque tous les points à la fois, elle trouva dans le patriotisme et l'association de ses enfans, de quoi faire face à toutes choses. Les légions étrangères furent exterminées et la liberté fut conquise. Vingt-cinq ans plus tard, les divisions intérieures, l'affaiblissement de ce même instinct, les principes oubliés pour la prise en considération des personnes, ramenèrent pour la seconde fois l'Europe coalisée, et livrèrent le même pays à la merci de ses vainqueurs.

Vous concevez maintenant, Messieurs, le sens et la profondeur du fameux axiôme politique : *divisez si vous voulez régner* ; c'était là le secret de tous les anciens despotes, mais il n'est plus aujourd'hui renfermé dans la cour des princes ; le siècle fait des progrès. C'est le moyen dont se sert, dans l'intérieur des familles, une foule de machiavélistes vulgaires ; c'est par son aide qu'ils en désunissent les différens membres, qu'ils y établissent leur empire, et qu'ils exploitent, au profit de leurs intérêts personnels, l'ignorance, la crédulité et le défaut d'affection de tous ceux dont ils ont capté la confiance ou subjugué le caractère.

D'après tout ce que nous avons déjà dit sur le

penchant qui porte l'homme à se rapprocher de ses semblables, et à leur donner des témoignages de son affection, il semblerait que rien ne dût être plus ordinaire que de trouver dans la société, un grand nombre d'hommes unis par les liens de la plus étroite et de la plus vive amitié. Il n'en est point ainsi, cependant, et encore aujourd'hui comme autrefois, on peut affirmer sans crainte d'être démenti par les faits, que rien n'est si commun que le nom d'ami, mais qu'en réalité rien n'est si rare que la chose. D'où vient cela, Messieurs, serions-nous incapables d'une affection durable? Qui peut ainsi briser les rapports qui s'étaient établis entre deux êtres? Il y a tant de bonheur dans l'intimité des relations, dans le partage que l'on fait de sa vie! Comment faire pour éviter les douleurs et les mécomptes de l'abandon? L'homme ne peut-il donc jamais embrasser que des fantômes, et les plaisirs profonds et vrais que donnent dans leur exercice et leur application, les penchans les plus forts et les plus purs de la nature, lui sont-ils interdits, ou bien est-ce de sa faute s'il n'en peut obtenir la jouissance pleine, entière et permanente?

Ici, Messieurs, c'est encore à nous-mêmes qu'il faut nous en prendre, si nous ne trouvons dans nos attachemens ni durée ni satisfaction complète.

Pourquoi nous livrons-nous en aveugles à la force de ce penchant? pourquoi ne faisons-nous pas de choix, ne cherchons-nous pas des personnes qui, par l'ensemble de leurs qualités, nous présentent les conditions propres à satisfaire tous les besoins de notre être? Est-ce donc en pure perte qu'il nous a été donné intelligence et noblesse d'âme? Devons-nous comme les animaux, dont le mode d'existence ne signifie rien, comparativement au nôtre, recevoir indifféremment dans nos affections, tout ce qui se présente à nous! Messieurs, dans ses attachemens l'homme doit révéler l'homme. Il doit y montrer la sagacité de son esprit, la délicatesse de ses sentimens, et l'excellence de son cœur. D'autre part, nous voulons une amitié sûre et à toute épreuve; mais quelles dispositions, nous-mêmes, apportons-nous communément dans l'exercice et l'application de ce délicieux sentiment? n'est-ce point par égoïsme, n'est-ce point par similitude de position, de dangers, d'intérêts, par le même amour de la dissipation, ou par le jeu simultané et secondaire de toute autre faculté de bas étage, par une ou plusieurs de ces considérations peu honorables, que nous formons quelquefois nos liaisons; et alors est-ce bien à nous de nous plaindre de nos mécomptes, lorsque les personnes que nous cultivions au bénéfice de nos plus misérables passions, rompent tout commerce avec nous, pour aller chercher ailleurs une amitié plus indépendante et plus vraie?

Messieurs, l'amitié est incompatible avec les intérêts personnels. Pour être donnée, pour être acceptée et rendue, elle veut le silence des facultés égoïstes. Le calcul la flétrit et la tue. Il faut qu'elle repose sur une base moins mobile, moins précaire, plus humaine et plus noble. Il faut qu'elle relève de tous les sentimens moraux, animés, agrandis, éclairés par l'intelligence. On l'avait déjà senti dans l'antiquité, et, si je ne me trompe, dans ses cours de philosophie, Aristippe le disait dans Athènes : l'amitié ne peut véritablement exister qu'entre des hommes vertueux. Alors c'est une puissance éternelle de dévouement, une source intarissable de jouissances. Elle ne marche qu'avec une estime bien sentie pour les personnes qui en sont devenues les objets; elle ne marche qu'avec la justice, la bienveillance, la vénération et la grandeur. Elle est de tous les jours et de tous les momens, solide, persévérante, infatigable : elle est don du ciel, faite pour le bonheur de celui qui l'applique, comme pour les avantages de ceux qui l'ont si dignement inspirée.

En mettant toujours en première ligne le besoin

aveugle et fatal que nous avons d'aimer nos semblables et qui est le *sine quâ non* de toute association, examinons maintenant quelles sont les dispositions mentales qui, dans l'état actuel des esprits, renforcent cette disposition primitive et nous déterminent à contracter mariage; voyons si l'homme qui n'est point heureux dans de pareils liens pouvait l'être, voyons s'il ne fait pas le plus ordinairement autre chose que de recueillir le fruit de ses liaisons mal assorties ou de ses liaisons établies, appuyées sur les propensités inférieures; voyons si le résultat n'est pas juste, ce qu'il doit être chez tout individu qui, méconnaissant en lui comme dans les autres le caractère spécial de son espèce, place exclusivement les espérances de son cœur et de sa vie sur un fonds que ne peuvent approuver ni la morale, ni l'honneur, ni l'intelligence parfaite de nos plus chers intérêts.

Que se propose ordinairement un jeune homme quand il se donne une compagne? Il veut une femme, il veut des enfans, il veut une affection douce et soutenue; il est là dans les trois premiers ordres de sa constitution, dans les trois premiers besoins de son âme. Rien de mieux, il a droit au bonheur. Il veut aussi, tant pour lui que pour les siens, trouver dans cette association l'indépendance de la fortune et les honneurs de la considération. Je ne vois encore en cela rien de répréhensible : ainsi le veulent d'ailleurs ses autres besoins instinctifs ; et vous le savez, Messieurs, notre philosophie, simple et vraie comme la nature, n'apporte point d'obstacle à l'accomplissement de ces désirs. Pour elle ce sont des vœux légitimes, ce sont, pour me servir d'une ancienne expression, des virtualités qui tendent incessamment à l'action, et dont personne au monde n'a le droit de contrarier, ou d'empêcher les mouvemens ; mais dans tout cela je ne vois point encore figurer l'intelligence et les sentimens moraux : l'animal apparaît seul sur la scène. L'homme méconnaît sa nature et néglige ses plus précieux attributs; il doit nécessairement bientôt, s'il ne se modifie, en subir les tristes conséquences.

L'enivrement des passions inférieures, Messieurs, est de courte durée et il est par lui-même incapable d'assurer notre félicité commune. Certes épouser une femme pour en avoir des enfans, est œuvre charmante et tout-à-fait méritoire; l'épouser parce qu'elle est belle et gracieuse, c'est très bien pour satisfaire les facultés perceptives et les plaisirs des sens ; c'est reconnaître un droit de la nature et s'y montrer heureusement soumis ; l'épouser parce qu'elle est riche, la chose est également bien vue, pour le plaisir que donne par lui-

même le sentiment de propriété, et pour les satisfactions que la dignité de notre caractère et l'ambition qui l'anime y rencontrent ; l'épouser enfin
pour ne plus être seul sur la terre, pour lui donner
une âme expansive, pour la servir et l'aimer, c'est
on ne peut mieux encore, pour éprouver et goûter
les joies d'un caractère affectueux.

Jeunes hommes, qui avez devant vous tant d'espérances et de pensées, et qui bientôt allez vouloir associer pour la vie une femme à vos destinées, suivez, vous avez bien raison, toutes ces
heureuses et droites inspirations de votre être,
mais gardez-vous de vous laisser aller trop exclusivement à l'exigence de vos instincts inférieurs,
car vous ne tarderiez point à faire un pénible réveil. Songez qu'en tout état de choses, qu'en
toutes circonstances possibles, il n'y a point
de bonheur pour l'homme, si dans les déterminations qu'il prend, toutes les facultés de
son être ne sont pas consentantes, si toutes
ses facultés ne sont pas harmonieusement sa-
tisfaites. Faites donc une œuvre d'homme, et
prenez une femme dont vous puissiez vous honorer en tout temps. En apportant vous-mêmes
dans la communauté, auprès de la compagne de
vos jours, intelligence, grandeur et bonté d'âme,
fermeté, courage, vénération, amour des choses

grandes et élevées, en employant vos forces quelles qu'elles soient, médiocres ou supérieures, tout à son honneur et tout à l'avantage de ses enfans, en déployant enfin sur elle toutes vos libéralités, demandez-lui, en revanche, toutes les hautes et dignes qualités de son sexe; demandez-lui tout ce qu'elle a reçu du ciel pour partager et embellir votre existence.

Instruit, bien intentionné, puissant et noble que vous êtes, pour les besoins affectueux de votre cœur, pour la tranquillité de votre intérieur, pour le succès ou la gloire de vos entreprises, qu'avez-vous donc si grand besoin de son or, de ses titres et de son rang? Soyez ce que vous devez être, et la fortune viendra de reste sourire à vos efforts.

Chefs de communauté, les charmes d'une femme, et sa position sociale élevée, ne sont certainement pas à dédaigner, tout vous est dû d'ailleurs et tout vous appartient, si vous êtes forts dans votre espèce et bons dans vos sentimens; mais ce qu'il vous faut pour être heureux, c'est une femme qui soit à votre hauteur, qui vous devine et qui vous apprécie. C'est du dévouement, de l'indulgence, de l'esprit, de la bienveillance et de l'amour qu'il vous faut; c'est de l'estime et de la considération pour votre personne, c'est une morale élevée, c'est le sentiment des choses justes, c'est la candeur de l'âme, la probité du caractère. Voilà, quand on n'a point détruit chez les femmes l'œuvre de la nature, les qualités qu'elles ont reçues, les vertus qu'elles possèdent et les richesses que vous devez ambitionner ; voilà les matériaux qui doivent particulièrement cimenter votre union avec elles et en assurer indubitablement le bonheur et la durée.

Hors de ces voies, Messieurs, profanation du mariage, amères déceptions, existence empoisonnée, communauté perdue, avenir des enfans à tout jamais détruit.

Quant à nos liaisons, à nos amitiés entre hommes ; faut-il s'étonner du peu de plaisirs qu'elles donnent et de leur courte durée, lorsqu'on réfléchit à la manière dont elles s'établissent et aux bases sur lesquelles elles s'appuient. On dirait vraiment que rien ne nous intéresse moins dans le monde que le choix d'un ami; dans tout autre ordre de rapports, nous apportons du discernement, de la prudence et un certain respect de nous-mêmes; dans cette affaire de cœur et d'affection, nous nous en rapportons au hasard des circonstances, ou nous suivons comme des animaux l'entraînement aveugle de l'instinct. En outre de cela, Messieurs, nous aimons trop les autres pour nous, et à leur tour ils nous aiment trop pour eux-mêmes ; notre amitié de part et d'autre se fortifie de tous les sentimens égoïstes. Nous nous attachons, nous ne pouvons pas ne pas nous attacher, mais nous nous attachons à tous ceux qui plaisent à notre vanité, qui satisfont notre convoitise, notre ambition, notre amour des plaisirs ; nous nous attachons à tous ceux qui alimentent et soutiennent en nous l'activité des penchans inférieurs, en un mot, nous ne nous faisons pas la moindre idée de la véritable amitié. Aussi, que la position de ces personnes vienne à changer, qu'elles soient dans l'impossibilité de pouvoir continuer à nous procurer les jouissances dont elles nous comblaient encore tout à l'heure, à l'instant même, nous cessons tout rapport avec elles et nous les abandonnons à tous les malheurs de leur situation. Ainsi, Messieurs, se confirme encore au milieu de nous, qui nous prétendons bien plus éclairés, bien plus avancés que nos pères en civilisation, qui nous estimons plus grands, plus dignes et plus nobles qu'eux, ainsi se confirme encore la justesse de cet adage des vieux siècles : « Tant que vous serez heureux, vous compterez beaucoup d'amis ; si les temps deviennent difficiles, si l'adversité vous frappe, vous serez seul sur la terre. »

D'après cette triste analyse des motifs qui déterminent ordinairement nos choix en amitié et qui règlent notre conduite, devons-nous être étonnés, lorsqu'à notre tour, atteints par le malheur, on trahit nos espérances, lorsqu'on nous fait éprouver les mêmes peines et les mêmes humiliations? En peut-il être autrement? n'est-ce pas la pareille rendue à la pareille, vile exploitation pour vile exploitation : on nous traite comme nous avons traité les autres, nous n'avons que ce que nous méritons : instinct pour instinct, égoïsme pour égoïsme, indignité pour indignité.

Cependant, Messieurs, tous ces mécomptes, toutes ces douleurs, toutes ces indignations, attestent les besoins, les espérances et les droits de la tête humaine; elle se sent faite pour une amitié plus sûre, plus vraie, plus digne et plus désintéressée; elle en sent la beauté morale, et elle veut en goûter les délices.

Quelles idées, quels sentimens, l'homme doit-il donc manifester dans son amitié pour l'homme? de quelles puissances de son être va-t-il fortifier, relever et ennoblir ce penchant instinctif? comment va-t-il en régler les mouvemens pour le bonheur de sa vie et le bien-être de ses semblables?

Vous vous rappelez, Messieurs, nous avoir entendu dire, et vous savez que l'homme est un être complexe, qu'il n'est point seulement un animal, qu'il n'est point seulement un être moral, qu'il n'est point simplement non plus un être intellectuel, qu'il est à la fois ces trois choses, qu'il est indivis, mais que dans chacune de ses déterminations, néanmoins, tout doit marquer la suprématie de son intelligence et de ses sentimens moraux. Ainsi les voies sont tracées et les indications sont bien claires.

Aimez donc les autres hommes, attachez-vous à eux, mais maintenez en vous les facultés personnelles dans une juste subordination. Aimez-les en hommes, aimez-les pour eux, aimez-les parce qu'ils peuvent comparaître devant votre intelligence, parce que vous avez apprécié leurs talens et leur beau caractère, ou bien encore parce que dans les degrés moyens ou inférieurs qu'ils occupent de la hiérarchie sociale, vous avez apprécié leur courage, leur conduite et leurs bonnes intentions; faites-en les objets des facultés qui se proposent le bien-être et le bonheur des autres, entourez-les de cette affection vive et élevée qui prend sa source dans les qualités supérieures de votre être, aimez-les pour exercer et satisfaire votre bienveillance, pour bien employer votre fortune, pour mettre en œuvre votre esprit de justice, pour réparer les malheurs qu'ils ne méritaient pas : aimez-les, pour les

protéger, sans orgueil, de toute la fermeté persévérante de votre caractère; soyez aussi, si cela vous
appartient, les lumières de leur esprit. Mais dans
l'expression de ce sentiment, Messieurs, honorez
toujours vos semblables, et apportez dans votre
amitié, de la déférence, des égards, de la confiance et de la dignité; marchez alors pleins de
confiance en vous mêmes et dans les autres,
jouissez de tous vos dévouemens, ouvrez votre
âme à l'espérance; vous êtes leur tuteur et leur
père; soyez-en sûr, ils seront vos pupilles et vos
enfans.

C'est ainsi, Messieurs, que l'homme doit aimer
l'homme; c'est ainsi que se forment les amitiés
durables, les amitiés solides; point de mécomptes
avec elles, dégagées de tout sentiment bas, elles
mettent l'homme en possession de lui-même; et
si les émotions délicieuses qu'elles procurent
étaient plus généralement connues, elles forme-
raient, à l'avantage de la société tout entière, les
bases d'un nouvel et bien précieux égoïsme.

Nous ne pouvons, Messieurs, terminer nos considérations sur l'attachement que nous témoignons
à nos semblables sans parler de celui que notre
pays nous inspire.

Platon considérait l'amour de la patrie comme
un sentiment complexe; je pense qu'il découle im-

médiatement de l'affectionivité, qu'il rentre dans la sphère d'activité de ce penchant; mais je crois aussi qu'il se relève et se fortifie, comme tous nos autres sentimens, d'une foule d'autres facultés non moins inhérentes à notre constitution.

Mais quel moyen de faire naître et de développer dans les âmes l'amour de la patrie? Platon n'en connaissait pas d'autre qu'un système général d'éducation sagement combiné et approprié à cette fin. Son plan de gouvernement n'est même que l'exposition de ce système d'éducation, ce qui a fait regarder, par quelques savans, ses écrits sur cette matière comme des traités de morale plutôt que de politique proprement dite. Cette question n'est plus à résoudre aujourd'hui, il est incontestable que la politique et la morale sont deux sujets entièrement dépendans l'un de l'autre; ils sont nécessairement liés entre eux, mais à tel point, que les notions les plus exactes de la morale sont le fondement indispensable d'une saine politique (1).

(1) La preuve en est sous vos yeux; voyez ce qui se passe en Europe; voyez comme en dépit de mille obstacles, les lumières, le courage, la persévérance et les autres vertus des peuples, font crouler les institutions qui ne vont point à leur taille; voyez comment l'ancien ordre de choses s'ef-

L'amour de la patrie, Messieurs, ne peut donc plus avoir aujourd'hui le caractère d'égoïsme sauvage qu'il avait chez les anciens.

Tel que nous le concevons, il n'exclut ni un attachement profond pour le pays, ni une juste défense de tous ses intérêts; mais de tous côtés les inimitiés s'affaiblissent, on commence à comprendre que tous les peuples ont des liens de famille et de parenté qui les unissent, et qu'il n'y a rien de plus

face et disparaît devant l'intelligence, la grandeur et la bonté de l'espèce humaine. Ainsi, Messieurs, s'accomplissent les décrets providentiels, ainsi la force intellectuelle et morale détruit et renverse tout ce que la force brutale a établi sur la terre. La politique, qui ne doit jamais se mettre en dehors des réalités, est obligée de prendre tel quel, l'état des hommes et des choses. Elle ne peut plus marcher aujourd'hui qu'en professant les idées les plus libérales et les sentimens les plus généreux ; l'application sociale n'en peut être éloignée : la tête humaine se développe et s'ennoblit, des temps pleins de majesté s'avancent, l'homme écrasera de son pied l'animal, et pour me servir encore une fois des idées et du langage de Platon, le moment approche où tout enfin sera subordonné au sentiment de la vertu et au perfectionnement de la raison. La politique déplacera ses points d'appui, la brute ne servira plus de base à ses calculs, elle résumera l'homme intelligent et noble et le guidera dans les voies de son perfectionnement, elle pourra se donner carrière ; pour la première fois, elle aura lieu de s'honorer de l'emploi de sa puissance.

opposé aux progrès des connaissances et de la civilisation, et aux avantages respectifs de ces mêmes
peuples, que ces haines aveugles et féroces qu'on
cherchait à maintenir autrefois dans une activité
permanente.

Chez cette antiquité qu'on nous vante, et
qu'on affecte de regretter, ces dispositions hostiles, entretenues dans l'esprit de chaque particulier, étaient certes très bien calculées pour la
défense de la cité. Des nations réduites en masse
à l'existence des brutes et placées vis-à-vis les
unes des autres comme pourraient l'être des bêtes
fauves, des animaux déprédateurs, qui ont à
redouter des agressions réciproques, ne devaient
effectivement connaître que leurs pays, leurs
Dieux et leurs compatriotes. Toujours pour ces
nations, il s'agissait d'échapper à la conquête, d'être
ou de n'être pas, et leur patriotisme tel qu'il était,
c'est-à-dire jaloux, exterminateur et farouche,
était incontestablement le seul qui pût les sauver.
C'est donc comme homme animal, que je trouve
remarquable la sentence par laquelle le premier
Caton terminait tous ses discours au sénat de
Rome, quel qu'en fût le sujet : mon opinion, enfin,
disait-il, est que Carthage doit être détruite.

Les paroles plus humaines que Scipion Nasica
répétait aussi à la fin de tous ses discours : mon

opinion, enfin, est que Carthage ne doit pas être détruite, étaient bien certainement l'expression noble et libérale d'un esprit plus vaste et plus éclairé, il eût mérité de vivre à l'époque où nous sommes; mais je crois, Messieurs, que Caton connaissait mieux que lui l'esprit et les instincts dominans de son siècle, qu'il avait moins d'idéalité dans la tête, qu'il était plus positif, mieux harmonique, plus politique, qu'il prenait mieux les choses, les hommes et les temps tels quels, et qu'il avait raison, pour arriver probablement à mieux faire un jour, de demander d'abord tous les sacrifices nécessaires au bonheur et à la puissance de sa patrie. Mon opinion, enfin, est que Carthage doit être détruite.

Messieurs, quand des barbares luttent contre des barbares, ils n'ont point à chercher longtemps ce qu'ils ont de mieux à faire ; leur nature inférieure ne comporte pas, d'ailleurs, les nobles et grands mouvemens des hommes; il est toujours simplement question chez eux, comme je le disais tout-à-l'heure, d'être ou de n'être pas ; leur intérêt exige que l'ennemi périsse ou qu'il soit complètement asservi. Scipion Nasica se posait en homme des temps modernes et ses sentimens étaient admirables, mais, si on en eût tenu compte ils pouvaient entraîner la perte de la république. Le premier Caton, par sa sauvage énergie, était mieux dans la nature de son temps et de son espèce. A l'animal terrible et destructeur, il opposait l'animal terrible et destructeur, et dans des positions aussi nettement dessinées que celles où ils étaient alors, au milieu de la dégradation morale où se trouvaient les têtes humaines en masse, dans une absence aussi complète et aussi générale des sentimens humains, il comprenait qu'à la force brutale, on ne pouvait opposer que la force brutale, et que le plus beau témoignage d'amour qu'il pût donner à sa patrie était de la sauver, par tous les moyens possibles, de la fureur instinctive et cruelle de ses adversaires. Mon opinion, enfin, répétait-il toujours, est que Carthage doit être détruite.

Incontestablement, Messieurs, l'amour de la patrie doit être aujourd'hui subordonné à l'amour de l'humanité, tous les peuples sont frères. Mais si nous devons, à l'imitation de Socrate, nous regarder comme habitans du monde, si nous devons nous considérer comme citoyens de tous les lieux où il y a des hommes, et si nous leur devons à tous de l'affection, n'oublions cependant jamais ce que nous devons de reconnaissance à la mère-patrie, aimons les autres peuples, aimons tous nos semblables, mais conservons néanmoins toujours de la prédilection pour les lieux qui nous ont vus naître; d'ailleurs ainsi l'a voulu la nature : toute âme bien née aime son pays pour lui-même et indépendamment de toute autre considération. Cette suprême sagesse qui régla, pour le plus grand bien général, le système des affections humaines, paraît avoir jugé que la conservation de la grande société serait plus assurée, si *l'attention principale* de chaque individu était dirigée vers la société particulière, qui est pour ainsi dire la sphère propre de ses facultés et de son intelligence.

Restons donc de notre pays, aimons les autres hommes, aimons les autres peuples; mais ici comme dans tout le reste, subordonnons nos affections aux lumières de l'intelligence, aimons-les comme ils nous aiment, aimons-les en connaissance de cause, et si par des circonstances particulières, la guerre, qui soulève tant de mauvaises passions, venait à s'allumer avec les pays étrangers, soyons de France, Messieurs, unissons-nous, mettons-nous sur la défensive, voyons ce qu'on nous veut, et n'allons point devant des hommes qui s'avancent contre nous le fer et le feu dans la main, opposer niaisement à leur marche des sentimens de bienveillance et d'abnégation; vivons, conservons-nous, rendons guerre pour guerre, rugissons comme des lions, et si nous avons la victoire, il sera temps alors de montrer notre civilisation, notre amour de la paix, notre désintéressement et notre humanité.

Messieurs, je partage l'opinion de J.-J. Rousseau, je me défie des cosmopolites. « Ces individus, » disait-il, « aiment les Tartares pour être dispensés d'aimer leurs voisins. »

La maladie du pays, la nostalgie est assez souvent aussi le résultat de cette disposition que nous avons à nous attacher à tout ce qui nous entoure. Cette affection douloureuse et profonde s'observe plus fréquemment chez les habitans des montagnes que chez les habitans des plaines. Elle frappe particulièrement les jeunes guerriers que les circonstances entraînent loin de la terre natale. C'est aussi la maladie des exilés. On ne peut lire sans émotion, parce qu'elles sont dictées par la nature même de la situation, les paroles suivantes qui retracent avec un sentiment si tendre de mélancolie les inquiétudes et les douleurs du peuple juif dans la captivité : « Nous nous sommes assis sur les bords des fleuves de Babylone, et nos larmes ont coulé en nous ressouvenant de Sion : *Super flumina Babylonis illic sedimus et flevimus cum recordaremur Sion.* »

Jusqu'à présent, nous avons considéré l'attachement, l'amitié, le besoin d'aimer, dans son état normal, dans son terme moyen, dans ses mouvemens parfaitement ordonnés; nous avons, d'après l'observation, fait entrer dans la sphère d'activité de ce penchant, l'instinct social, le mariage et l'amour de la patrie; nous avons montré combien pour l'homme la nature avait été libérale dans le don de cette faculté, combien elle était nécessaire au complément de son être, quelles forces elle lui donnait, et de combien d'avantages et de plaisirs elle remplissait sa vie. Il ne nous reste plus maintenant qu'à faire connaître les moyens d'en régler la mesure et l'emploi, d'en prévenir les abus chez les personnes trop aimantes, trop affectueuses et trop exclusives; car, non seulement, Messieurs, une affection dans laquelle on a jeté tout son être, peut, quand elle est trompée, condamner, si la tête n'est pas forte, le reste de l'existence à la douleur et aux regrets, mais elle peut encore troubler tout l'encéphale et conduire au suicide et à l'aliénation mentale.

En principe, Messieurs, nous ne devons jamais laisser prendre trop d'activité à une faculté, à une puissance quelconque de notre être, fût-elle du premier ordre. Il faut de la pondération entre nos diverses facultés. D'ailleurs, comme le disaient fort bien les anciens, notre âme n'a qu'une certaine étendue d'affection; ainsi les passions qui *remplissent* l'âme de quelque objet particulier, nuisent à la vertu, parce que le degré de sentiment qu'elles emportent et qu'elles consomment, est autant de retranché sur celui que l'on doit à tous les membres de la société, pris ensemble. Les sentimens trop isolés et trop concentrés non-seulement nuisent à l'exercice des vertus sociales, mais ils empêchent la manifestation des autres pouvoirs ou en détruisent l'harmonie. Voici dans quelle mesure d'affection, Charron, dans son livre de la Sagesse, voulait que l'homme ordonnât ses rapports dans la société; on verra qu'il portait bien plus loin que nous, la réserve et la circonspection. « Il se faut » souvenir, » dit-il, « que la principale et plus légitime charge que nous avons, c'est à chacun » sa conduite ; c'est pourquoi nous sommes ici. » Nous devons nous maintenir en tranquillité et » liberté, et pour ce faire, le souverain remède est » de se prêter à autrui et ne se donner qu'à soi ; » prendre les affaires en main, non à cœur ; s'en » charger et non se les incorporer, soigner et non » passionner ; ne s'attacher et mordre qu'à bien » peu et se tenir toujours à soi. »

Ici, Messieurs, il y a deux écueils à éviter; prenons garde de dénaturer l'homme en prétendant le réformer, mais si l'indifférence ne donne point le bonheur, si elle nous prive d'un ressort puissant d'activité et d'un des plus doux plaisirs qu'il soit possible de goûter en ce monde, il faut avouer que rien n'est plus propre à abréger l'existence qu'une sensibilité trop profonde et trop vive. Malheur à celui qui n'a point assez de ressources en lui-même, pour en régler les mouvemens et en amortir les impressions, car dans le besoin presqu'irrésistible qu'il a d'aimer, il lui arrive souvent de s'attacher à des personnes indignes de son affection et les chagrins ne tardent point alors à lui faire expier l'aveuglement et la vivacité de ses sentimens ; s'il ne réagit promptement, si le sacrifice n'est pas à l'instant même et entièrement consommé dans son cœur, bientôt on voit l'économie tomber dans le mal aise et la souffrance. L'oppression de la poitrine, les anévrismes et les palpitations, trahissent le trouble de la circulation, les digestions se dérangent, l'assimilation se fait mal, et l'amaigrissement survient. Les fonctions du cerveau perdent de leur activité et les plus tristes préoccupations distraient à chaque instant l'esprit de ses plus nobles travaux. C'en est fait également de l'exercice et du jeu des sentimens les plus élevés, les plus généreux et les plus excentriques ; la douleur abat tout, il n'y a plus de confiance, plus d'espérance dans l'âme, plus d'amour pour aucune chose. Le charme de l'existence est rompu, et si la mort par le suicide ou par l'affaiblissement graduel de la constitution ne survient pas , ou si l'aliénation en frappant l'individu ne lui dérobe pas le sentiment de ses douleurs , on voit presque toujours le reste de la vie, décoloré, se passer dans l'inertie, la langueur , l'amertume et l'ennui.

Dans ces circonstances exceptionnelles, on ne saurait assez, Messieurs , armer l'homme contre lui-même : *l'esprit est philosophe , mais le cœur ne l'est pas* , soyez-en bien convaincus ; quelque empire que l'on ait sur soi-même il est difficile de se former en quelque sorte après coup une constitution qui ne conserve pas les traces de ses premiers attachemens et qui ne laisse pas dans l'âme, lorsqu'ils sont violemment rompus, un souvenir douloureux. Vous tous qui pouvez avoir une âme trop expansive et trop aimante, défiez-vous de votre sensibilité ; dans chacune de vos affections, apportez de la mesure et de la discrétion ; songez d'ailleurs que tout est muable et périssable en ce monde ; préparez-vous donc de bonne heure à vous séparer des personnes qui vous sont chères, et quand elles vous auront abandonnés ou si la mort vous les enlève, quand enfin par une raison ou par une autre, elles ne seront plus là pour charmer votre vie , croyez avec Épictète, non que vous les avez perdues, mais que vous les avez rendues.

CONSIDÉRATIONS GÉNÉRALES.

Dans la dernière séance, Messieurs, nous avons terminé l'examen des organes situés à la partie postérieure inférieure du cerveau.

Amour des sexes l'un pour l'autre, amour des enfans, amour aussi de l'animal ou de l'homme pour ses semblables et pour les lieux qui l'ont vu naître, tout conspire ici, comme on le voit par la nature affectueuse de ces facultés, à assurer la conservation des espèces.

A ce sujet, Messieurs, il est une observation intéressante à vous faire. Remarquez bien, je vous en prie, la situation respective de ces différens organes ; remarquez qu'ils ont tous le dévouement pour objet et qu'ils sont tous placés à côté les uns des autres, comme pour se prêter un mutuel secours, pour s'entr'aider, se renforcer et avoir en quelque sorte par ce concours, dans leur action particulière, une action plus large, plus puissante et plus heureuse.

Indépendamment de toutes les preuves de conviction que pour le siége de chaque faculté en particulier, nous continuerons à mettre sous vos yeux, je ne doute point, Messieurs, que lorsque vous connaîtrez toutes les autres divisions de l'encéphale, vous ne soyez profondément convaincus par la simple vue de leur coordination générale, que les localisations que nous avons faites et tracées sur leur enveloppe extérieure ne sont point arbitraires, et qu'il était impossible au systématique le plus ingénieux et le plus méditatif de pouvoir arriver, sans l'observation de la nature même, à découvrir les secrets de notre création.

Nous allons maintenant étudier les organes ou les facultés qui occupent les parties inférieures latérales externes des lobes moyens. Ce sont également des instincts conservateurs, mais ils agissent plus que les autres dans les intérêts exclusifs de l'individu ; ils ont plus de violence et d'égoïsme : c'est pour assurer l'existence (amour de la vie), c'est pour défendre l'être (combativité), c'est pour défendre tout ce qui tient à lui, sa compagne, ses enfans, son pays, ses amis, tout ce qu'il aime au monde, c'est pour s'emparer de tout ce qui lui est indispensable, de tout ce qui lui est utile (acquisivité), c'est pour se faire un gîte et s'en assurer la jouissance (constructivité), c'est pour chercher et trouver sa pâture (alimentivité), c'est pour prévenir les piéges et s'en garantir (secrétivité), c'est pour détruire tout ce qui lui nuit ou tout ce qui le menace (destructivité), qu'ils entrent ordinairement en action.

Même observation à vous faire ici, Messieurs, que pour le groupe des facultés postérieures et inférieures. La manière dont ces organes latéraux sont placés et serrés les uns contre les autres, fait encore éclater à tous les yeux les intentions de la nature qui, pour faire arriver plus directement les individus au but qu'elle se propose, multiplie sur un même point des forces analogues et propres par cela même à mieux répondre aux excitations les unes des autres, à se remplacer dans l'occasion ou à entrer concurremment en activité si les besoins urgens de l'économie le réclament ou l'exigent.

Lorsque ces organes sont très développés, ils ont une tendance considérable à dépasser le but de leur institution, si je puis m'exprimer ainsi; ils forment alors ces masses latérales dégoutantes que je vous ai montrées chez la plupart des criminels; Choffron est un des plus beaux types que j'aie sous ce rapport à vous présenter.

En raison de ce que notre éducation publique et particulière n'est point encore assez bien calculée pour modifier les propensions fortes et exceptionnelles des êtres, je vous engage à beaucoup de circonspection, Messieurs, lorsque vous rencontrez dans les classes moyennes ou supérieures de la société des têtes de cette forme particulière, et que vous avez à traiter des affaires, ou à former des associations avec elles, car sans compter les autres facultés dont elles peuvent également abuser à votre égard, elles ont certainement en prédominance la ruse des renards, la prudence des serpens, la férocité des tigres, et la rapacité des brutes.

L'organe du courage, par lequel nous allons commencer l'étude des facultés placées dans les régions inférieures latérales externes des lobes moyens, est particulièrement destiné à protéger l'existence individuelle; il est situé à l'angle postérieur inférieur de l'os pariétal, au niveau du bord supérieur de l'oreille.

Chez les individus courageux, cette région de la tête est saillante, large et bombée. Elle est bien dessinée chez le gladiateur. La tête du général Lamarque en est un exemple très remarquable; celle du général Foy présente la même disposition. Il en est ainsi de celle de Georges Cadoudal, dont la vie s'est passée au milieu des hasards et des combats.

Il faut se garder de confondre la saillie formée par cet organe avec la proéminence produite par l'apophyse mastoïde; cette éminence osseuse, qui n'a aucun rapport avec le cerveau, se trouve placée plus bas et immédiatement derrière l'oreille.

Cette région de la tête est au contraire aplatie et déprimée chez les sujets faibles et timides.

Chez les animaux, nous faisons les mêmes observations. Les coqs dont la tête est large sur les parties latérales postérieures sont choisis de préférence pour les combats; l'observation ayant démontré que cette conformation coïncide toujours avec un grand développement du courage.

L'on sait encore que les chevaux dont les oreilles sont très rapprochées sont plus ombrageux que ceux chez lesquels on observe une disposition contraire.

Enfin cette disposition de dépression est très sensible chez le lièvre, remarquable par l'étroitesse de sa tête, et dont la timidité est passée en proverbe.

Arrivons maintenant, Messieurs, aux applications de la faculté.

COURAGE, PENCHANT AUX RIXES, AUX COMBATS, COMBATIVITÉ.

Cet organe est situé à l'angle postérieur inférieur de l'os pariétal, au niveau du bord supérieur de l'oreille.

> Dieu n'a donné la justice aux hommes, qu'au prix des combats.
>
> TuIERS. *Histoire de la Révolution française.*

Le courage ou l'instinct de la défense de soi-même, est encore une de ces puissances de conservation dont la nature a été si libérale envers l'homme. On peut dire que sans cette faculté, toutes ses autres forces et tout son génie n'auraient jamais pu le mettre en état, non seulement de surmonter les obstacles qu'il trouve à l'accomplissement de ses desseins, dans les grands phénomènes physiques de la nature universelle ; mais encore qu'il n'aurait pu sans elle assurer sa propre existence. Il eût péri mille et mille fois, si ses différens pouvoirs, si son industrie, ses talens, n'eussent pas trouvé dans cette force primordiale, de quoi retremper leur activité, mille et mille fois épuisée dans chacune de ses entreprises. Ce n'est que par une lutte opiniâtre, que par une incessante combativité, que l'homme est enfin parvenu à prendre sa position et à devenir le gérant d'un monde qui menaçait à tout moment de l'écraser comme un insecte.

Mais l'homme n'avait pas seulement besoin de son courage pour modifier la nature extérieure à l'entour de sa personne, et pour en faire servir les énormes puissances à son avantage particulier; cette faculté ne lui était pas moins indispensable encore, tant pour se défendre, comme peuple, de toute agression étrangère, que pour aplanir, comme individu, au milieu des siens même, une foule de difficultés soulevées par leurs intérêts personnels, ou leur manière différente d'envisager les choses de la vie, et d'en vouloir à tort ou à raison conduire le gouvernement. Le courage est surtout une faculté nécessaire aux hommes que la nature a taillés sur de grandes proportions, ou plutôt il est la faculté sans laquelle il leur est difficile de prendre la place élevée que leur méritent, d'ailleurs,

leurs talens et leurs autres nobles pouvoirs. En raison de la médiocrité des forces morales et intellectuelles de l'humanité prise en masse, en raison de la préoccupation de ses intérêts matériels et du peu d'habitude qu'elle a de la réflexion, rarement le grand homme est compris de ses contemporains. Jusqu'au moment où, à force d'énergie, il fait éclater à tous les yeux, son incontestable supériorité, et où il parvient alors à dominer les personnes et les choses et à les entraîner dans ses sphères d'activité, il est en quelque sorte isolé au milieu de ses semblables ; plus ses idées sont en dehors et au-dessus des conceptions communes, et moins elles sont facilement acceptées, propagées et appliquées. Quelquefois, cependant, d'autres têtes fortes et haut placées dans le monde, devinent ou apprécient l'homme supérieur ; mais combien de fois ne les a-t-on pas vues se laisser entraîner par des sentimens bas, et tout entreprendre pour paralyser ses efforts. L'histoire est là pour attester la vérité de mes paroles, Messieurs, et, il faut le dire à la honte de notre espèce, plus d'un homme supérieur a expié par des persécutions, des tortures et la mort même, la gloire d'avoir éclairé son siècle et la postérité.

Dans toutes ces circonstances difficiles, néanmoins, le courage, ainsi que les faits en font foi, n'a point manqué aux inspirations du génie ; il a bravé toutes ces fureurs bizarres, les vanités de l'homme se sont brisées contre lui, et en dépit des obstacles, les grandes œuvres de Dieu se sont montrées sur la terre.

Dans des régions beaucoup moins élevées, dans le commerce ordinaire de la vie , le courage n'est pas moins nécessaire : tout est relatif. L'homme se montre toujours à peu près le même dans toutes les conditions. Ses facultés s'exercent alors sur un plus petit théâtre et s'appliquent à de plus petits objets; mais dans l'ignorance où il est également de ses premiers devoirs et de ses premiers intérêts, il est loin de trouver secours et protection dans les sentimens de ses semblables. Ainsi, Messieurs, vous constatez le fait dans toutes les classes de la société ; ce n'est qu'en ramassant ses forces, qu'en entrant franchement et en se débattant bravement dans l'arène ; ce n'est qu'en soutenant le combat, en se relevant à chaque coup ou à chaque défaite, plus fort et plus courageux que jamais, que l'homme, en admettant d'ailleurs en lui toutes les qualités indispensables à sa profession, peut espérer le succès de ses entreprises. S'il ne sait pas frapper du pied la terre, s'il ne va pas à la charge cent et cent fois pour une, c'en est fait de sa bonne conduite et de son talent, on le met à l'écart, on l'exploite, on l'enterre tout vivant. Le courage est la seule faculté qui puisse honorer et garantir sa vie.

Les anciens, Messieurs, connaissaient l'utilité du courage et son indispensable nécessité. Ils le considéraient, ainsi que nous, comme une faculté inhérente à notre être ; mais ils en plaçaient la condition matérielle dans un appareil tout à fait étranger à ses manifestations. C'était dans un muscle creux, dans le cœur, dans un organe admirablement constitué pour imprimer, par ses contractions énergiques et infatigables, un mouvement rapide et soutenu aux colonnes de sang qui viennent se presser dans ses cavités, qu'ils en avaient placé le siége et les inspirations. A part cette erreur de localisation, ils savaient parfaitement bien tout le parti qu'on pouvait tirer de cette faculté tutélaire, et ils ne négligeaient rien de ce qu'il fallait faire pour la conserver et la maintenir constamment en action.

L'éducation mâle et guerrière qu'ils donnaient à leurs enfans, leurs institutions, leurs mœurs, le soin particulier qu'ils apportaient à honorer publiquement tous les actes de courage, l'ordonnance de leurs fêtes et même quelques principes de leur religion, tendaient de toutes parts et de

mille manières à exalter dans les âmes ce sentiment primitif, et à en faire par cela même tout à
la fois la première vertu du citoyen et le palla-
dium de l'État.

Il en est du courage, comme de toutes les
autres puissances de l'économie, c'est-à-dire,
qu'en général il est réduit à un terme moyen
de force et d'activité, et que chez un petit nombre
d'individus, il se trouve être au-dessus ou au-
dessous de ce degré commun d'énergie.

Dans cette moyenne de puissance chez les masses, la faculté répond visiblement à tous les besoins de l'individu, comme à tous ceux de la société ; elle révèle en quelque sorte par là, son but,
sa mesure et l'emploi que l'on doit en faire. La
nature nous fait connaître ainsi, que dans l'humanité elle est plutôt donnée pour la défense de soi,
que pour l'aggression d'autrui. Par elle-même
alors elle ne pousse point l'individu à la rixe, au
combat, à la dispute ; mais néanmoins, par la vivacité avec laquelle elle peut réagir, avec laquelle
elle peut s'animer sous les excitations extérieures,
elle se trouve de suite, lorsque l'occasion s'en présente, à la disposition de l'individu et le met en état
de soutenir intrépidement tous ses droits outragés.
C'est en adoptant cette marche analytique dans
nos études, Messieurs, que nous arriverons à dé-

voiler le fond des choses. C'est comme cela, qu'a-
près avoir suivi le jeu de cette faculté, dans le
froissement et la lutte d'une foule de petits intérêts
particuliers, nous pourrons aussi nous expliquer
la facilité avec laquelle toute une nation également
blessée dans ses intérêts, ou offensée dans sa gloire,
ou trahie dans ses espérances les plus légitimes,
s'excite en masse à venger ses affronts, prend courage en elle-même, se lève quelquefois comme un
seul homme, et produit tous ces grands effets qui
donnent à son histoire bien véridique, le cachet
du roman et de l'invraisemblance.

On a fait sur le courage, Messieurs, les observations les plus curieuses, les plus singulières et
les plus contradictoires, et je n'ai pas besoin de
vous dire que les hommes qui ne connaissent
point la physiologie du cerveau, s'en sont bien
vite emparés pour démontrer, suivant eux, le ridicule et le peu de fondement des principes de
cette science toute nouvelle. On a remarqué que
cette faculté n'est point en permanence d'action,
qu'elle est sujette à faillir, qu'elle ne nous couvre
pas constamment de son égide ; que tel individu capable des résolutions les plus hardies
dans une circonstance, est sans courage et sans
énergie dans une autre : tel homme soutenu par
l'espoir du pillage et du butin, ou de toute autre

récompense grossière, va montrer une valeur plus qu'humaine, qui n'osera se venger d'un affront fait à lui-même ou à quelqu'un des siens. Tel soldat, devant son régiment en bataille, au premier appel du capitaine, sortira des rangs, acceptera une mission dangereuse, qui refusera la même mission, si on veut l'en charger en secret et en pure perte pour sa vanité. César, qu'aucun péril n'étonnait quand il marchait à la gloire, ne montait qu'en tremblant dans son char. Le lieutenant-général Gourgaud, si bon juge en matière de courage, m'a parlé d'un général de l'empire, qui sur le champ de bataille, au milieu du carnage et du feu, ressemblait au dieu Mars, et bravait mille et mille morts avec la plus grande intrépidité; et qui dans toutes les autres circonstances beaucoup moins périlleuses de la vie, montrait la pusillanimité d'un enfant.

Si, laissant de côté les faits particuliers, nous examinons le jeu de la faculté sur des populations en masse, nous ferons les mêmes observations; ainsi tantôt on a vu dans les positions les plus désespérées, des armées entières, par leur bonne contenance et leur courage, défier en quelque sorte la fortune et tout emporter de premier mouvement, et tantôt au milieu même de la victoire, on a vu ces mêmes armées rester au dessous d'elles-mêmes, par les causes les plus légères, ou des terreurs paniques, et compromettre dans le même instant, le nom qu'elles s'étaient fait et les intérêts du pays qu'elles avaient à défendre.

D'où vient, disent nos adversaires, une pareille mobilité dans le caractère? Qui peut ainsi rendre l'homme si différent de lui-même? Comment avec une organisation déterminée, peut-il avoir des dispositions si opposées : en ce moment un courage si sublime, en cet autre un abattement si honteux?

Nous avons déjà dit, ou nous avons fait entendre que le courage dans son terme moyen de force et d'activité, et c'est ainsi qu'il est dans l'espèce humaine, en général, n'agit point pour lui-même, n'agit point pour agir, ne rend point l'animal ou l'homme agresseur, qu'il ne le met point en un mot dans un état d'hostilité permanente. Nous avons dit qu'il avait été donné par la nature, dans un simple but d'utilité, dans l'intention bienfaisante de défendre et de protéger l'être, et qu'il avait besoin pour se manifester, non seulement de l'excitation des choses du dehors, mais qu'il lui fallait en quelque sorte encore l'assistance, le conseil et l'appui des autres facultés. Ainsi, pour revenir aux faits que nous avons cités, un homme montre du courage pour certaines choses et n'a pas la moindre énergie pour certaines autres choses. Eh bien, qu'est-ce que cela prouve ? Cela prouve que cet individu a dans son cerveau, a dans sa tête ou son cœur, pour prendre toutes les expressions consacrées, une ou plusieurs facultés prédominantes qui, pour obtenir leur satisfaction particulière appellent à elles, éveillent et mettent en jeu le courage et toutes les autres puissances qui sont en lui, et qui attendent pour le mouvement et la lutte l'excitation qui leur est nécessaire. Plus l'individu a de passions qui le poussent, plus le reste de son être s'ébranle, et plus en raison des obstacles, son courage s'anime et se déploie. Une fois ces satisfactions particulières obtenues, il reste plus ou moins de temps en repos, d'autres incitateurs lui manquent, et au milieu des intérêts, des penchans différens des autres hommes, et des agitations qui en sont la conséquence, il se montre froid, impassible, indifférent, inerte, sans désir, sans courage, sans amour et sans vie. Des circonstances extérieures terribles qui menaceraient son existence, celle de sa femme ou de ses enfans, pourraient peut-être seules alors le tirer de son apathie, lui faire affronter et surmonter les dangers de cette position, mais en dehors de ces événemens extraordinaires, il retombe dans son

état habituel et ne soutient de lutte, ne fait d'opposition, n'engage de combats, que pour le plaisir et la joie de ses sentimens ou de ses penchans
particuliers. Voilà d'une manière générale, et pour
faire entendre les choses en moins de mots possible, de quelle manière on peut expliquer une
partie des phénomènes du courage, et la raison
pour laquelle le même homme est brave ou timide, actif, ou indifférent, selon les circonstances
diverses dans lesquelles il est placé, ou suivant
les besoins particuliers que développent, de
temps à autre en lui, quelques facultés énergiques
qu'il a reçues de la nature.

Quant au courage admirable que montrent quelquefois dans des positions extrêmement critiques,
un homme ou une armée entière, il tient tout simplement à l'excitation de la même faculté, soutenue et relevée par toutes les facultés généreuses
et intelligentes de la tête humaine. Cette manifestation noble et totale des puissances de l'être,
finit le plus ordinairement par donner ces résultats inattendus, qui sauvent tout à la fois l'honneur et la vie, qui sont la gloire de notre nature,
qui frappent d'étonnement l'humanité vulgaire, et
qui peuvent, en lui dévoilant toutes ses ressources,
servir bien utilement de texte à ses enseignemens.

Le courage, Messieurs, est une faculté que, comme toutes les autres, nous portons partout avec nous. Il ne change point de nature par la diversité des positions sociales ; il n'y a point par conséquent de distinction à établir entre le courage civil et le courage militaire, entre le courage à toutes les entreprises les plus difficiles et celui que l'on met à soutenir des opinions qui heurtent les préjugés du peuple ou des savans. Comme on l'a dit, le courage est toujours le courage en tout, il est un, il est identique. Quant à savoir à quelle espèce de courage, on doit plus particulièrement donner la préférence, la première chose pour un peuple, étant de vivre en sécurité et en liberté, je crois qu'on ne peut placer trop haut dans l'estime publique la faculté qui lui procure et qui lui assure ces deux premiers biens de la vie ; mais considération politique mise de côté, je n'hésite point, dans la majorité des cas, à placer le courage civil bien au-dessus du courage militaire ; et notez bien, Messieurs, que ce n'est point moi qui le veux ainsi, mais que cette opinion est le résultat forcé de la prise en considération des motifs élevés qui ordinairement chez le magistrat entraînent et soutiennent ses manifestations.

Chez le militaire le courage est à l'ordre du jour ; sa manière de vivre, les périls auxquels il est à chaque instant exposé, renforcent chez lui la disposition primitive de la faculté. Comme tout homme il a du courage, comme soldat c'est son devoir, c'est son métier, c'est son habitude, c'est son intérêt de n'en point manquer; il reçoit un ordre, il faut qu'il l'accomplisse, l'honneur l'exige, la discipline le commande. Se met-il en mouvement, mille et mille têtes se lèvent avec lui et partagent ses dangers; s'il est chargé d'une mission particulière, elles ambitionnent la distinction qu'il obtient, le suivent de leurs vœux et l'encouragent par l'unanimité de leurs sentimens, par leur adhésion, leurs transports et la confiance qu'elles semblent toutes, à l'envi, avoir en sa personne.

Le courage civil, quoique pouvant aussi sous l'impression du moment se montrer de lui-même, par force native, par instinct brut, sans association d'idées, sans renfort ou simplement par des considérations toutes personnelles, ou toutes de nécessité; le courage civil, dis-je, s'inspire et se renforce néanmoins presque toujours des plus hautes facultés de l'âme humaine. La position particulière du magistrat, les mœurs et la tranquillité de son foyer domestique, ses études, ses rapports dans la société, rien dans son monde extérieur n'a entretenu, réveillé, sollicité, excité, surexcité l'action de la faculté; il n'a jamais vécu au milieu de ces circonstances particulières qui forment et qui multiplient les braves; rien enfin ne lui a fait contracter les habitudes de la guerre et de la défense. Sous ce rapport déjà son courage est mieux à lui qu'au soldat : il tient mieux au fond de son caractère.

En second lieu, le courage, il s'en faut, n'est pas toujours le premier intérêt du magistrat, il n'est pas, comme le soldat, dans ces positions forcées dont il faut sortir à tout prix et dans lesquelles le courage pour soi-même est de nécessité majeure. Le courage ensuite est une obligation pour le soldat ; s'il n'est pas ce qu'il doit être, s'il reste au-dessous de son rôle, non seulement il est déshonoré, perdu, dans l'esprit de ses frères d'armes, mais le Code militaire est là, la loi lui est appliquée, le châtiment l'atteint, et il apprend, s'il était assez ignare pour ne pas le savoir, qu'il doit être brave et courageux envers et contre toutes personnes et toutes choses. Le magistrat n'est point dans cette alternative, et si, dans des circonstances particulières, il déploie du courage, c'est qu'il a en lui des ressources qui sont bien siennes, qui lui sont propres pour la défense. En outre de cela, Messieurs, lorsque le soldat emploie son courage à la défense de la patrie, il est soutenu, comme je l'ai déjà dit, par la participation et l'exemple de ses camarades ; l'armée entière est à son unisson. Ce n'est pas tout, dans la candeur de sa vanité d'enfant, il se croit un personnage, il s'imagine qu'on a les yeux sur lui, qu'on le regarde ; dans son sentiment inné, mais tout aveugle de justice, il croit aussi à la reconnaissance publique ; en même temps, on lui montre en perspective des récompenses, de l'avancement, des richesses et des honneurs ; l'espérance le berce aussi de ses songes, elle lui fait croire qu'il sortira sain et sauf de la bataille, qu'il a même dans sa giberne le bâton de maréchal de France, et par toutes ces raisons, par tous ces sentimens à la fois, il ne peut vraiment pas ne pas jouer noblement sa partie.

Maintenant, Messieurs, pour faire ressortir la supériorité morale que nous croyons devoir accorder au courage civil sur le courage militaire, recueillez vos souvenirs ; rapprochez les uns des autres les faits de l'un et de l'autre ordre ; comparez-les, et dites-moi s'il vous est possible, tout en leur payant à tous un juste tribut d'admiration, de ne pas établir entre eux une énorme différence. Qu'apercevons-nous effectivement dans les traits de courage civil dont nous parle l'histoire ? toujours, ou presque toujours, un homme seul qui puise en lui-même sa force et sa vertu. Loin de formuler, de représenter et de servir les idées, les passions et les intérêts des hommes qui l'entourent; il fait, au contraire, ouvertement scission avec eux tous; seul, il vient faire face à la foule; seul, il affronte sa colère et brave ses menaces; au lieu d'applaudissemens, il n'entend de tous côtés que des cris de fureur et de rage. La multitude aveuglée, séduite, ignorante, entraînée, veut qu'il abdique devant elle, qu'il cède à ses exigences ou qu'il meure. Il n'a point reçu d'ordre, il n'en a point à exécuter, c'est lui seul qui commande c'est lui seul qui compose, c'est lui seul qui avance, c'est lui seul qui recule, c'est lui seul qui prend sa détermination. Évidemment il a devant lui une force majeure, et s'il le veut, il peut ne pas résister davantage, sans crainte de compromettre son honneur et d'avoir à comparaître devant un tribunal inflexible et terrible qui, dans toutes les positions où il place le militaire, comme dans toutes les missions qu'il lui confie, tient toujours le bras étendu sur lui, pour maintenir la discipline et couvrir sa responsabilité.

Lorsque Bonaparte viola la représentation nationale à Saint-Cloud, lorsque ses soldats entrèrent la baïonnette en avant dans le Conseil des cinq-cents, personne ne sut mauvais gré à ces représentans du peuple d'avoir cédé devant de pareilles manifestations. Arena seul, dans cette cir-

constance, montra, dit-on, l'indignation de la vertu, seul il eut assez de courage et d'énergie pour
vouloir réagir contre la force du sabre par la force
du sabre ; seul fidèle à lui-même et à la France,
il s'efforça de poignarder le nouveau Catilina, qui
venait de trahir ses sermens et de porter la main
sur l'autel de la patrie.

Pour faire ressortir par un seul fait, entre un
grand nombre d'autres que je pourrais rapporter,
tout ce que renferme de noblesse, de puissance, de
grandeur, de vrai courage, de courage d'homme,
le courage civil, qu'il me soit permis, Messieurs,
de rappeler à votre souvenir la conduite de Boissy
d'Anglas à la convention nationale.

Les insurgés, plusieurs fois repoussés, pénètrent
enfin dans la salle des séances ; dans ce moment
toutes les baïonnettes, toutes les piques se diri-
gent sur le président, on enferme sa tête dans
une haie de fer. C'est Boissy d'Anglas qui a succédé
à André Dumont; le député Féraud, qui voit le danger, s'élance à la tribune pour aller le couvrir de son
corps : l'infortuné jeune homme tombe frappé d'un
coup de pistolet. On l'entraîne, on l'emporte hors de
la salle, on lui coupe la tête que l'on met au bout
d'une pique, et on livre son cadavre à la popu-
lace.

Boissy d'Anglas demeure calme et impassible au

milieu de cette épouvantable scène; on veut le for-
cer cependant par tous les moyens à mettre aux
voix les propositions des insurgés; les baïonnettes
sont déjà sur sa poitrine, on le couche en joue de
tous côtés, mille morts le menacent, et dans le
même instant, pour mieux l'intimider encore, on
lui présente la tête sanglante de Féraud. Pour
toute réponse, Messieurs, ce grand citoyen se lève,
se découvre, s'incline avec respect devant elle, et
continue d'opposer son courage à la fureur des
factions.

Actuellement, arrivons aux exceptions; voyons
la faculté dans ses manifestations trop énergiques, voyons-la dans sa nullité complète. C'est
ici, Messieurs, soit qu'il y ait excès, soit qu'il
y ait défaut, que l'homme a besoin d'en appeler
à ses autres facultés. Il faut, dans la première
circonstance, qu'il éclaire et qu'il règle l'emploi
de son courage; dans la seconde, il faut au contraire qu'il supplée à son état négatif.

Lorsque la combativité est trop prononcée, elle
devient, si l'on n'y fait attention, une des forces
les plus difficiles à comprimer dans l'économie,
elle tend à s'exercer indépendamment de toute
excitation extérieure, elle recherche les occasions
au lieu de les attendre; si ce n'est par des voies
de fait qu'elle se manifeste, c'est par une ar-

gumentation tracassière. On dirait que la tourmente, la tempête et l'agitation, sont les élémens
nécessaires à sa vie. A ce degré de puissance, elle
a une pantomime singulièrement expressive; le
mouvement balancé du torse, la manière impa-
tiente et saccadée dont la jambe se remue, la contraction désagréable des muscles de la face, révèlent toutes les dispositions animales de l'individu à saisir la moindre circonstance de se donner
le plaisir de la contradiction ou de la lutte en champ
clos.

En effet, lorsque la combativité n'est point
subordonnée à l'intelligence, qu'aucun motif
légitime ne vient en demander l'emploi, lorsque la bienveillance et la justice n'en modifient
pas l'action, lorsqu'elle agit isolément, sans conseil, sans pondération, sans lumières, sans apparence d'aucun pouvoir humain, elle rend le caractère difficile, querelleur, insociable. Quoi qu'on
dise et quoi qu'on fasse en homme digne et intelligent, devant des gens semblables, on ne parvient
jamais à leur donner satisfaction; le démon du
combat les anime, il faut qu'ils se battent avec
vous d'une manière ou d'une autre. Ils ne se mettent point à votre place, ils n'apprécient ni vos efforts pour leur plaire, ni vos égards, ni vos bonnes
intentions : ce sont des chiens hargneux que vous

avez à vos côtés, toujours grognant et toujours prêts à vous mordre, et qui ont besoin, pour ne pas être traités par vous, comme des animaux, de tout le contrepoids, de toute l'assistance des facultés morales et intellectuelles, que vous trouvez dans votre noble constitution.

Dans tous les cas, Messieurs, si la faculté portée à cet excès d'action, rend le commerce de la vie désagréable avec de pareils êtres, si on finit à la longue par se séparer d'eux et leur laisser consommer leur activité sur eux-mêmes ou sur d'autres patiens, il faut reconnaître, tant nous sommes en général de bonne trempe et de bon caractère, qu'il y a, tout compte fait, moins d'inconvéniens dans le monde, à montrer comme un sanglier ses défenses et ses dents, qu'à y entrer sans moyens d'attaque et de résistance. Comment faire, cependant, quand par disgrâce de nature, on n'a point reçu les armes offensives et défensives de cette faculté, quand on ne trouve point en elles de quoi rendre, même un moment, la lutte au moins douteuse; comment faire pour soutenir ses droits, défendre sa personne et ses biens, parcourir sa carrière sans ignominie, et contrebalancer, au moins en partie, un tel vice de constitution?

Vous n'êtes ni querelleur ni brave, vous n'avez pas même en vous la combativité nécessaire pour

réagir contre la violence et l'injustice, pour affronter les plus faibles dangers ou combattre les dispositions hostiles de quelques individus ; les préjugés vous arrêtent, les grands airs et l'insolence
des orgueilleux vous intimident ; en un mot la
moindre opposition vous fait peur, soit ; mais à
l'aide de vos autres facultés, n'avez-vous pas mille
moyens de suppléer à ce défaut d'énergie. Une
faculté de moins dans votre être vous a-t-elle donc
privé de tous les autres dons de la nature ; sentez
ce que vous êtes, tirez parti de vos pouvoirs supérieurs, et vous lutterez sans doute avec avantage,
contre cette foule d'agresseurs qui sont souvent
bien au-dessous de vos mérites. Ne pouvez-vous
d'ailleurs déplacer le champ du combat, ne pouvez-
vous choisir un autre terrain ? Vraiment il s'agit bien,
homme que vous êtes, de venir comme un bufle,
vous heurter contre un autre bufle, et de chercher
ainsi à qui restera la victoire ; laissez cette res-
source à l'enfance de l'humanité, laissez-la aux
espèces inférieures. Une autre lice est ouverte,
préparez vos belles armes, acceptez le combat, soutenez-le par la force de votre intelligence ; qu'une persévérance infatigable éternise
vos efforts ; tournez les difficultés par l'esprit et le
savoir-faire ; soutenez-vous par votre propre
estime ; qu'une noble ambition vous anime, mon-

trez les qualités d'un homme, soyez digne, soyez vrai, soyez juste et bon, espérez, agitez-vous, ayez confiance en vous et en vos semblables, cherchez la perfection en toutes choses , déployez vos talens, et par le succès de vos entreprises, vous reconnaîtrez bientôt que la force brutale n'est rien devant la manifestation des facultés humaines, devant la puissance du génie et l'ascendant de la vertu.

ALIÉNATION DU PENCHANT POUR LES RIXES.

Nous avons vu que l'instinct de la propagation et celui de l'amour de la progéniture peuvent dégénérer en monomanie. La même chose peut avoir lieu pour toutes les qualités et toutes les facultés fondamentales, et a lieu très fréquemment pour l'instinct de la défense de soi-même. J'en citerai quelques exemples observés par M. Pinel.

« Un insensé, d'un naturel pacifique et doux, dit ce professeur, semblait inspiré par le démon de la malice durant ses accès ; il était alors sans cesse dans une activité malfaisante ; il enfermait ses compagnons dans les loges, les provoquait, les frappait, et suscitait à tout propos des sujets de querelle et de rixe.

« Un autreexemple de cette sorte mérite encore d'être connu ; c'est celui d'un homme atteint d'une manie périodique très invétérée : ses accès durent ordinairement huit à dix jours par mois, et semblent offrir le contraste le plus parfait avec son état naturel. Pendant ses intervalles lucides, physionomie calme, air doux et réservé, réponses timides et pleines de justesse aux questions qu'on lui fait, urbanité dans les manières, probité sévère, ou désir même d'obliger les autres, et vœux ardens pour guérir de sa maladie ; mais au retour de l'accès, marqué surtout par une certaine rougeur de la face, une chaleur excessive dans la tête et une soif ardente, sa marche est précipitée, son ton de voix est mâle et arrogant, son regard est plein d'audace, et il éprouve le penchant le plus violent à provoquer ceux qui l'approchent, à les exciter et à se battre contre eux avec outrance.

» Doit-on rapporter, continue M. Pinel, à la manie sans délire quelques rares modèles d'un caractère turbulent et acariâtre, qui ne manifestent d'ailleurs aucune trace d'égarement de la raison, et qu'on a mieux aimé séquestrer dans des hospices d'aliénés, que de les confondre avec des coupables dans des maisons de détention. Une ancienne religieuse m'en a fait voir un exemple frappant à la Salpêtrière. Une fille de service en approchait-elle pour lui être utile, elle l'accablait d'outrages et d'épithètes les plus envenimées ; les autres aliénées les plus calmes n'étaient point traitées avec plus d'égards, et c'étaient sans cesse des cris menaçans, des emportemens de colère, et des efforts pour frapper tout ce qui pouvait l'environner. Lui servait-on ses alimens à l'heure des repas, elle les jetait avec indignation, ou les cachait avec adresse, pour se plaindre qu'on cherchait à la faire mourir de faim. C'était une délectation pour elle que de mettre en lambeaux ses vêtemens, et de crier qu'on la laissait manquer de tout, et dans un état de nudité. Elle n'osait braver l'autorité du chef quand il était présent; mais il devenait en secret l'objet éternel de ses sarcasmes. Un pareil foyer de trouble et de discorde devenait dangereux pour les autres aliénées, et il a fallu la séquestrer dans une loge solitaire, où l'exaspération de ce caractère pervers et farouche est restée désormais concentrée.

» Un fils unique élevé sous les yeux d'une mère faible et indulgente prend l'habitude de se livrer à tous ses caprices, à tous les mouvemens d'un cœur fougueux et désordonné; l'impétuosité de ses penchans augmente et se fortifie par le progrès de l'âge, et l'argent qu'on lui prodigue semble lever tout obstacle à ses volontés suprêmes. Veut-on lui résister, son humeur s'exaspère; il attaque avec audace, cherche à régner par la force; il vit continuellement dans les querelles et les rixes. Qu'un animal quelconque, un chien, un mouton, un cheval, lui donnent du dépit, il les met soudain à mort. Est-il de quelque assemblée ou de quelque fête? il s'emporte, donne et reçoit des coups, et sort ensanglanté; d'un autre côté, plein de raison lorsqu'il est calme; et possesseur, dans l'âge adulte, d'un grand domaine, il le régit avec un sens droit, remplit les autres devoirs de la société, et se fait connaître même par des actes de bienfaisance envers les infortunés. Des blessures, des procès, des amendes pécuniaires avaient été le seul fruit de son malheureux penchant aux rixes; mais un fait notoire mit un terme à ses actes de violence : il s'emporte un jour contre une femme qui lui dit des invectives, et il la précipite dans un puits. L'instruction du procès se poursuit devant les tribunaux; et sur la déposition d'une foule de témoins, qui rappellent ses écarts emportés, il est condamné à une réclusion dans l'hospice des aliénés de Bicêtre. »

Comme de semblables exemples ne sont que trop fréquens, M. Pinel dit à ce sujet : « L'expérience indique chaque jour combien il serait nécessaire d'avoir, dans un endroit écarté de l'hospice, sept à huit loges où l'on pût tenir dans un état plus ou moins prolongé d'isolement et de réclusion certaines aliénées qui ne sont point furieuses, mais très turbulentes et très indomptables. On peut mettre de ce nombre celles qui ne peuvent être pliées à la loi générale du travail, et qui toujours dans une activité malfaisante, se plaisent à chercher les autres aliénées, à les provoquer, et à exciter sans cesse des sujets de discorde, sans que les moyens ordinaires de répression puissent exciter en elles la moindre réforme.... »

INSTINCT CARNASSIER, SENS DU MEUTRE,
INSTINCT A TUER, DESTRUCTIVITÉ, ETC.

L'organe est situé immédiatement au-dessus de l'oreille.

C'est l'animosité de certaines créatures qui fait la sûreté de leur espèce. On est moins ardent à offenser quand on sait et quand on voit que le lésé ne le supportera pas tranquillement.

La mort violente est une institution de la nature. C'est par elle que se trouvent assurées la nourriture et l'existence organique des êtres, et c'est par elle qu'on a aussi le mot de la grande énigme, je veux dire l'explication de tous ces sacrifices d'êtres vivans faits chaque jour à d'autres êtres vivans. En effet, Messieurs, à la surface du sol, dans les plaines de l'air, dans les fleuves, dans les mers, dans les entrailles de la terre ; partout où nous arrêtons un moment nos regards nous n'apercevons que des scènes de carnage et de destruction. On dirait une loi promulguée à toutes les espèces vivantes. C'est par l'assujettissement à cet ordre de choses, c'est par cette extermination continuelle, que l'intensité des fonctions génératives se trouve également expliquée, et que de justes proportions, toutes à l'avantage des êtres qui échappent à la mort, se trouvent établies entre ces deux ordres de phénomènes (1).

Qui veut la fin veut les moyens. Sous le rapport de la destruction qu'elle a voulu faire de ses créatures, comme dans le reste de ses œuvres, la cause première a tout profondément calculé, et a tout largement institué. Elle a donné toutes les facultés, tous les organes, tous les instrumens, tous les moyens propres à l'exécution de ses desseins. C'est particulièrement chez les carnivores, chez tous les animaux qui se nourrissent de chair

(1) Consultez sous tous ces rapports les ouvrages de physiologie que nous devons à M. Isidore Bourdon. Ils m'ont été d'un grand secours ; saine direction imprimée aux études, observations profondes, élévation dans les vues, esprit philosophique, indépendance dans les opinions : voilà Messieurs ce que vous trouverez dans les écrits de ce véritable savant.

et de sang, qu'elle a montré la puissance et l'étendue de ses ressources, en même temps que la simplicité de ses appareils. Ce n'est point une seule partie de l'organisme, Messieurs, qu'il faut envisager chez ces animaux, c'est l'être tout entier, qu'il faut voir dans sa force et dans son harmonie. Prenez d'abord les types, prenez les lions, les panthères, les tigres et les hyènes; fixez votre attention sur la forme caractéristique du premier des organes, sur la forme du cerveau; considérez-en le renflement et la largeur au-dessus des oreilles; appréciez ensuite la finesse de leurs sens, la portée de leur vue, la sensibilité de leur ouïe, la délicatesse de leur odorat, notez aussi la forme élancée de leur corps, constatez la souplesse et la vigueur de leurs muscles, regardez leurs armes terribles, leur gueule, leurs dents et leurs griffes; écoutez ces rugissemens et ces cris qui glacent déjà d'effroi la victime; suivez-les lorsqu'ils s'élancent sur elle et qu'ils la dévorent, et dites-moi s'il est possible, pour multiplier rapidement la mort autour de soi, d'ajouter, chez ces animaux, quelque chose à la puissance de destruction donnée par la nature.

Je pourrais, Messieurs, en prenant dans une autre sphère d'activité, d'autres espèces carnivores; je pourrais, en vous décrivant par exemple, l'organisation, les mœurs et les habitudes des aigles, des vautours, des faucons, des éperviers, etc., continuer à faire ressortir à vos yeux, la richesse et le luxe de la nature, dans la fabrication et la variété de ses instrumens de mort; mais avec vous les détails sont surperflus, vous ne feriez que constater pour la seconde fois, un fait qui déjà pour vous est incontestable, savoir que la mort violente est une institution de la nature, et que particulièrement dans les espèces dont nous parlons, tout est, à cet effet merveilleusement ordonné dans leur constitution. Puissance innée de destruction, besoins impérieux de substances animales à dévorer, indispensables à leur existence organique, instincts remarquables de ruse et de prudence, perception des objets à des distances qui nous étonnent, mouvemens forts et rapides et long-temps soutenus, armes meurtrières dont l'étonnante perfection ressort particulièrement dans la forme du bec et la vigueur des serres, tout est également calculé chez ces dominateurs habitans de l'air pour une mort de surprise. Remarquez le bien, Messieurs, tout est calculé pour une mort de surprise, pour une mort prompte, sans souffrance et sans agonie. Cette particularité pour nous est d'un haut intérêt, plus tard je vous en dirai les raisons.

Lorsque le docteur Gall rattacha au développement de telle et telle partie du cerveau, la manifestation de telle et telle faculté; lorsqu'il eut démontré l'innéité de nos dispositions, de nos sentimens, de nos penchans, et qu'il eut prouvé que l'homme ne naît point table rase, qu'on ne peut point indifféremment en faire ce que l'on veut, qu'il est au contraire un être aussi parfaitement déterminé que tous les autres êtres de la création, éminemment modifiable sans doute par le nombre et la diversité de ses facultés, mais néanmoins restant toujours le même dans ses diversités même. Lorsque, dis-je, le docteur Gall eut mis au grand jour toutes ces vérités; il trouva d'abord, ainsi que les mémoires et les journaux en font foi, une opposition violente parmi les hommes les plus célèbres de son temps, comme parmi les têtes médiocres qui en suivent aveuglément les bannières. Peu à peu, cependant, et à la longue, l'évidence des faits ayant imposé silence à ses détracteurs et ayant fait admettre comme incontestables la plupart de ses observations, on changea de tactique, on fouilla l'antiquité, on en exhuma quelques phrases obscures et isolées, on en tortura le sens, on en força l'explication, on y voulut voir en germe le système du philosophe allemand. A les entendre alors, Gall valait bien un autre homme; il avait même le mérite de montrer et de formuler plus nettement que ses prédécesseurs, l'existence des principales forces fondamentales, entrevues, senties, confusément par eux tous.

Néanmoins, comme l'a fort bien dit le docteur Lélut, avec une franchise qui fait le plus grand honneur à son caractère, lorsque entraîné par ses convictions et la force des choses, et toujours guidé par l'observation des phénomènes de la nature, il constata et proclama chez l'homme, l'instinct carnassier, le sens du meurtre ou de la destruction, ce fut presque un concert de malédictions contre le philosophe qui avait osé proposer l'admission d'une pareille faculté dans la psychologie. Assimiler l'homme aux animaux carnassiers, au loup cervier, au tigre, à l'hyène; en faire un meurtrier, un incendiaire; il y avait là presque de l'immoralité, et les opposans qui tenaient un pareil langage, ne s'apercevaient pas, ou ne voulaient pas s'apercevoir que tout ce qui les entoure, n'est ainsi que je l'ai déjà dit, qu'une scène de carnage et de destruction. Ils ne faisaient pas attention qu'à tout moment, oubliant les déclamations paradoxales de Pythagore et de Rousseau, ils dévoraient dans leurs longs festins des viandes toutes saignantes et qu'en sortant de la table même, ils couraient se livrer au plaisir si entraînant et si vrai de dépeu-

pler les lacs et les fleuves, et d'ensanglanter les
forêts; que s'ils ne pouvaient plus applaudir aux
jeux du cirque, aux luttes à mort des gladiateurs,
voir les premiers chrétiens se débattre sous la dent
des lions et des panthères, ils couraient également
en foule assister à l'exécution des grands criminels; qu'ils se pressaient aux combats de taureaux
en Espagne, où s'entrégorgent des animaux et des
hommes; qu'ils immolaient dans des duels frivoles,
leurs amis du matin; qu'ils plaçaient la plus
grande gloire que l'homme puisse acquérir, dans
l'art de conduire à la boucherie des populations
entières; en un mot, comme en mille, ils ne voulaient
pas voir que nos festins, nos plaisirs de la chasse
et de l'amphithéâtre, notre point d'honneur, notre
gloire militaire, que tout cela n'est que du sang,
que nos lois en sont imprégnées, et qu'elles pro-
clament depuis des siècles, la nécessité du meurtre
pour réprimer le meurtre qui se reproduit toujours. C'était une honte que tant d'inconséquences;
il fallut bien avouer qu'on n'y avait pas vu clair,
l'instinct passa, et il fut bien constaté, je le répète
pour la troisième fois, que pour la conservation
de l'espèce, comme pour celle de l'individu, ce
n'est pas assez de la mort naturelle, et que la
mort violente est aussi une institution de la nature.

Si l'homme est omnivore, si la chair le nourrit aussi bien que les végétaux, si cette alimentation variée est la mieux appropriée à sa nature, si par la structure de sa mâchoire, la forme de ses dents, la disposition de son estomac et de ses intestins, il tient le milieu entre les frugivores et les carnassiers, il fallait bien qu'il eût en lui une impulsion, un instinct, une force qui fût en harmonie avec ces différentes parties de son organisme, qui en utilisât les instrumens, qui fût en rapport avec ses besoins, qui lui donnât l'aptitude, le sang-froid, le pouvoir d'immoler aux intérêts de sa conservation, toutes les victimes nécessaires à sa subsistance; et c'est effectivement ce qu'on l'a vu faire sans scrupule, sans répugnance et par incitation naturelle, dans tous les temps et dans tous les lieux du monde.

Ce ne serait pas se faire une idée des ressources de la nature, ce ne serait point comprendre la philosophie de la science, ce serait être éternellement condamné à méconnaître les causes des plus intéressans phénomènes de notre existence instinctive intellectuelle et morale; ce ne serait point embrasser toute la sphère d'activité de la faculté dont nous nous occupons en ce moment, que de croire son influence bornée à la destruction matérielle des êtres propres à fournir les frais de notre alimentation ; elle sert non moins efficacement encore à nous protéger dans le monde extérieur.

Par sa mimique, par l'expression grave et sérieuse et quelquefois dure et violente qu'elle donne à la physionomie, par l'accent dont elle anime la parole, elle produit une impression vive et puissante sur l'homme qui vient s'adresser à nous ; elle lui fait pressentir et voir un être énergique qui se tient sur la défensive et qui a en lui tout ce qu'il faut pour lutter avec avantage, contre quiconque, dans des dispositions hostiles et des sentimens bas, viendrait blesser ses dispositions les plus généreuses, et faire naître en son âme les mouvemens légitimes et bien naturels de la vengeance et de la colère.

Lorsqu'elle est énergique, elle donne une teinte d'impatience et d'emportement à l'esprit ; elle fait même de la destruction des objets inanimés, une occupation de plaisir ; elle est indispensable aux auteurs satiriques, elle donne à leurs écrits ce mordant, ce fiel, ces expressions incisives qui flétrissent et détruisent les réputations usurpées ; c'est elle qui crée les hommes d'action ; mais aussi par la promptitude avec laquelle elle s'exalte sous les impressions du dehors, elle peut exposer à tout moment l'homme à des actes de violence, elle le rend dangereux pour lui-même, comme pour ceux qui l'entourent, surtout lorsqu'il n'a pas dans la tête de puissans et nobles contrepoids, ou qu'il n'a point eu le bonheur de recevoir les bienfaits d'une éducation parfaitement entendue. Les observations que j'ai faites plusieurs fois dans les différens bagnes du royaume, m'ont convaincu que presque tous les individus condamnés pour homicide sans préméditation, avaient effectivement la tête renflée sur les côtés, et les sens vifs et prompts à s'enflammer; ils avaient eu à redouter et à combattre toute leur vie, l'impétuosité naturelle de leurs premiers mouvemens; et loin d'avoir vécu dans des circonstances favorables à leur perfectionnement, ils s'étaient au contraire développés au milieu des impressions les plus capables d'affaiblir l'intelligence et de surexciter les penchans (1).

(1) Avec cette fâcheuse prédisposition et ce défaut d'appui dans le monde extérieur, le meurtre ordinairement a lieu sans intention réelle de le commettre; on n'y aperçoit point le caractère hideux de la perversité; c'est un accident, c'est un malheur, c'est presque une fatalité, que le coupable lui-même déplore avec amertume. Aussi, tous les législateurs éclairés qui ont réfléchi sur cet ordre de faits, ont-ils jugé convenable de ne point s'arrêter à la matérialité de l'acte. Ils ont cru devoir tenir compte de la nature de l'individu et des circonstances de l'événement; et tout en infligeant au

Lorsqu'au contraire, Messieurs, la faculté fait défaut, la constitution est froide, si je puis dire ainsi, le caractère n'a point de couleur, l'esprit n'a point d'énergie, l'individu ne va point de lui-même, il est indolent et passif, il a besoin d'une impulsion étrangère; il est faible en toutes choses, en toutes circonstances. Le méchant le brave et le maltraite avec impunité; son ressentiment est nul, ses haines contre le vice ne sont pas vigoureuses, c'est un être sans conséquence et sans ressorts, propre tout au plus à servir d'instrument ou de jouet à la foule active et passionnée de ses contemporains.

meurtrier une punition sévère, tout en exigeant une réparation éclatante, ils n'ont pu se défendre pour lui, d'un sentiment d'indulgence et de commisération. En l'enlevant à la société, en le faisant disparaître, en le reléguant dans un pénitenciaire, ils suivent eux-mêmes, contre un agent nuisible, un mouvement de destruction; mais voyez, Messieurs, comment chez ces hommes à haute vue, une puissance inférieure de notre être se transforme et s'ennoblit, voyez comment à l'approbation de nos plus augustes pouvoirs, elle empêche le mal, sans tomber elle-même dans l'abus de sa puissance; voyez comment elle sait concilier les intérêts généraux avec les égards que l'on doit au malheur, quand elle s'unit avec la bienveillance, l'amour de la justice et une raison supérieure.

Jusqu'à présent, nous avons fait voir le but que s'est proposé la nature en nous accordant le sens du meurtre ou de la destruction; dans le monde physique, pour les besoins de l'alimentation des êtres, nous en avons montré le mouvement et l'emploi, par la description des sacrifices sanglans et interminables d'une foule innombrable d'êtres animés, surpris dans la jeunesse et la plénitude de leur vie; dans le monde intellectuel et moral, nous avons également fait sentir le but et l'utilité de la faculté; nous avons fait remarquer comment par sa mimique et son accent plein d'énergie, elle trahit la force de l'individu, et contribue à le faire respecter; nous avons aussi, au moins d'une manière générale, fait ressortir les inconvéniens qui résultent de sa privation ou de son peu de développement; il ne nous reste plus maintenant qu'à en signaler les abus et le mauvais emploi.

Vous pressentez déjà, Messieurs, que dans mon opinion, la peine de mort infligée aux criminels, en est le premier désordre et le premier écart. On a fait je ne sais combien de livres, en faveur de son abolition; mais dans aucun d'eux je n'ai vu qu'on fût allé chercher la solution de cette question importante dans les indications fournies par la nature elle-même. Si elle eût été consultée, ne serait-il pas aujourd'hui de la dernière évidence que la destructivité ne nous est donnée que pour assurer, par la mort violente des animaux, notre existence organique, et que pour donner à l'homme la puissance et l'énergie propres à surmonter les difficultés sans nombre qu'il trouve à chaque instant dans les personnes et les choses de ce monde. Voilà, je le répète, les intentions formelles de la nature, et dans notre constitution tout se trouve être en harmonie avec cet ordre de phénomènes et de manifestations ; mais loin d'y trouver une invitation au meurtre de l'homme, loin d'y trouver sous quelque prétexte ou motif que ce soit, l'ordre d'égorger un de nos semblables ou d'anéantir en lui la vie de toute autre manière, j'y constate au contraire sous ce rapport les mouvemens de la plus vive opposition ; mille et mille voix s'élèvent en nous pour condamner l'indignité de ces exécutions ; ce sont les facultés humaines qui se révoltent contre la domination d'un penchant inférieur, et qui ne peuvent consentir à partager sa dégoutante responsabilité ; l'horreur même qu'inspire le criminel, n'étouffe point leurs voix généreuses.

Tous les jours, Messieurs, vous pouvez en acquérir la preuve en suivant un coupable depuis le moment où il comparaît devant la cour d'assises, jusqu'à celui où vous le voyez monter sur l'échafaud. La sentence de mort n'est point prononcée, sans que l'auditoire, sans que les membres du jury, les juges eux-mêmes, éprouvent un frémissement involontaire tremblent, en quelque sorte, dans tous leurs membres ; et cette sentence n'est point exécutée sans que le peuple animal qui court au spectacle de cette sanglante tragédie, sans que les hommes d'armes, sans que le prêtre, sans que le bourreau lui-même, soient douloureusement remués dans tout leur être, sans qu'il y ait sur tous les visages, une consternation, un abattement, une laideur d'expression qui laisse bien souvent à l'homme que l'on va supplicier, tous les avantages moraux de la position. En effet, Messieurs, en montrant du courage et de la fermeté, en montrant du repentir et de la piété, en envisageant le moment suprême où il est, à travers le prisme de l'espérance et de l'idéalité, en se jetant dans les bras de son Dieu, il manifeste seul en cette circonstance, quelques-unes des brillantes facultés de notre être; seul il a de l'éclat au milieu des têtes muettes qui le contemplent; le sang qu'il va donner, rachète à ses yeux l'énormité de sa faute; il en trouve, et il a raison, l'expiation trop forte; son intelligence la condamne, sa conscience ne n'y soumet pas, et il meurt emportant avec lui l'intérêt de cette même société, qui ne s'était point doutée que la vie ne doit être rendue qu'à celui qui l'a donnée.

Signalons maintenant les autres abus de la destructivité. Notre tâche ne sera pas difficile à remplir, les faits surabondent, et il a fallu à l'homme un instinct de meurtre bien prononcé pour combler et dépasser la mesure comme il l'a fait dans cet ordre de manifestations et pour se souiller d'un aussi grand nombre d'horreurs. En effet, Messieurs, ainsi que vous en acquerrez la triste conviction, l'imagination ne peut se faire une idée des écarts et des aberrations de cette faculté ; les expressions manquent pour en rendre les calculs et les raffinemens ; le génie de l'invention s'y est perdu, la rage s'en est mêlée, le délire de la fureur, l'ivresse du courage, les débauches de l'esprit, si je puis m'exprimer ainsi, les abominations des abominations ; tout, en fait d'atrocités inouies, a placé l'homme en dehors et au-dessus des bêtes fauves les plus terribles. La martre, la fouine, le tigre, l'hyène, qui massacrent et qui tuent tout autour d'eux, ne lui sont aucunement comparables ; ils font, il est vrai, couler le sang indépendamment de tout besoin d'alimentation, ils tuent pour le plaisir de tuer, mais leur instinct infatigable, aveugle et presqu'automatique, ne fait pas autre chose que de donner rapidement la mort ; circonstance bien remarquable sur laquelle je reviens pour la seconde fois et dont j'ai promis de dire un mot à mes auditeurs, tandis que dans les circonstances dont nous allons parler, l'homme n'a voulu et ne veut la mort de ses victimes, qu'après avoir usé leur sensibilité, à force de tortures et de douleurs, qu'après avoir épuisé sur elles, toutes les combinaisons destructives d'une tête horriblement infernale.

Quoi qu'il en soit, Messieurs, du récit véridique de tant d'atrocités, n'allez pas croire néanmoins que l'homme soit naturellement altéré du sang de ses semblables, n'allez pas croire que naturellement l'odeur et le goût lui en plaisent et qu'il soit cannibale de constitution. Non, l'homme est un être bienveillant, affectueux, sensible, noble, consciencieux et vénérant ; et toutes ces qualités de sa grande et belle âme, se révoltent et s'indignent contre une pareille supposition. Indépendamment de ce que je vous ai déjà dit et de ce que je dois vous dire encore à ce sujet, je n'en veux d'autre preuve en ce moment que le cri d'exécration jeté par l'humanité tout entière, contre tous ces êtres affreux qui en violation flagrante de toutes les lois de la nature, se sont fait les bourreaux et les assassins de leur propre espèce.

Une autre démonstration, tout à l'appui de notre opinion, et par conséquent tout à l'honneur de l'humanité, ressortira également, Messieurs, de tous ces faits historiques, et j'éprouve ici une bien douce satisfaction à vous l'apprendre par avance, c'est que, à part certains vices d'organisation, certaines monstruosités de naissance, l'instinct de la destructivité ne dépasse jamais le but de son institution, sans que l'homme soit sous la domination exclusive d'un ou de plusieurs sentimens ou penchans inférieurs, sans qu'il soit par le fait de leur exaltation démesurée, dépossédé en quelque sorte de lui-même, ou sans qu'il soit au milieu des circonstances les plus défavorables à la culture de son intelligence et à l'ennoblissement de son âme. Vous le verrez, Messieurs, les hommes qui, individuellement ou collectivement, ont fatigué leur tête à inventer des supplices, qui ont donné mille et mille morts pour une à leurs frères, et qui se sont extasiés dans leur agonie, ne peuvent point être considérés comme les représentans de leur espèce. Ce serait vouloir à plaisir avilir et calomnier notre nature que de la rendre comptable des désordres et de l'abus des facultés qui lui ont été départies.

En ce sens, nous serions tous originellement

portés au mal ; en ce sens, aucune faculté ne serait en elle-même et primitivement bonne; autant
vaudrait-il, généralisant sur elles toutes des observations particulières, qui s'expliquent ou par
une aberration exceptionnelle de la nature, ou le
malheur d'un mauvais entourage et d'une mauvaise éducation première ; autant, dis-je, vaudrait-il soutenir, témoin de leurs écarts, que naturellement l'amour physique porte à une luxure
effrénée ; que l'amour des enfans conduit aux
plus indignes condescendances ; que l'attachement et l'amitié ne font que des méchans et des
ingrats ; que le courage est une forfanterie ridicule ; que l'esprit d'ordre et d'économie est une
infernale cupidité, que l'esprit, le tact et le savoir-
faire sont de la ruse et de la dissimulation ; que
la vénération est du fanatisme, la bienveillance
un travers, l'idéalité du pathos, la causalité de
la métaphysique ; qu'en un mot les vrais caractères de l'humanité se révèlent tout entiers, dans
les faits qui sont en dehors de sa propre constitution.

Observons d'abord les mouvemens de cet
instinct chez quelques sujets réduits à l'idiotisme moral et intellectuel ; car vous savez,
Messieurs, que l'idiotisme est rarement complet, et que chez une foule d'idiots, les pen-

chans et les sentimens des brutes, au nombre desquels se trouve la destructivité, possèdent ordinairement une grande énergie native ; signalons donc dans sa spontanéité, le jeu de cette faculté ; par conséquent considérons - la , abstraction faite de toute excitation du dehors, voyons-la agir sans autre intérêt que le plaisir de son activité ; voyons-la se satisfaire sur les premiers êtres qui s'offrent devant elle ; agissant pour agir, sans colère, sans vengeance, sans acception de personnes, sans provocation, sans délibération, par nécessité de vie et d'organisation, tuant pour tuer et par absence de toute intelligence et de toute réflexion, incapable d'avoir par elle-même le sentiment de son application, et toujours disposée à répéter automatiquement et fatalement ses mouvemens dangereux.

Dans un mémoire compte rendu du service de mon hôpital, au conseil général de l'administration des hospices, inséré dans le journal de la société phrénologique, j'ai, en 1833, appelé l'attention sur un certain nombre d'idiots qui me présentaient cette particularité d'organisation et de manifestations, et qui quelquefois même, à défaut de personnes ou de choses autour d'eux, épuisaient sur eux-mêmes leur aveugle férocité.

Il n'y a pas d'ailleurs d'ouvrage un peu complet sur les maladies mentales qui ne renferme plusieurs faits du même ordre ; j'y renvoie mes auditeurs pour ne pas surcharger ce cours de détails inutiles. Je ferai seulement remarquer que chez ces idiots, l'étroitesse et l'aplatissement des parties antérieures et supérieures du cerveau, contrastait étonnamment avec le développement des parties latérales et postérieures du même organe. La tempe, précisément au-dessus du conduit auditif, formait surtout une saillie hors de proportion avec tout le reste de l'encéphale.

Sous le rapport des incitations violentes de la destructivité, nous trouvons au-dessus de ces malheureux quelques autres sujets exceptionnels. Ils ne sont pas néanmoins privés par la nature des moyens de comprimer les emportemens de cette faculté ; mais les qualités d'un ordre supérieur sont encore si faiblement développées chez eux, que pour peu qu'ils aient été mal placés, mal entourés dans le monde extérieur, pour peu qu'on n'ait point éclairé leur intelligence et cultivé leurs sentimens moraux, leur naturel féroce ne tarde pas à se manifester, et à les exposer à compromettre presqu'à chaque instant leurs intérêts ainsi que ceux de la société.

Il faut ranger dans cette catégorie, qui, en raison de son organisation cérébrale mal pondérée et

des vices de son éducation, ne compte point dans
l'espèce, malgré les maux qu'elle a pu faire, la
plupart de ces scélérats vulgaires ou titrés, qui,
non contens d'employer le poison, le fer et le feu
pour arriver à satisfaire impunément leur animalité grossière, ont manifesté l'inclination sanguinaire de tourmenter et de tuer sans nécessité.

Voici un fait curieux communiqué au docteur Gall, par M. Serrurier, magistrat à Amster-
dam : « Au commencement du siècle dernier,
» plusieurs meurtres furent commis en Hollande
» sur la frontière du pays de Clèves. L'auteur de
» ces crimes fut long-temps inconnu ; enfin un
» vieux ménétrier qui avait coutume d'aller jouer
» du violon à toutes les noces des environs, fut
» soupçonné d'après quelques propos que tinrent
» ses enfans. Traduit devant le magistrat, il avoua
» trente-quatre meurtres et assura qu'il les avait
» commis sans cause d'inimitié, sans intention de
» voler, mais seulement parce qu'il y trouvait un
» plaisir extraordinaire. »

Louis XV, dit M. de Lacretelle (*Histoire de
France*, T. II, page 59), avait une aversion bien
fondée pour un frère de M. le duc de Bourbon-
Condé, le comte de Charolais, prince qui eût rap-
pelé tous les crimes de Néron, si le malheur des
peuples eût voulu qu'il occupât un trône. Dans

les jeux même de son enfance, il trahissait un instinct de cruauté qui faisait frémir. Il se plaisait à torturer des animaux, ses violences envers ses domestiques étaient féroces ; on prétend qu'il aimait à ensanglanter ses débauches et qu'il exerçait diverses sortes de barbarie sur les courtisanes qui lui étaient amenées. La tradition populaire, d'accord avec quelques mémoires, l'accuse de plusieurs homicides ; il commettait des meurtres sans intérêt, sans vengeance, sans colère. Il tirait sur des couvreurs, afin d'avoir le barbare plaisir de les voir précipiter du haut des toits.

Ce n'est pas tout, Messieurs, observez particulièrement ces mêmes hommes, lorsqu'ils sont assis sur le trône, lorsqu'aucune loi ne les arrête et qu'aucune considération ne met un frein à leur fureur ; voyez Caligula qui fait couper la langue aux innocens, qui les fait dévorer par des bêtes féroces, et qui force les parens d'assister au supplice de leurs proches ; qui s'amuse à faire donner la question à une foule de malheureux, qui porte la rage jusqu'à dire qu'il eût voulu que le peuple romain n'eût qu'une tête, afin de pouvoir la couper d'un seul coup ; qui fait nourrir d'hommes vivans, les bêtes sauvages réservées aux spectacles ; dont les vœux les plus ardens avaient pour objet la famine, la peste, l'incendie, un tremblement de terre, la perte d'une de ses armées..... Voyez Néron qui fait empoisonner son frère et massacrer sa mère, qui passe la nuit dans les lieux de débauche, suivi d'une jeunesse effrénée avec laquelle il bat, vole et tue, qui sacrifie à sa fureur Octavie sa femme, Burrhus, Sénèque, Lucain, Pétrone, Poppée sa maîtresse ; qui fait mettre le feu aux quatre coins de Rome et monte sur une tour fort élevée, pour jouir à son aise de ce terrible spectacle ; qui désire voir brûler le monde entier ; qui fait enduire de cire et d'autres matières combustibles, les chrétiens et les fait brûler la nuit, disant qu'ils serviraient de flambeaux ; qui forme le projet de faire massacrer tous les gouverneurs des provinces et tous les généraux de l'armée, de faire périr tous les exilés, de faire égorger tous les Gaulois qui étaient à Rome, d'empoisonner le Sénat entier dans un repas, de brûler Rome une seconde fois, et de lâcher en même temps dans les rues, les bêtes féroces réservées pour les spectacles, afin d'empêcher le peuple d'éteindre le feu.

Voyez un Louis XI, fils ingrat et dénaturé, dont le père mourut de la crainte que son enfant ne le fît mourir ; il ne veut gouverner que par la terreur, et regarde la France comme un pré qu'il peut faucher tous les ans et d'aussi près qu'il lui plaît. Peu de tyrans ont fait mourir plus de citoyens par la main du bourreau, et par des supplices plus recherchés. Les chroniques du temps comptent quatre mille sujets exécutés sous son règne en public ou en secret. En faisant donner la torture aux criminels, il se tenait derrière une jalousie..... On ne voyait que gibets autour de son château, il assistait lui-même à l'exécution de ses vengeances, toujours couvert de reliques et d'images, portant à son bonnet une Notre-Dame de plomb; il lui demandait pardon de ses assassinats et en commettait toujours de nouveaux.

Voyez les Sylla, les Tibère, les Domitien, les Marcus Caïus, les Aurélien, les Caracalla, les Septime Sévère, les Henri VIII, les Catherine de Médicis.

Voilà, Messieurs, des faits incontestables et heureusement encore assez rares; mais, faites-y bien attention, l'histoire ancienne et l'histoire moderne en font foi, tous ces individus à instinct de meurtre prédominant, avaient encore en eux d'autres penchans inférieurs puissans, qui pour leurs satisfactions égoïstes et anti-sociales, sollicitaient à tout moment les manifestations terribles de la destructivité; et ils s'y abandonnaient avec d'autant plus d'impétuosité, que les facultés caractéristiques de notre espèce, que les sentimens humains étaient faiblement développés chez eux ou qu'ils étaient restés sans culture, si toutefois on ne s'était point criminellement appliqué à les étouffer, ou à les maintenir sans énergie, sans force et sans besoin dans leur tête.

D'après l'explication toute naturelle que je viens de donner des excès sanguinaires auxquels se sont laissé entraîner les individus dont j'ai cité les noms, après avoir avec raison rejeté l'horreur de ces atrocités sur une organisation défectueuse, ou sur les vices de l'éducation première, ou encore, comme je l'ai fait entendre, sur le défaut de contre-poids dans le monde extérieur, quelques personnes me demanderont sans doute, comment j'explique une foule de cruautés commises par des individus en faveur desquels on ne peut invoquer ni l'une ni l'autre de ces causes déterminantes d'action ; et, dans l'impossibilité où elles s'imaginent que je suis de pouvoir donner de tous ces faits une solution satisfaisante pour la grandeur et la bonté originelle de l'espèce humaine, elles vont, l'histoire à la main, me démontrer tout-à-l'heure, si je ne me hâte de prévenir leurs interprétations, que la prédominance de telle ou telle partie du cerveau, sur telle ou telle autre partie, n'a point de signification; qu'avec un cerveau moyen dans sa forme, sa circonférence,

sa hauteur, sa largeur et son poids, les manifestations sont absolument les mêmes que chez les
sujets signalés comme exceptionnels, et qu'en conséquence, c'est chose ridicule et plaisante à la fois,
de vouloir rattacher à telle et telle configuration
bien dessinée de l'encéphale et du crâne, tel et tel
ordre de facultés instinctives, intellectuelles
ou morales; que relativement au sens du meurtre, les abus en sont aussi nombreux chez les têtes
sans renflement bi-temporal, que chez celles qui
le présentent au plus haut degré de développement.

Gall et Spurzheim, Messieurs, et bien long-temps
avant eux les pères de l'église, les philosophes de
l'antiquité, les moralistes, les idéologues et tous
les grands observateurs, ont reconnu qu'en général l'homme naissait avec une grande médiocrité
de forces morales et intellectuelles, que chaque
individu, pour me servir des expressions de Montaigne, avait en lui la forme entière de l'humaine
condition, mais qu'en raison du peu de puissance native de ses facultés, il était en quelque
sorte dans un état d'indifférence qui le plaçait
sous l'incessante stimulation du monde extérieur,
et qui le mettait par cela même, à la merci du premier homme ou de la première corporation qui
savait, qui voulait et qui pouvait exploiter ses dis-

positions générales. Aujourd'hui, comme autrefois, les différences dans les degrés de force et d'énergie de quelques-unes de nos facultés ne sont ni assez nombreuses ni assez considérables pour se refuser à un nivellement commun; elles peuvent faire des exceptions, mais par cela même, elles légitiment les vues d'ensemble de la politique. C'est pour cette masse humaine que l'on a calculé les institutions, et vous l'avez vue dans tous les temps, malléable et modifiable, devenir ce que les influences des hommes et des choses ont nécessité qu'elle fût.

Comme vous le voyez, Messieurs, pour me servir d'une expression consacrée, le tout est dans le tout. L'homme moyen forme l'espèce, il est apte à toutes choses, il est bon, il est méchant, il est intelligent, il est ignorant, il est religieux, il est fanatique, il est moral, il est dissolu, il est exterminateur et guerrier, suivant les circonstances, les incitations, les exemples et les temps; par la diversité de ses facultés il répond largement à la diversité des appels. Dans le cercle habituel de ses relations, dans son individualité, c'est toujours le même être, apte à toutes choses, sensible par tous les points de l'âme humaine, éminemment propre surtout à répondre aux excitations du dehors, et dans l'état d'imperfection où il est encore aujourd'hui, aussi peu maître de lui-même que des autres. Il entre donc presque toujours en action sous l'impression, sous l'animation des objets extérieurs, et il fait alors le bien et le mal, suivant l'ordre des facultés qui sont en mouvement dans sa personne et qui l'éclairent, qui l'arrêtent ou qui le poussent dans sa détermination.

Relativement au meurtre, le fond tranquille de son caractère, la forme commune de sa tête et les habitudes de sa vie tout entière, le démontrent évidemment. Il ne tue pas pour le plaisir de tuer; la faculté n'agit point pour elle-même, il lui faut des sollicitations bien nombreuses et bien puissantes, pour s'exercer en dehors de son emploi naturel et légitime. On a été de mauvaise foi, on n'a pas voulu comprendre Gall et Spurzheim, ils n'ont jamais dit qu'en raison de l'instinct carnassier, de la destructivité, l'homme fût invinciblement porté au meurtre de l'homme. Ils n'ont même jamais dit qu'en raison de la prédominance de cet instinct chez quelques individus, il y eût également nécessité du meurtre, fatalité du meurtre; ils l'ont répété cent et cent fois, cette fureur homicide, cette rage de destruction ne s'observe que chez les êtres incomplets dont j'ai parlé; chez certains idiots et chez quelques aliénés, ou chez les êtres doublement exceptionnels qui, avec un penchant natif

trop prononcé, ont encore eu le malheur de vivre
et de se développer, ainsi que les annales de l'histoire et des cours d'assises en font foi, au milieu
des circonstances extérieures les plus capables
d'effacer dans l'homme ses caractères distinctifs,
les plus capables de pervertir ou d'obscurcir son
intelligence, d'abattre ou d'étouffer ses sentimens
moraux.

Qui pousse donc cependant l'homme moyen,
l'homme ordinaire, l'homme sans prédisposition,
à faire couler sous sa main le sang de l'homme? Messieurs, je le dirai toujours, il ne veut point le boire et
naturellement il n'en a pas la soif. Mais enfin, pourquoi le voyons-nous si fréquemment donner la
mort; n'est-ce pas lui qui a couvert la terre des os-
semens de ses semblables? Messieurs, je vais vous
le dire, l'homme tue parce que les passions qui
l'agitent, lui empêchent d'écouter la voix de la
raison et de l'humanité, et le jettent en dehors
des voies de sa propre nature. N'allez pas croire
qu'il tue seulement pour se livrer au vol et au
brigandage, ne vous mettez point non plus en
tête qu'il tue seulement pour la satisfaction de ses
vengeances ou de sa vanité blessée ; Messieurs,
tout porte l'homme au meurtre lorsqu'il n'est point
éclairé, lorsqu'il n'est point ennobli, lorsqu'il n'est
point complet ; il tue, quand il est dans l'en-

fance et l'ébauche de son espèce, quand la force matérielle et brutale est la seule puissance de son être et de son temps, quand il ne connaît aucune de ses obligations morales, qu'il est fanatique et superstitieux ou imbécille, ce qui est à peu près la même chose; que par conséquent, presque en tous lieux, réduit à la simple animalité, il ne peut guère avoir pour sa propre défense un autre ordre de manifestations sans devenir la proie de ses semblables; il tue par amour et par jalousie, par ambition, et pour assurer son pouvoir; il tue, par circonspection, par bienveillance; et par indignation, en allant au secours de l'homme qu'on assassine; il tue, par gourmandise, témoins les Romains qui, pour donner à la chair de leurs poissons une saveur plus délicate, jetaient des hommes vivans dans les viviers qui les renfermaient; il tue même pour venger le dieu qu'il a fait à son image.

Voilà, Messieurs, comment il se fait que sans instinct sanguinaire prononcé, sans férocité naturelle, sans entraînement et sans séduction de la faculté même, sans proéminence aux deux tempes, l'homme est cependant à tout moment exposé à verser le sang de l'homme. La puissance innée de destruction vit en lui, mais elle est calme par elle-même, et elle ne sort de son rôle habituel, que du moment où les excitations répétées des autres facultés, viennent extraordinairement et violemment en allumer la fièvre et en exciter les transports.

En résumé, Messieurs, l'homme étant omnivore, devait sans aucune hésitation puiser son alimentation dans tous les règnes de la nature ; il devait, sous peine d'anéantissement, défendre sa vie contre toute agression étrangère ; mais du moment qu'il a dépassé ou qu'il dépasse ces pouvoirs, il est tombé et il tombe dans l'abus et l'animalité. Aussi, en lisant l'histoire de l'Europe, remarque-t-on que c'est plus particulièrement dans des temps d'ignorance et d'abrutissement et à des époques où l'espèce humaine était privée de ses plus beaux attributs, qu'une faculté précieuse donnée pour sa conservation, s'est changée chez elle en férocité brutale, et qu'on a eu le plus fréquemment à en déplorer les égaremens et les fureurs.

Maintenant que vous avez une explication nette et positive, que vous savez comment l'homme moyen se passionne sous les excitations du dehors, et les sollicitations de ses autres facultés ; comment il arrive, dans le bien et dans le mal, à se mettre au niveau des âmes les plus ardentes et les plus vibratiles par elles-mêmes ; maintenant que vous savez combien peu il s'appartient et avec quelle promptitude il arrive à faire les choses les plus en opposition avec sa propre nature, il ne sera pas

sans intérêt de rechercher quelles sont ordinairement dans sa tête ou dans la tête de ceux qui l'in-
fluencent, les facultés qui mettent si terriblement
en jeu le sens du meurtre ou de la destructivité.

C'est ici, Messieurs, que je devais placer, en indi-
quant les sources où j'ai puisé, le récit des atrocités
dont je ne voulais point tout d'abord vous épargner
les détails; mais indépendamment du sentiment pénible qui m'oppresse et que je suis bien aise de ne
pas prolonger, je ferais en cette circonstance, eu
égard à vos connaissances historiques, un énorme
travail en pure perte; car j'ai dans mes cartons
et dans ma mémoire, en faits de ce genre, plus de
deux gros volumes in-8°. Je vous renvoie donc aux
livres de l'histoire, et en les relisant avec quelqu'attention, il vous sera facile d'y voir, comme je l'ai vu
moi-même, que l'homicide en masse ou en détail,
a surtout été le résultat de la cupidité, de l'esprit
de domination ou de la vanité.

Les prétendues guerres de religion n'ont été
bien souvent, non plus, qu'un prétexte pour se
disputer les honneurs, les places, les priviléges
et les gouvernemens de ce monde. La plupart
des grands meneurs n'étaient point fanatiques,
ils exploitaient seulement, au bénéfice de leurs
intérêts, l'ignorance, le fanatisme et la superstition du peuple. Les massacres de la Saint-

Barthélemy, entre autres assassinats, tenaient tout simplement aux inquiétudes que donnait à la cour de Rome le parti protestant qui chaque jour prenait de l'influence en Europe ; et ce qu'il y a de particulier et de vraiment déplorable dans toutes ces circonstances, c'est que les masses qui se ruent les unes contre les autres, qui se tuent et s'égorgent à l'envi, s'imaginent être des anges exterminateurs. Dans leur zèle frénétique, elles croient que leur œuvre de sang est agréable à Dieu ; elles sont homicides, mais elles le sont saintement et dans la meilleure intention du monde.

En vérité, Messieurs, devant tant de candeur et de bonne volonté pour le bien, devant une foi si robuste, un désintéressement si complet, un dévouement si furieux, on ne sait à quels mouvemens de l'âme s'abandonner ; de pareils fébricitans remuent toutes les fibres du cœur humain. Néanmoins les ténèbres de leur esprit, le nombre et la noblesse de leurs motifs, leur abnégation enfin, trouvent grâce devant la justice, la bienveillance et la raison. On sent et on est convaincu qu'il n'y a point de criminalité dans leurs actes, qu'ils n'obéissent à aucun sentiment égoïste, qu'ils n'ont aucun instinct féroce à satisfaire, et qu'ils rentrent tout simplement dans la foule de ce peuple qui, sans inclination pour le mal, sans vocation décidée pour le bien, sans génie et sans stupidité, incomplet par défaut ou par vice de culture, a tout justement en lui tout ce qu'il faut pour répondre aveuglément à l'exigence des facultés bonnes ou mauvaises des hommes énergiques qui les circonscrivent de toutes parts.

Cette similitude dans l'organisation et les manifestations de l'espèce humaine, cette aptitude à se monter au diapazon des têtes puissantes et passionnées qui sont au milieu d'elle ; ce langage qu'on lui dicte, ces couleurs qu'on lui fait emprunter, ces mouvemens si terribles et si prompts, qui sont toujours aussi le résultat d'une influence extérieure, cette existence tantôt si dramatique, et tantôt si végétative, ces actions si éclatantes et si belles, et quelquefois si laides et si détestables ; toute cette manière d'être de la foule humaine, non seulement, Messieurs, peut nous servir à déverser sur qui de droit la plus grande partie de la moralité ou de la criminalité de ses actes, mais relativement aux abus de la destructivité, elle peut nous servir encore à donner la solution d'une question pendante depuis bien des siècles devant l'humanité ; elle peut nous servir à faire triompher en faveur du peuple, une opinion opposée à celle qui est, ou qui paraît être généralement accréditée chez les savans ; je veux parler de l'idée que l'on s'est faite en tous lieux, de son instinct féroce et destructeur, et il me sera facile de démontrer que dans cet ordre de manifestations, les honneurs du premier rang ne sauraient incontestablement lui appartenir.

Voici, Messieurs, comment un homme excellent que vous connaissez tous, un membre de l'Institut, Charles Nodier, encore tout ému des horreurs de 93, dont il a été le témoin dans les premiers temps de sa vie, résumait et présentait dernièrement cette pensée : « L'espèce antropo-
» phage est toujours la même en dépit de son
» prétendu perfectionnement ; bigotte elle mange
» des incrédules, incrédule elle mange des prê-
» tres, il n'y a de nouveau que le menu du festin.
» Les goules populaires qui déterrèrent le maré-
» chal d'Ancre pour le dévorer, auraient été très
» dignes de participer à la curée de septembre
» sur le cadavre de la princesse de Lamballe.
» Il y a quatre ans qu'elles demandaient du
» ministre, et si on ne les musèle pas, elles en
» demanderont demain ; toute l'histoire des peu-
» ples est écrite en grosses lettres et imprimée
» avec du sang dans l'histoire des cannibales.

Certes, Messieurs, aucun de nous ne veut, ni ne peut se rendre l'apologiste de tous les excès aux-

quels le peuple s'est laissé et se laisse encore journellement entraîner. Anathème et malédiction sur
les septembriseurs et consorts, ainsi que sur toutes
les bêtes fauves à face humaine, soit qu'ils aient
donné l'impulsion, soit qu'ils l'aient reçue ; les
motifs les plus nobles, les intentions les meil-
leures ne légitiment point le massacre et l'assassinat.

Mais distinguons bien toujours chez les meneurs
les prétextes des causes mêmes de l'action. Le nom
de Dieu qu'ils ont l'air d'invoquer, l'amour du
bien public dont ils parlent à chaque instant, servent presque toujours de voile à leurs secrets motifs. Dans toutes ces circonstances seulement, l'hypocrisie rend un hommage à la vertu ; on n'ose
pas avouer, proclamer le but que l'on se propose.
Si les satisfactions d'ordre inférieur que l'on ambi-
tionne étaient connues, elles n'exciteraient dans
la masse aucune sympathie, on n'arriverait à aucun
résultat, elles ne transporteraient point l'homme
hors de lui-même, elles n'en feraient point un
prodige, un géant. On peut le tromper, mais
comme il agit toujours consciencieusement, il lui
faut le concours et l'animation de ses plus hautes
facultés ; il faut toucher les fibres les plus nobles
et les plus élevées de son cerveau, pour le déterminer dans l'aveuglement de son esprit et sa no-

ble confiance, à servir chaleureusement les plus ignobles passions.

Quant à savoir à qui donner la prééminence en fait d'excès ou d'abus, ou de puissance active dans le sens du meurtre et de la destruction, je la dénie formellement aux goules populaires; il est bien vrai que lorsqu'elles sont animées, elles ressemblent aux furies et n'épargnent rien autour d'elles; il est bien vrai que leur passage est celui d'un torrent destructeur; mais soit qu'elles servent d'instrument, soit qu'elles se mettent en mouvement, par et pour elles-mêmes, et qu'elles se lèvent contre leurs oppresseurs, remarquez bien, Messieurs, leur manière d'agir et la nature de leur exaltation. Elles ont alors la colère du lion, elles rugissent, elles exterminent, elles foudroient; dépossédées momentanément de leurs facultés humaines, elles sont dans les manifestations de la brute; elles tuent comme les carnassiers, elles donnent une mort prompte et sans agonie. Quelquefois, rarement, dans l'ivresse du carnage, on les verra insulter au cadavre de la victime, le fouler aux pieds, le traîner dans les rues, disséminer dans les carrefours ses membres palpitans, porter au bout d'une pique sa tête ensanglantée, etc., etc. Mais c'est une rage aveugle qui s'épuise et s'apaise sur un corps insensible; c'est un mouvement violent, désordonné, extraordinaire, qui ne prend pas sa source dans la réflexion, qui va cesser par son excitation même; c'est une fièvre, un transport qui ne peut point rentrer dans les dispositions normales d'un peuple, et dont on ne peut raisonnablement arguer pour arrêter les progrès de la civilisation.

A qui donc les honneurs de la destructivité? Messieurs, ils sont à tous ceux qui au faîte du pouvoir, sans exaltation d'aucun sentiment élevé dans la tête, remarquables par leur intelligence, ont froidement, systématiquement, fait périr dans les tortures et à petit feu, les hommes qu'ils avaient dans leur puissance; les honneurs en sont dus à ceux qui prolongeaient, variaient et dirigeaient les supplices de telle manière que les patiens pussent un grand nombre de fois se sentir douloureusement mourir. Sous ce rapport, les goules populaires, en dévorant leur proie, sont restées dans l'animalité vulgaire; les autres goules, et particulièrement les goules de la sainte inquisition, ont démontré sans conteste que l'homme qui calcule et qui médite, peut, en tout genre, avoir une immense supériorité de manifestations sur l'homme abandonné à l'aveugle et sauvage énergie de son instinct.

PENCHANT AU MEURTRE DANS LA MANIE.

« A Berlin, M. Mayer, chirurgien d'un régiment, nous montra, en présence de MM. Heim, Formey, Gœricke et autres, un soldat à qui le chagrin d'avoir perdu sa femme qu'il aimait tendrement, avait beaucoup affaibli le corps, et occasionné une irritabilité excessive. Il finit par avoir tous les mois un accès de convulsions violentes. Il s'apercevait de leur approche ; et comme il ressentait par degrés un penchant immodéré à tuer, à mesure que l'accès était près d'éclater, il suppliait alors avec instance qu'on le chargeât de chaînes. Au bout de quelques jours, l'accès et le penchant fatal diminuaient, et lui-même fixait l'époque à laquelle on pourrait sans danger le remettre en liberté. » (Gall.)

« A Haina, nous vîmes un homme qui, dans certaines périodes, éprouvait un désir irrésistible de maltraiter les autres. Il connaissait son malheureux penchant, et se faisait tenir enchaîné jusqu'à ce qu'il s'aperçût qu'on pouvait le laisser libre.

» Un homme mélancolique assista au supplice d'un criminel. Ce spectacle lui causa une émotion si violente, qu'il fut saisi tout-à-coup du désir le plus véhément de tuer, et en même temps il conservait l'appréhension la plus vive de commettre un tel crime. Il dépeignait son déplorable état en pleurant amèrement et avec une confusion extrême. Il se frappait la tête, se tordait les mains, se faisait à lui-même des remontrances, et criait à ses amis de se sauver. Il les remerciait de la résistance qu'ils lui opposaient. » (GALL.)

M. Pinel parle d'un individu dont la manie était périodique, et dont les accès se renouvelaient régulièrement après des intervalles de calme de plusieurs mois. « Leur invasion s'annonçait, dit-
» il, par le sentiment d'une chaleur brûlante
» dans l'intérieur de l'abdomen, puis dans la poi-
» trine, et enfin à la face ; alors rougeur des joues,
» regard étincelant, forte distension des veines et
» des artères de la tête, enfin fureur forcenée
» qui le portait avec un penchant irrésistible à
» saisir un instrument ou une arme offensive pour
» assommer le premier qui s'offrait à sa vue,
» sorte de combat intérieur qu'il disait sans cesse
» éprouver entre l'impulsion féroce d'un instinct
» destructeur, et l'horreur profonde que lui ins-
» pirait l'idée d'un forfait. Nulle marque d'éga-
» rement dans la mémoire, l'imagination ou le ju-
» gement. Il me faisait l'aveu, durant son étroite
» réclusion, que son penchant pour commettre
» un meurtre était absolument forcé et involon-
» taire ; que sa femme, malgré sa tendresse pour

» elle, avait été sur le point d'en être la victime,
» et qu'il n'avait eu que le temps de l'avertir de
» prendre la fuite. Tous ses intervalles lucides
» ramenaient les mêmes réflexions mélancoli-
» ques, la même expression de ses remords, et
» il avait conçu un tel dégoût de la vie, qu'il
» avait plusieurs fois cherché, par un dernier
» attentat, à en terminer le cours. Quelle rai-
» son, disait-il, aurais-je d'égorger le surveil-
» lant de l'hospice qui nous traite avec tant d'hu-
» manité ? Cependant, dans mes momens de
» fureur, je n'aspire qu'à me jeter sur lui comme
» sur les autres, et à lui plonger un stylet dans
» le sein. C'est ce malheureux et irrésistible pen-
» chant qui me rend au désespoir, et qui me fait
» attenter à ma propre vie. » (*Sur l'aliénation
mentale*, deuxième édition, p. 102 et 103, §
117.)

« Un autre aliéné éprouvait des accès de fu-
» reur qui avaient coutume de se renouveler
» périodiquement pendant six mois de l'année.
» Le malade sentait lui-même le déclin des
» symptômes vers la fin de l'accès, et l'époque
» précise où on pouvait sans danger lui rendre
» la liberté dans l'intérieur de l'hospice. Il de-
» mandait lui-même qu'on ajournât sa délivrance,
» s'il sentait ne pouvoir dominer encore l'aveu-

» gle impulsion qui le portait à des actes de la
» plus grande violence. Il avoua, dans ses inter-
» valles de calme, que durant ses accès, il lui
» était impossible de réprimer sa fureur ; qu'a-
» lors, si quelqu'un se présentait devant lui, il
» éprouvait, en croyant voir couler le sang
» dans les veines de cet homme, le désir irré-
» sistible de le sucer, et de déchirer ses mem-
» bres à belles dents, pour rendre la succion
» plus facile. » (*Ibid.*, p. 283, 284, § 239.)

« Un paysan né à Krumbach, en Souabe, âgé
de vingt-sept ans, et célibataire, était sujet depuis
l'âge de huit ans à de fréquens accès d'épilepsie.
Depuis deux ans, sa maladie a changé de caractère, sans qu'on puisse en alléguer de raison ; au
lieu d'accès d'épilepsie, cet homme se trouve depuis cette époque attaqué d'un penchant irrésistible à commettre un meurtre. Il sent l'approche
de l'accès quelquefois plusieurs heures, quelquefois un jour entier avant son invasion. Du moment
où il a ce pressentiment, il demande avec instance
qu'on le garrote, qu'on le charge de chaînes pour
l'empêcher de commettre un crime affreux. «Lorsque cela me prend, dit-il, il faut que je tue, que
j'étrangle, ne fût-ce qu'un enfant. » Sa mère et
son père, que du reste il chérit tendrement,
seraient dans ses accès les premières victimes de

son penchant au meurtre. « Ma mère, s'écrie-t-il d'une voix terrible, sauve-toi, ou il faut que je t'étouffe. »

» Avant l'accès, il se plaint d'être accablé par le sommeil, sans cependant pouvoir dormir; il se sent très abattu et éprouve de légers mouvemens convulsifs dans les membres. Pendant ses accès, il conserve le sentiment de sa propre existence; il sait parfaitement qu'en commettant un meurtre il se rendrait coupable d'un crime atroce. Lorsqu'on l'a mis hors d'état de nuire, il fait des contorsions et des grimaces effrayantes, chantant tantôt et parlant tantôt en vers : l'accès dure d'un à deux jours. L'accès fini, il s'écrie : « Déliez-moi : hélas ! j'ai cruellement souffert, mais je m'en suis tiré heureusement puisque je n'ai tué personne. » (GALL.)

M. Fodéré cite aussi des exemples de la grande activité du penchant au meurtre dans la manie, entre autres un jeune homme âgé de vingt-cinq ans, qui avait porté plusieurs fois des mains parricides sur son respectable père, et qui était enfermé pour cela dans une maison de fous; il était toujours fort propre de sa personne, et paraissait très sensé; ce qui me fit entreprendre, dit M. Fodéré, d'exciter en lui quelques remords, mais il ne voulut jamais convenir de l'énormité de son crime, et il me mesura fort souvent pour me frapper, tout en ayant des manières extrêmement polies.

Jamais ce penchant n'a un caractère plus atroce que lorsqu'il est accompagné de visions. M. Pinel cite l'exemple suivant : « Un ancien » maire, dont la raison avait été égarée par la » dévotion, crut, une certaine nuit, avoir vu » en songe la Vierge entourée d'un chœur d'es- » prits bienheureux, et avoir reçu l'ordre ex- » près de mettre à mort un homme qu'il traitait » d'incrédule : ce projet homicide eût été exé- » cuté, si l'aliéné ne se fût trahi par ses propos, » et s'il n'eût été prévenu par une réclusion sé- » vère. » (*Sur l'aliénation mentale*, deuxième édition, p. 165, § 163.) Le même auteur parle aussi d'un vigneron crédule, dont l'imagination fut si fortement ébranlée par le sermon d'un missionnaire, qu'il croyait être condamné aux brasiers éternels, et ne pouvoir empêcher sa famille de subir le même sort que par ce qu'on appelle le *baptême de sang*, ou le martyre. « Il » essaya d'abord de commettre un meurtre sur » sa femme, qui ne parvint qu'avec la plus » grande peine à échapper de ses mains ; bien- » tôt après, son bras forcené se porte sur deux » de ses enfans en bas âge, et il a la barbarie

» de les immoler de sang-froid pour leur pro-
» curer la vie éternelle ; il est cité devant les
» tribunaux, et durant l'instruction de son pro-
» cès, il égorge encore un criminel qui était
» avec lui dans le même cachot, toujours dans
» la vue de faire une œuvre expiatoire. Son alié-
» nation étant constatée, on le condamne à être
» renfermé pour le reste de sa vie dans les loges de
» Bicêtre. L'isolement d'une longue détention
» toujours propre à exalter l'imagination, l'idée
» d'avoir échappé à la mort, malgré l'arrêt
» qu'il suppose avoir été prononcé par les juges,
» aggravent son délire, et lui font penser qu'il
» est revêtu de la toute-puissance, ou, suivant
» son expression, qu'il est *la quatrième personne*
» *de la Trinité*, que sa mission spéciale est de
» sauver le monde par le baptême de sang, et
» que tous les potentats de la terre réunis ne
» sauraient attenter à sa vie. Son égarement est
» d'ailleurs partiel comme dans tous les cas de
» mélancolie, et il se borne à tout ce qui se
» rapporte à la religion ; car, sur tout autre
» objet, il paraît jouir de la raison la plus saine.
» Plus de dix années s'étaient passées dans une
» étroite réclusion, et les apparences soutenues
» d'un état calme et tranquille déterminèrent
» à lui accorder la liberté des entrées dans la

» cour de l'hospice avec les autres convales-
» cens. Quatre nouvelles années d'épreuves sem-
» blaient rassurer, lorsqu'on vit tout-à-coup se
» reproduire ses idées sanguinaires, comme
» un objet de culte ; et une veille de Noël, il
» forme le projet atroce de faire un sacrifice ex-
» piatoire de tout ce qui tomberait sous sa main ;
» il se procure un tranchet de cordonnier,
» saisit le moment de la ronde du surveillant,
» lui porte un coup par derrière qui glisse heu-
» reusement sur les côtes, coupe la gorge à deux
» aliénés qui étaient à ses côtés, et il aurait ainsi
» poursuivi le cours de ses homicides si on ne
» fût promptement venu pour se rendre maître
» et arrêter les suites funestes de sa rage effré-
» née. » (*Ibidem*, p. 119, 120, § 130.)

Il n'est pas invraisemblable qu'une cause pareille ait concouru à l'assassinat de Henri IV.
Ravaillac prit l'habit chez les Feuillans ; ses idées,
ses visions et ses extravagances le firent chasser
du cloître : accusé d'un meurtre sans pouvoir en
être convaincu, il échappa au châtiment. Quelques prédicateurs, transportés de fanatisme, en-
seignaient alors qu'il était permis de tuer ceux
qui mettaient la religion catholique en danger.
Ravaillac, né avec un caractère sombre et une
humeur atrabilaire, saisit avidement ces prin-

cipes abominables. Il prit la résolution d'assassi-
ner Henri IV, que son imagination échauffée lui
faisait regarder comme un fauteur de l'hérésie,
qui allait faire la guerre au pape. Il partit d'An-
goulême six mois avant son crime, dans l'intention, disait-il, de parler au roi et de ne le tuer
qu'autant qu'il ne pourrait pas réussir à le con-
vertir. Il se présenta au Louvre sur le passage du
roi à plusieurs reprises, fut toujours repoussé, et
enfin s'en retourna ; il vécut quelque temps *moins
tourmenté par les visions qui l'agitaient :* mais,
vers Pâques, il fut tenté avec plus de violence
que jamais d'exécuter son dessein ; il vient à Paris, vole dans une auberge un couteau qu'il trouva
propre à son exécrable projet, et s'en retourna
encore. Étant près d'Étampes, il cassa, entre
deux pierres, la pointe de son couteau dans un
moment de repentir, la refit presque aussitôt,
regagna Paris, suivit le roi pendant deux jours ;
enfin, toujours plus affermi dans son dessein, il
l'exécuta le 14 mai 1610.

« Je connais une femme de vingt-six ans, à
présent bien portante, qui était atteinte de la
même maladie (du penchant au suicide) ; elle a
eu successivement tous les symptômes de ce mal ;
elle éprouvait, surtout à l'époque des évacuations
périodiques, des angoisses inexprimables et la

tentation affreuse de se détruire, et de tuer son mari et ses enfans qui lui étaient infiniment chers. C'est en frémissant de terreur qu'elle peignait le combat qui se livrait dans son intérieur entre ses devoirs, ses principes de religion, et l'impulsion qui l'excitait à l'action la plus atroce. Depuis long-temps elle n'avait plus le courage de baigner le plus jeune de ses enfans, parce qu'une voix intérieure lui disait : Laisse-le couler, laisse-le couler. Souvent elle avait à peine la force et le temps nécessaire pour jeter loin d'elle un couteau qu'elle était tentée de plonger dans son propre sein, et dans celui de ses enfans. Entrait-elle dans la chambre de ses enfans et de son mari, et les trouvait-elle endormis ? l'envie de les tuer venait aussitôt la saisir. Quelquefois elle fermait précipitamment sur elle la porte de cette chambre, et elle en jetait au loin la clef, afin de n'avoir plus la possibilité de retourner auprès d'eux pendant la nuit, s'il lui arrivait de ne pouvoir résister à son infernale tentation. » (GALL.)

M. Falret a consigné, dans son excellent *Traité sur l'hypocondrie et sur le suicide*, plusieurs faits qui méritent d'autant plus d'être rapportés ici, qu'ils sont applicables à la législation criminelle :

PENCHANT AU SUICIDE, ET CONSÉCUTIVEMENT AU MEURTRE, A CAUSE D'UN JUGEMENT ERRONÉ SUR LA NATURE DU CRIME.

« Marguerite K..., jeune femme de vingt-trois ans, fut envoyée à la maison de correction d'Onolzbach, en septembre 1755, par suite de plusieurs délits dont elle s'était rendue coupable. Sa réception, comme c'est l'usage, fut suivie de mauvais traitemens et de coups. Le fouet dont on se servait pour cette cruelle expédition, la blessa vivement au sein gauche, et lui fit souffrir une douleur très aiguë. Ce traitement fit une si profonde impression sur son esprit, qu'elle commença à détester la vie, et, afin de s'en délivrer, elle se détermina à commettre un meurtre. Elle pensait qu'en agissant ainsi, il lui resterait assez de temps pour s'en repentir ; temps qu'elle n'aurait point si elle attentait à ses propres jours ; elle prémédita son dessein de *sang-froid*, et l'acplit sur une autre femme, ainsi qu'il suit :

» Un dimanche elle se plaignit d'un malaise, et demanda qu'on la dispensât d'assister au service divin. Une fille très simple, et à moitié imbécile, nommée Méderin, lui fut donnée pour garde. Marguerite persuada à cette fille qu'il n'y avait nul espoir pour elles d'être délivrées de leur misérable position, à moins qu'elles ne se décidassent à la mort. Elle lui proposa de se laisser tuer la première. Méderin accéda aisément à cette proposition, à la seule condition que sa camarade ne la ferait point souffrir. Marguerite accomplit donc sur Méderin son projet en lui coupant la gorge qu'elle lui tendait. Celle-ci reçut le coup avec une résignation parfaite.

» Lorsque Marguerite fut interrogée en justice sur le motif qui avait pu lui faire commettre cet horrible meurtre, elle répondit que c'était la crainte des coups et des souffrances qui l'attendaient dans cette maison de correction. Elle pensait en elle-même : « Si je m'ôte la vie, mon âme est perdue pour toujours ; mais si j'exerce le meurtre sur un autre, je ne perdrai pas moins la vie, mais j'aurai du temps pour me repentir, et Dieu me pardonnera. » Lorsqu'on lui demanda si elle n'avait point de haine contre la victime, ou si elle n'en avait pas reçu quelque mauvais office, elle répondit qu'elle n'avait à se plaindre d'aucune espèce d'injure de la part de cette compagne, qui, au contraire, venait ordinairement lui communiquer ses chagrins, la considérant comme son amie.

» Quand on lui demanda si elle avait dormi

paisiblement après avoir commis un acte si terrible, elle dit qu'elle avait prié Dieu avant de se mettre au lit; qu'elle avait bien dormi, et qu'à son réveil elle avait encore fait sa prière. Elle parut parfaitement calme et recueillie pendant l'interrogatoire, et jusqu'au moment où la nature de son crime lui fut expliquée; mais quand elle comprit que loin d'avoir pris la route du bonheur, elle avait attiré sur elle la colère éternelle de Dieu, elle se mit à pleurer amèrement. Le médecin qui l'assista rapporte son crime au désespoir, et au *tædium vitæ*, mais la loi ne se détermina point d'après son opinion. »

PENCHANT AU SUICIDE, ET CONSÉCUTIVEMENT AU MEURTRE, PAR FANATISME RELIGIEUX.

« Daniel Volkner était né à Friedlan, à six milles de Kœnisberg, en Prusse. Il perdit son père à l'âge de quatorze ans, et à cette époque on le mit en apprentissage chez un cordonnier. Son apprentissage terminé, il se rendit à Dantzick, avec le dessein d'exercer son métier; mais avant qu'il pût avoir assez d'ouvrage pour fournir à ses besoins, sa caisse de voyage, où étaient tous ses outils, lui fut dérobée. Comme il lui était impossible de travailler après ce vol, il s'enrôla pour seize ans au service de Sa Majesté danoise, et fut envoyé à Copenhague.

» Quoique, d'après son récit, Daniel Volkner eût beaucoup à souffrir de ses officiers, il remplit fidèlement son service durant le cours de seize années, puis il résolut de revoir son pays natal ; mais en s'y rendant il fit la rencontre d'un soldat retraité, maître cordonnier à Meybourg. Il s'arrangea avec cet homme ; mais l'ouvrage ne lui plaisant pas, il le quitta le premier jour. De là il entra dans un cabaret, et s'enrôla dans la cavalerie ; le 11 mars 1753, il fut incorporé au régiment de Wentherkein.

» Il paraîtrait que depuis cette époque jusqu'au 24 mai suivant, des idées de meurtre commencèrent à l'agiter, et malheureusement il semble aussi qu'elles devaient leur origine à un enthousiasme religieux. Ses idées du bonheur de la vie future étaient extrêmement vives, puisqu'elles eurent pour résultat de lui inspirer l'ennui de la vie et le désir de s'affranchir du fardeau de son corps. Le seul moyen qui se présenta à lui pour atteindre ce but désiré, fut de mériter la mort par un meurtre ; il imaginait qu'après ce meurtre il aurait assez de temps pour faire sa paix avec Dieu. Suivant le témoignage de son camarade et compagnon de lit (Thomas Geimroth), cet homme était pieux ; il chantait habituellement les hymnes d'église, lisait des livres sacrés ; il en avait même offert un à son camarade pour son édification. Il pressait souvent Geimroth de devenir dévot, ajoutant que lui-même il avait été bien dissipé dans sa jeunesse, mais que maintenant il était dans le droit chemin. Une nuit qu'ils étaient couchés, Geimroth eut l'idée de plaisanter Volkner sur son extravagante piété ; il lui dit qu'il trouvait peu raisonnable que de certaines gens jouassent un rôle si dévot, comme s'ils avaient dessein de faire croire qu'ils méritaient seuls le bonheur à venir. Volkner lui répondit que ce qu'il disait était tout-à-fait injuste, et aussitôt il se mit à proférer ces paroles : « *Il faut que je sois heureux ; oui, je serai heureux après cette vie.* » *Il répéta plusieurs fois ces mots d'une voix forte et altérée, agitant ses bras et ses jambes avec violence, et se jetant brusquement tantôt d'un côté du lit, et tantôt de l'autre.* Lorsque cette idée du bonheur qu'il était fermement résolu d'acquérir, eut occupé quelque temps son esprit, il se répandit en regrets plaintifs sur sa vie passée, et commença à s'écrier : « Je suis enfin arrivé au moment ! » Il répéta ces paroles trois ou quatre fois. Suivant le témoignage de Volkner lui-même, il avait long-temps nourri l'idée de tuer un enfant, parce qu'il croyait qu'après avoir confessé son crime et fait sa paix avec Dieu, il pourrait enfin prendre possession de cette heureuse vie qui était l'objet de ses soupirs. Trois semaines avant l'exécution de ce projet, il fut en proie à une anxiété et à une inquiétude inexprimables ; il lui semblait qu'il devait tuer quelqu'un. Tantôt il dormait bien la nuit, tantôt il ne dormait pas du tout ; mais l'idée de commettre un crime lui revenait toujours avec la lumière. Trois jours avant d'exécuter le meurtre, il alla au cimetière, il joua avec les enfans qui s'y trouvaient ; son intention était d'en tuer quelqu'un si l'occasion s'en présentait. Enfin, le 23 mai, sur le soir, il accomplit son horrible dessein. Une petite fille, dont la compagne demeurait dans la même maison que Volkner, était venue pour rendre visite à son amie. Le maître de la maison était sorti. Volkner invita les deux petites filles à monter dans sa chambre, et leur partagea son souper. Immédiatement après, mettant sa main sur le front de l'une d'elles, il lui incline la tête en arrière, et avec un couteau qu'il avait aiguisé à dessein, un ou deux jours auparavant, il lui coupe la gorge. Aussitôt il se rend à la prison, et avoue que maintenant il a beaucoup de regrets. Mis sur-le-champ en prison, il dormit dans le plus grand calme toute la nuit ; il disait que l'inquiétude extraordinaire qu'il avait éprouvée depuis trois semaines, avait cessé au moment où il avait exécuté le meurtre.

« Pendant l'interrogatoire , il s'exprima avec précision et porta beaucoup de décence, soit dans ses actions, soit dans ses paroles ; il raconta les principales circonstances de sa vie , dit qu'il savait parfaitement bien les suites que devait avoir son action , et que ce serait avec plaisir *qu'il satisferait de tout son sang.* »

PENCHANT AU SUICIDE ; DOUBLE HOMICIDE.

« Catherine Hansterin, âgée de quarante-cinq ans, habitait le village de Donovorth. Mariée depuis douze ans à un homme d'un caractère austère et dur , elle jouissait d'une assez bonne santé, n'ayant éprouvé dans le cours de sa vie que quelques accès de fièvre et de légères irrégularités dans ses menstrues. En 1785, on la surprit volant du lait dans son village ; elle sollicita de la manière la plus pressante qu'on ne fît point part de cette circonstance à son mari, qu'elle redoutait beaucoup. Elle en obtint la promesse ; mais le mari en fut d'abord instruit confusément, puis il découvrit la vérité tout entière.

D'après le témoignage de plusieurs personnes, il paraît que la découverte de cette fraude avait fait une profonde impression sur l'esprit de cette femme, tant pour l'intérêt de sa propre réputation, qu'à cause des mauvais traitemens qu'elle avait à redouter; elle en devint mélancolique et abattue. Il paraît encore, d'après l'interrogatoire écrit, qu'elle se confessa, et cependant (ce qui arrive très rarement chez les catholiques) son esprit ne fut point soulagé. Elle priait souvent sans songer à ce qu'elle disait, et *souvent elle était saisie de violens maux de tête, durant lesquels elle ne savait ce qu'elle faisait.*

» Le 1er décembre 1786, elle n'était point encore certaine que son tyran de mari eût connaissance de son vol. Avant cette époque, il l'avait souvent menacée de la tuer, si ce qu'on lui reprochait était vrai, et ce jour-là il la battit très cruellement. Néanmoins devant le tribunal elle ne sembla point se souvenir du mauvais traitement qu'elle avait reçu. Interrogée combien de fois son mari l'avait battue, elle répondit : « Je n'en sais rien ; mon mari le sait, je n'ai pas de mémoire. » Après avoir éprouvé ce cruel traitement, elle alla se coucher, redoutant encore davantage pour le jour suivant. Sa fille, âgée de sept ans environ, vint au chevet de son lit et fit sa prière avec elle. La mère ayant formé le projet de quitter son mari, demanda à la petite si elle voulait rester avec son père; la petite répondit que non, qu'il lui faisait peur. Le lendemain matin, ayant prié avec dévotion, elle abandonne la maison maritale, emmène avec elle sa fille et son autre enfant, âgé de deux mois et demi. Près de partir, elle demande de nouveau à sa fille si elle ne préfère pas demeurer avec son père; la fille répond qu'elle aime mieux mourir. Les idées que cette réponse fait naître dans l'esprit de la mère, la détresse qui l'afflige, la crainte de ce qui pourrait arriver à ses enfans si elle venait à mourir, et en même temps son ardent désir de mettre un terme à sa propre existence, toutes ces choses réunies lui firent former le projet *barbare* de noyer ses deux enfans.

» Elle arrive sur le bord du Danube, fait agenouiller sa petite fille, et la fait prier pour demander à Dieu une bonne mort; puis elle attache son petit enfant dans les bras de sa sœur, les bénit tous les deux en faisant le signe de la croix, et les précipite dans la rivière. Cela fait, elle retourne au village, et raconte ce qui s'est passé.

» Ce fait, ainsi que les trois précédens, sont extraits du *Psychological Magazine*, vol. VII, part. 3. Crichton les a consignés dans son bel

ouvrage sur la folie, et c'est d'après la traduction
anglaise que la mienne a été faite. »

SUICIDE PRÉCÉDÉ D'HOMICIDE.

« M***, âgé de quarante-sept ans, d'un tempé-
rament bilioso-sanguin, d'un caractère bouillant,
impétueux, issu de parens sains d'esprit et de
corps, passa ses premières années sans éprouver
aucune maladie grave, et servit pendant six ans
dans les armées. Il se maria et devint père de
trois enfans. Il aimait la bonne chère, et avait
ainsi mangé sa petite fortune.

» Depuis long-temps il était tyrannisé par la
passion de la jalousie, et il épiait soigneusement
la conduite de sa femme. Déjà il avait eu à ce
sujet avec elle de vives altercations ; enfin un
soir qu'il croyait l'avoir surprise en flagrant
délit, il s'arme d'un maillet et d'un couteau, se
couche, et feint de dormir en attendant que sa
femme soit plongée dans le sommeil. Quand il
vit que ce moment était venu, il lui donna un
coup de maillet sur la tête, et acheva de la tuer
en la perçant de plusieurs coups de couteau.

« Le lendemain matin il se lève du lit funèbre,
va trouver le procureur impérial, lui dit qu'il a
tué sa femme, qu'il mérite la mort, qu'il va se

rendre en prison. Il fut conduit dans la ville
de ***, pour y être jugé définitivement : quoiqu'il soutînt toujours qu'il était dans son bon
sens, qu'il avait tué sa femme parce qu'elle le
méritait, et que si c'était encore à faire il agi-
rait de même, la médecine légale invoquée, dé-
cida que M*** était atteint d'une véritable aliénation mentale. Il fut donc renvoyé comme
insensé, condamné toutefois à être renfermé
dans l'hôpital de cette ville. Quelque temps
après, ce malheureux se procura par ruse un
pistolet, et se brûla la cervelle. Il laissa une
lettre dans laquelle, après avoir exprimé son
horreur pour l'injustice, il ajoutait que s'il ne
s'était pas donné la mort après avoir tué sa
femme, c'était parce qu'il avait préféré la recevoir des mains du bourreau ; mais que puisqu'on n'avait pas voulu lui infliger une si juste
punition, il lui appartenait d'acquitter une dette
envers la société. »

Au moment où nous imprimons notre ouvrage, M. le docteur Lélut communique à l'Académie des Sciences, un Mémoire sur la faculté même dont nous venons d'étudier et de suivre le mouvement fonctionnel.

Voici dans quels termes M. Isidore Bourdon rend compte du travail de ce médecin. Je livre mes lecteurs à leurs propres réflexions.

ACADÉMIE DES SCIENCES.

M. le docteur Villermé, en son nom personnel comme au nom de M. Cousin, qui n'assiste point à la séance, fait un rapport sur un Mémoire de M. Lélut, jeune médecin judicieux dont nous avons jugé favorablement le premier ouvrage dans ce *Journal*, il y a environ deux ans. Attaché au service médical des Folles de la Salpêtrière, M. le docteur Lélut met à profit sa position, et il s'applique principalement à découvrir ce qu'il peut y avoir de vrai ou de faux dans le fameux système de Gall ou de Spurzheim, c'est-à-dire en phrénologie; car le mot de crânologie, préféré par le docteur Gall, est maintenant presque abandonné. *A vrai dire, M. Lélut est avant tout, et de parti pris, un adversaire de la phrénologie.* Mais quand il s'agit d'un procès, nous voudrions qu'on se donnât la peine de procéder comme si l'on pouvait réellement le perdre, c'est-à-dire, qu'on n'énonçât aucune proposition qui n'eût pour point d'appui des faits scrupuleusement constatés. Voici au reste à quelle nouvelle enquête M. Lélut s'est livré.

Après avoir comparé, dans son premier ouvrage, les classifications psychologiques de Reid et de Dugald Stewart avec celles du docteur Gall et de Spurzheim, M. Lélut recherche aujourd'hui s'il existe des rapports entre la masse cérébrale et la pensée, et quels sont ces rapports ou plutôt ces co-existences et ces subordinations. Ceci nous paraît une question bien posée. Mais des vingt-huit organes où Gall concentrait les facultés ou les propensions de l'esprit, organes dont Spurzheim élevait le nombre à trente-cinq, M. Lélut n'étudie aujourd'hui que le seul *organe de la destruction* ou *du meurtre*.

Or, voulant vérifier ce point de doctrine, M. Lélut a choisi 270 crânes appartenant ou à des mammifères (146) ou à des oiseaux (124), ayant soin que parmi ces animaux il y en eût de toutes classes, de toutes mœurs, et que leur instinct induisît à se nourrir très diversement. Voici à quels résultats il est arrivé. La règle spécifiée par Gall s'est trouvée vraie quant aux oiseaux, ce que M. Lélut explique, comme nous l'avons déjà fait entendre, d'une manière arbitraire, qui laisse l'esprit mésatisfait. Mais pour ce qui est des mammifères, plus voisins de l'homme, il a très formellement constaté que ces cerveaux sont plus épais d'une tempe à l'autre chez ceux qui se nourrissent de graines, d'herbes ou de fruits que chez ceux qui dévorent d'autres animaux. De là nouveau raisonnement anatomique de M. Lélut pour expliquer l'erreur de Gall. Nous qui ne croyons point à la localisation des facultés chez l'homme, *nous n'en conviendrons pas moins avec sincérité que la tête de tous les mammifères carnassiers porte au-dessus de l'oreille une proéminence saillante, qui suffit pour faire aussitôt distinguer son crâne d'avec le crâne d'un rongeur ou de tout autre animal se nourrissant de végétaux.* Ainsi que nous l'avons exposé précédemment dans un ouvrage (1), nous croyons à la désignation des instincts chez les animaux, d'après des proéminences d'une constante uniformité dans chaque espèce ; mais nous nions chez l'homme cette constante coïncidence entre les mêmes conformations du crâne et les mêmes propensions intellectuelles ou morales. Nous ne croyons un peu qu'aux présages tirés de la configuration du *front*, lequel est à peu près exclusif à l'espèce humaine.

De ce que les lobes moyens du cerveau sont plus larges chez certains herbivores que chez quelques carnassiers, dit ailleurs le docteur Broussais, on a voulu conclure qu'ils ne pouvaient être les organes de la destruction et de la ruse, facultés prédominantes dans ces derniers animaux, comme si tous les cerveaux des mammifères ne devaient pas être formés sur le même plan, comme si ces facultés manquaient entièrement aux herbivores, aux frugivores ; comme si quelques différences dans les expressions du langage usuel devaient changer l'ordre de la nature qui a consacré les lobes moyens à l'appréhension des objets essentiels à la subsistance et à la détermination des mouvemens nécessaires à la conservation de l'individu, et qui, par conséquent, a dû leur affecter tous les actes qui sont relatifs à ces fonctions.

Il semble au premier abord que tout acte de destruction suppose des mouvemens de colère et de plaisir à faire souffrir, mais cette observation n'est juste que pour l'espèce

(1) *Physiologie médicale*, tome 1er.

humaine qui est douée de sentimens supérieurs. Le carnassier mammifère n'a pas besoin de fureur pour immoler
sa proie : sa colère ne s'allume que par la résistance. L'oiseau de rapine détruit aussi sans colère ; c'est parmi les
reptiles, c'est dans les eaux surtout que la destruction s'exerce
avec le plus de froideur. Je vous défie de trouver dans les
actes qui consomment le meurtre parmi ces animaux plus
de colère et d'envie de faire souffrir que nous n'en observons chez le bœuf, chez le mouton, chez le cheval ou chez
tout autre animal qui s'alimente aux dépens de la végétation.

La localisation de la destruction telle que l'ont faite les
phrénologistes, est fondée sur la vérité.

RUSE, FINESSE, SAVOIR-FAIRE, PENCHANT A CACHER, SÉCRETIVITÉ DE SPURZHEIM.

L'organe de la ruse est un peu en avant et au-dessus de celui de la destruction ; il est de forme alongée, et quand il est fortement prononcé, il rend la tête très large au-dessus des tempes.

> Ce qui se fait en public est une farce, une feinte ; en privé et secret, c'est la vérité ; et qui voudroit bien juger de quelqu'un, il le faudroit voir à son réveil, tous les jours, en son ordinaire et naturel ; le reste est contrefait, dont disoit un sage, que celui est excellent qui tel au dedans et par soi-même qu'il est au dehors par la crainte des lois et du dire du monde.
>
> MONTAIGNE.

Par les détails que nous avons donnés jusqu'à présent, sur le rôle et l'emploi de chacune des facultés précédentes, vous avez déjà remarqué, Messieurs, toutes les sollicitudes de la nature, pour assurer notre conservation. Vous avez vu par quelles séductions et en quelque sorte avec quelle violence, elle nous détermine à l'œuvre de la reproduction. Vous avez été frappés de la profondeur et de la vivacité de l'amour qui protège la faiblesse et la misère de la première enfance. Vous savez aussi comment, à l'aide d'un caractère aimant et affectueux, l'homme parvient à former ces grandes associations qui donnent tant de charme à sa vie et tant de puissance à sa volonté. Vous n'ignorez pas non plus comment, par son courage, il lutte avec le monde extérieur et vient à bout d'en briser les obstacles. Je viens tout-à-l'heure de vous retracer l'énergie et l'utilité de son instinct destructeur. L'étude que nous allons faire maintenant de la faculté désignée dans la science phrénologique sous le nom de sécrétivité, va nous donner un nouveau témoignage des libéralités de la nature, en même temps qu'elle va faire ressortir à nos yeux la prodigieuse diversité de moyens qu'elle emploie pour assurer d'une manière ou d'une autre, notre marche et notre durée dans ce monde.

Si j'osais en style figuré vous exprimer ma pensée, je vous dirais, en considérant l'emplacement de cette faculté, que dans l'organisation de la tête humaine, la peau du renard touche à la peau du lion. C'est d'ailleurs vous faire pressentir par avance, les modifications que cette puissance, purement animale, doit subir comme toutes les autres du même ordre, dans notre admirable constitution.

Cette faculté ne tend effectivement à s'exercer que dans notre intérêt personnel, mais quoiqu'elle soit inférieure de sa nature, nous devons bien nous garder d'y porter la moindre atteinte et d'en empêcher les manifestations. Elle a je ne sais quoi d'instinctif qui, antérieurement à la réflexion, met vivement en jeu la sensibilité de l'homme, éveille l'attention de ses autres facultés, lui fait pour ainsi dire éventer le piége, ou sentir le guê-pier, et le fait par cela même promptement échap-per aux dangers qui l'entourent ; servons-nous donc de cette faculté, mais n'oublions pas qu'elle doit plutôt être une puissance de réaction, qu'une puissance d'attaque et de premier mouvement. Nous avons en nous trop de nobles facultés, nous avons trop de grandeur et de générosité dans l'âme, trop de courage et d'honneur, nous avons trop d'in-telligence, pour laisser exclusivement passer dans ses mains, la défense et la direction de nos inté-rêts ? On en conçoit la domination chez les espè-ces inférieures ; il n'y a point de puissance qui la remplace chez un grand nombre d'entre elles : c'est presque la seule faculté qui les protège et les assure. La liberté chez elles est on ne peut plus restreinte ; il faut, et il n'en peut être autre-ment, que l'animal se montre pleinement animal. La même nécessité n'existe point pour l'homme ; à titre de créature supérieure, il ne peut sans abdication, sans oubli de lui-même et de ce qu'il doit à sa propre dignité, ainsi qu'à ses semblables, puiser *démesurément* sa force et ses inspirations dans une faculté dont les manifestations obliques et tortueuses inspirent le mépris et décèlent la faiblesse.

Cependant, Messieurs, la sécrétivité est indispensable à l'homme, elle est un attribut de notre espèce ; elle a donc son droit d'exercice et d'application, et nous devons en conséquence la maintenir chez nous tous dans le degré d'activité nécessaire à notre propre défense. Il faut au moins que nous puissions la contrebalancer, la déjouer et la neutraliser chez nos semblables et particulièrement chez tous ceux qui seraient tentés d'en abuser à notre égard.

Le tact, l'esprit et le savoir-faire, en sont les manifestations légitimes et parfaitement entendues ; la duplicité, le mensonge et l'hypocrisie en constituent les désordres et l'abus.

Cette faculté, suivant Spurzheim, réduite à son expression primitive et fondamentale, n'est autre chose que le penchant à être clandestin en pensées, en projets, en actions.

Il est certain qu'en raison de la spontanéité et bien souvent de la violence de nos sentimens et de nos penchans, il était bien important pour l'ensemble et l'harmonie de nos rapports, que nous eussions assez d'influence sur nous-mêmes pour affaiblir, au moins aux yeux du public, la vivacité des mouvemens de notre âme, généralement expansive et trop ardente.

En même temps, Messieurs, que la sécrétivité imprime une retenue salutaire aux manifestations de nos facultés, elle nous protège également contre une indiscrète curiosité. Ceux qui en sont privés, sont trop francs pour le commerce habituel du monde. Sans égard pour les exigences du temps, du lieu, des circonstances et des hommes, ils laissent en quelque sorte jaillir de leur cerveau toutes les pensées qui s'y forment, et ils compromettent à tout moment ainsi leurs plus chers intérêts. C'est à eux qu'il faut recommander le précepte de Montaigne : « Celui qui va en la presse
» il faut qu'il gauchisse, qu'il serre ses coudes,
» qu'il recule ou qu'il avance, voire qu'il quitte le
» droit chemin, selon ce qu'il rencontre ; qu'il
» vive non tant selon soi, que selon autrui ; non
» selon ce qu'il se propose, mais selon le temps,
» selon les hommes, selon les affaires, car le sage
» ne marche pas toujours d'un même pas, en-
» core qu'il suive le même chemin ; il ne change
» point, il s'accommode, comme le bon marinier,

» fait des voiles selon le temps et le vent. Il con-
» vient souvent tourner et obliquement arriver
» où l'on ne peut en droit fil : c'est habileté. »

Ces paroles sont très remarquables, Messieurs, et, il faut le reconnaître, beaucoup d'hommes bienveillans et généreux ont, à différentes époques, laissé tomber en de mauvaises mains la direction des affaires ; pour n'avoir pas voulu, je ne dirai pas, composer avec les principes, parce qu'on ne compose pas avec l'honneur et la vertu, mais pour n'avoir pas su se prêter à la force des positions, à l'exigence de quelques passions égoïstes chez les hommes puissans, pour n'avoir pas employé comme simple opposition et en diplomates intelligens l'arme de leurs adversaires.

Si tout est bon aux méchans pour assurer le succès de leurs entreprises, si en présence des obstacles, ils s'ingénient à les surmonter et parviennent d'une manière ou d'autre à leurs fins, il est bien simple, il est bien naturel, il est en même temps de première obligation pour les hommes de bien qui sont en contact avec eux, de persister dans leurs bonnes intentions, et ne pouvant emporter les choses de vive force, de mettre en activité tout ce qu'ils ont en eux de tact, d'esprit, voire même de finesse, non seulement pour paralyser les efforts de l'égoïsme, mais encore pour faciliter l'application des idées contraires qui n'ont en vue que le bien-être de l'humanité.

Sous ce rapport, Messieurs, je crains et je vais y revenir tout-à-l'heure, que l'on ait mal jugé certains hommes qui, ayant de ces idées excellentes bien arrêtées dans la tête, dont ils ne pouvaient par eux-mêmes, et au moment même, obtenir la réalisation, ont cru devoir prendre les choses, les temps et les hommes, tels quels, et composer, sans changer d'ailleurs de principes, avec l'ignorance, les préjugés, l'orgueil et la force brutale, pour arriver au but de leur bien louable ambition. La première chose, à mon avis, pour l'homme qui apparaît dans le monde, c'est de le prendre tel qu'il est; c'est de s'harmoniser avec lui. S'il naît dans des temps où tout porte l'empreinte des propensités animales; s'il apparaît au milieu des loups cerviers, des renards et des fouines, ou des serpens; je ne dis pas qu'il doit leur ressembler, mais je dis qu'il doit s'en défendre; je dis plus, je dis qu'il doit en se servant de leur faculté prédominante, relevée chez lui de toute la noblesse des sentimens moraux et de toute la puissance du talent, se piquer d'honneur, ne lâcher jamais prise et ne négliger aucune de ses ressources pour empêcher ces animaux usurpateurs d'établir, de maintenir ou de consolider leur empire.

L'homme que l'amour du bien public inspire, Messieurs, l'homme à intelligence supérieure, s'élève au-dessus des interprétations de la médiocrité, et s'il ne peut d'assaut, du premier coup, franchement, intrépidement emporter la place, s'il faut aller, venir, tourner, biaiser; s'il est nécessaire de creuser, saper, miner dans l'ombre, il met dans son entreprise le temps et la sécrétivité indispensables au succès; et tôt ou tard, on finit par reconnaître en lui, non un misérable intrigant, non un homme qui a compromis son caractère et prostitué son intelligence, mais un politique à hautes vues, animé des plus généreuses intentions, tenant bien son gouvernail au milieu des vents contraires et des écueils, prenant les hommes comme ils sont et ne se servant de ses facultés inférieures contre eux-mêmes que pour ne rien négliger des dons de la création, que pour soutenir plus aisément la lutte, et faire indistinctement conspirer toutes les puissances de son être au triomphe de la vertu et de la vérité.

Je ne sais, Messieurs, si la femme avait besoin, pour suppléer à sa faiblesse, pour remplacer les forces qui lui manquent, pour se conserver heureuse et libre, de trouver une espèce de compensation dans le volume et l'énergie de cette faculté; je ne sais si la nature a voulu la faire échapper par là aux abus de la puissance d'une foule d'hommes, qui n'ont jamais su ni l'aimer, ni la respecter. Mais ce que je puis affirmer, en toute vérité, et sans avoir l'intention de me livrer à la satire, c'est qu'ordinairement cette partie de la tête est plus renflée chez elle que chez nous autres; et que, par cela même, l'instinct à être clandestin en toutes choses, et en toutes circonstances, forme un des traits dominans et saillans de son caractère.

En général les femmes paraissent animées d'une haine profonde et *secrète* contre le despotisme de l'homme. J'avoue que nous l'avons légitimée quelquefois, cette haine; mais je leur reprocherai, sans détour, de vouloir substituer à notre despotisme leur propre despotisme. Observez-les, Messieurs, dans l'intérieur du foyer domestique, et vous les verrez incessamment disposées, surtout aux yeux du public, à satisfaire les fantaisies frivoles, les ordres de détail du chef de la communauté, user son autorité sur une foule de minuties pour ressaisir la liberté dans les occasions qui les intéressent et acquérir par ce mélange habile de la complaisance et de la ruse une indépendance très effective. Il semble en outre qu'il y ait entre elles toutes un complot tacite de domination, une sorte de ligue telle que celle qui subsiste entre les prêtres de toutes les nations; elles en connaissent les articles sans se les être communiqués. Je n'irai point jusqu'à dire, avec l'auteur auquel j'emprunte cette dernière observation, que plus civilisées que nous en dehors, elles sont restées de vrais sauvages en dedans, qu'elles sont toutes machiavélistes du plus au moins et qu'elles deviennent presque toujours par cela même implacables ennemies de celui qui les a devinées; mais j'adopterais aussi assez volontiers pour elles le symbole de l'Apocalypse sur le front de laquelle il est écrit : mystère!

Il est certain qu'elles s'en imposent mieux que nous sur ce qui leur plaît, qu'elles simulent mieux que nous les mouvemens des passions, qu'elles ne s'oublient jamais, même en en éprouvant l'ivresse, et que le moment où elles sont tout à leurs projets, est quelquefois aussi celui même de leur abandon le plus complet.

Quelqu'indigne qu'il soit d'un homme d'employer la ruse et la dissimulation au succès de ses entreprises, néanmoins, il est assez difficile, quelquefois, de se prononcer avec équité sur le caractère et la moralité de certains individus qui se sont acquis de la célébrité dans cet ordre de manifestations.

Comme vous le pressentez probablement, Messieurs, je vais m'occuper ici de suivre le jeu de la sécrétivité chez les hommes qui dans la constitution, telle quelle, de nos sociétés modernes, exercent la plus grande influence sur le sort des états. Je vais m'occuper de la mettre à découvert, chez nos plénipotentiaires, nos ministres et nos ambassadeurs. Il n'est guère possible, vous le voyez, de l'étudier sur un plus brillant théâtre et de trouver, par conséquent, une occasion plus favorable de bien pouvoir en apprécier le bon ou le mauvais emploi.

Veuillez donc me prêter toute votre attention, car, en général, il y a peu d'hommes aussi mal jugés que le sont ordinairement tous ceux dont je vais vous entretenir un instant.

La force d'âme qu'il faut avoir pour jouer un pareil rôle, cette tranquillité imperturbable qu'il faut montrer au milieu des mécomptes et des obstacles, et quelquefois même au milieu des outrages et des douleurs, ont pu être et ont été effectivement admirées par des hommes dont le jugement n'est pas méprisable. Ainsi le profond Davila célébra souvent la dissimulation de Catherine de Médicis, le sévère Clarendon, celle de Digby, comte de Bristol, le judicieux Locke, celle du premier Ashley, comte de Schaffesbury. Cicéron lui-même considérait le caractère dissimulé, non seulement comme un caractère très supérieur, mais comme s'accordant avec une certaine fléxibilité de manières qui lui paraît agréable et respectable, et dont il trouve l'exemple dans l'Ulysse d'Homère, dans Thémistocles, dans Lysandre et dans Marcus Crassus.

De nos jours, Messieurs, un homme qui appartient à l'histoire de nos cinquante dernières années, Charles-Maurice de Talleyrand Périgord, prince de Bénévent, que la mort vient de nous enlever, s'est largement dessiné comme type de l'esprit politique; personne mieux que lui n'a plus souvent manœuvré dans le silence et dans l'ombre, personne n'a montré plus de sécrétivité, n'a moins fait soupçonner ce qui se passait dans son âme, n'est arrivé plus tranquillement à ses fins, n'a déjoué avec plus de grâces et d'esprit et moins d'emportement les complots de ses adversaires. Au milieu des plus importans débats et des passions les plus vives, personne n'a mieux que lui réprimé l'expression extérieure de ses affections, n'a mieux dissimulé sa colère et sa joie : toujours maître de lui-même, devinant ses interlocuteurs en restant impénétrable pour eux tous, personne n'a certainement porté aussi loin le tact, l'esprit et le savoir-faire, n'a mieux mis à la longue la fortune de son côté, et personne aussi, par suite de tous ces avantages, n'a soulevé chez les autres plus de mouvemens divers et n'a été exposé à plus de jugemens contradictoires.

Permettez-moi de vous le dire, quand bien même je devrais blesser en cela l'opinion de plusieurs de mes contemporains, et trahir en même temps chez moi-même un mouvement de vanité, il n'est point donné à tout le monde de juger de pareils hommes. Des têtes de cet ordre sont exceptionnelles, et des têtes médiocres par nature, comme le sont les têtes des trois quarts et demi du genre humain, des têtes médiocres, qui d'ailleurs s'engourdissent et végètent dans les positions inférieures ou moyennes de la société, n'ont rien en elles de ce qu'il faut avoir, si j'en excepte leurs prétentions, pour oser se permettre de porter un jugement sur des hommes de cette trempe. Ces hommes, indépendamment de leur énorme sécrétivité, l'emportent encore sur les autres hommes, par une intelligence supérieure, par une intelligence nette et précise, qui les fait de suite arriver à connaître ce qui est. Chez eux tout est positif, tout est réel, tout est absolu, et tout se réduit à la plus simple expression : les paroles ne sont rien et les faits sont tout. Point d'utopie dans leur esprit, point de poésie, point de merveilleux ; d'un coup d'œil, ils ont tout analysé, tout vu, tout comparé;

leur thême est fait et la tendance instinctive qu'ils ont d'ailleurs à se cacher, à se mettre de côté pour observer, à suspendre les manifestations de leurs pensées et de leurs sentimens, se trouve à chaque instant encore renforcée et encouragée dans ses mouvemens et son activité, par leur grande expérience des hommes et des choses de ce monde.

Vous tous, Messieurs, qui possédez l'esprit de l'observation, qui connaissez, par l'étude de l'histoire ancienne et moderne, les manifestations générales de l'humanité, qui avez l'habitude de la réflexion, qui ne vous payez point de fausse monnaie, qui suivez toutes les scènes de comédie que l'on joue dans ces degrés élevés de la hiérarchie sociale, qui n'êtes dupes d'aucun faux semblant d'honneur et de vertu, vous concevez leur position, et comme eux vous la dominez de toute la finesse de vos instincts et de toute la hauteur de votre intelligence.

Malheureusement, c'est ainsi que se sont passées les choses dans tous les temps et dans tous les lieux du monde. Le respect pour les lois des nations n'a pas été, jusqu'à nos jours, qu'un mot et une vaine prétention; certes la chose est bien humiliante à dire, mais jusqu'à l'époque actuelle, il faut l'avouer franchement, presque jamais on n'a

vu les représentans des états consulter et observer, dans les guerres et les négociations, les principes de la justice. La vérité et la loyauté y sont
généralement méprisées, les traités sont violés, et
si leur violation peut avoir la moindre utilité, le
pays qui en retire avantage, place fort haut dans
son estime et son affection, celui qui n'a point été
arrêté dans ses déterminations par les maximes
d'une morale que l'on regarde comme déplacée (1).

(1) *Nos sentimens moraux ne sont jamais si près d'être cor-
rompus* que lorsqu'un spectateur *indulgent et partial est
près de nous.*

Quand deux peuples sont en guerre, les citoyens de chaque pays font peu d'attention au jugement que les étrangers
portent de leur conduite. Ils n'ont pas d'autre ambition que
l'approbation de leurs concitoyens, et comme de chaque côté
tous ont les passions de chacun, la haine contre le peuple ennemi est le seul moyen de plaire à la multitude.

Jamais un homme de parti n'a mis en doute, si l'on doit
tenir sa parole à un ennemi, et même les plus célèbres professeurs du droit civil ou ecclésiastique ont débattu entre
eux avec une sorte de fureur la question de savoir si on doit
tenir sa parole à un rebelle, à un hérétique, à un aristo-
crate, à un républicain, etc.; il n'est pas, ce me semble, nécessaire d'observer que ces ennemis publics, ces rebelles,
ces hérétiques, ces gens abominables, ces aristocrates ou
ces républicains ne sont autre chose, quand on est venu

Dans ces différentes circonstances, les ambassadeurs qui ont trompé les ministres des nations ennemies, les généraux qui, par leurs stratagèmes, ont mis en défaut tous les calculs et tous les piéges de leurs adversaires, ont toujours été admirés

aux plus violentes extrémités, que les infortunés qui ont eu le malheur de se trouver du parti le plus faible : dans une nation déchirée par les factions, il y a sans doute bien peu d'hommes dont *l'animosité contagieuse de l'esprit de parti n'ait pas corrompu le jugement*. Si l'on en peut découvrir un seul, c'est un individu solitaire, isolé, sans aucune influence, exclu des deux partis, privé de leur confiance par sa candeur et par sa vertu, et qui, parce qu'il est un des hommes les plus sages, devient précisément aussi un des plus inutiles; de tels hommes sont l'objet de la dérision, du mépris et souvent même de l'adversion des chefs les plus violens dans les deux partis.

Un véritable homme *de parti hait et méprise la sincérité*, et en effet cette vertu le rend plus qu'aucun vice incapable d'agir comme *homme de parti*.

Dans les guerres de religion, les prêtres, quand ils n'étaient point eux-mêmes abrutis par la superstition, ont également *menti* à Dieu, à eux-mêmes et au peuple; ils ont été jusqu'à prêter leurs préjugés haineux à la divinité, et ils l'ont supposée animée de toutes leurs passions furieuses.

Les factions et le fanatisme sont donc les plus fortes causes de la corruption de nos sentimens moraux.

SMITH.

et applaudis de leurs compatriotes. Le général honnête homme, le diplomate scrupuleux, qui mépri-
seraient dans ces positions bien déterminées les
avantages que la ruse peut donner à eux ou à leur
partie adverse, ou qui aimeraient encore mieux
en laisser prendre sur eux, que d'en acquérir par
un tel moyen ; les hommes enfin qu'on aimerait
et qu'on estimerait le plus dans les transactions
particulières seraient regardés comme des enfans
ou comme des niais, si sur le champ de bataille,
ou dans les négociations politiques, ils négligeaient
une seule des puissances et des ressources de leur
constitution. L'enjeu de part et d'autre est trop fort,
de trop grands intérêts sont en présence pour que
les populations, pleines d'anxiété, puissent excuser
le plénipotentiaire ou le chef d'armée qui, dans
de pareilles extrémités, n'a point voulu se servir
d'un de nos plus précieux instincts de conservation.
La délicatesse, est bonne, est belle, est admirable,
mais elle est généralement préjudiciable en temps
de guerre et d'extermination ; elle est ridicule auprès des gens qui n'en écoutent en rien et qui n'en
suivent en rien les inspirations. En toutes choses,
alors Messieurs, la pareille à la pareille.

Laissons donc au vulgaire, le ridicule et la vanité de ses opinions. Certes, je ne connais pas de
vice plus odieux que le mensonge et la dissimu-

lation, je n'en connais point qui porte plus de préjudice aux qualités supérieures de notre âme, et
qui enlaidisse en même temps davantage notre
physionomie; cependant, lorsque pleins d'honneur et de franchise, vous n'apercevez autour de vous que des individus sans spontanéité
et sans abandon, que des individus qui évitent l'a-
bordage, qui parlent du bout des dents, qui vous
regardent d'un œil louche, qui cherchent toujours
à mettre en jeu chez vous la fibre susceptible de
la vanité, qui vous guettent et vous épient et vous
attendent, comme pourrait le faire un animal inférieur, et voilà quelle a été bien des fois et quelle
est presque tous les jours encore la position des
diplomates vis-à-vis les uns des autres ; oh ! alors,
pour le gain de votre cause, pour le salut de votre
pays, pour le triomphe de vos nobles sentimens,
pour l'application de vos idées libérales, si vous
avez devant ces barbares ou ces infâmes épuisé
toutes vos ressources généreuses, exercez à votre
tour, la sécrétivité, laissez-là vos habitudes et votre
caractère, descendez des hauteurs de votre tête et
de votre âme, attirez à vous la bête, jouez le rôle
qui convient à son imperfection, prenez-la dans
ses propres filets, muselez-la, et montrez-lui que
c'était volontairement et par grandeur que vous
aviez jusqu'alors dédaigné de recourir à la puis-

sance de l'instinct inférieur, qui presque seul avec elle, pouvait vous assurer la victoire.

Vous connaissez cette loi de la nature, Messieurs, dont Gall et Spurzheim vous parlaient souvent dans leurs cours, savoir : que tout organe prédominant dans l'encéphale, jouit d'une grande énergie dans sa fonction ; en général, dans la constitution des êtres, tout est constamment en rapport avec la richesse et la beauté des appareils. Lors donc, qu'au-dessus de l'instinct carnassier vous apercevez la tête bien renflée, lorsque par conséquent la sécrétivité surpasse la moyenne de développement, soyez sûr que cette faculté n'attend point, pour agir, les leçons de l'expérience, le besoin de la défense et l'appel des autres facultés ; en raison de sa force native il faut de toute nécessité qu'elle s'exerce par et pour elle-même, et la discrétion avec laquelle on s'en sert, le bon ou le mauvais emploi qu'on en fait ne dépend plus alors que de l'influence exercée par les autres facultés, par l'intelligence et les sentimens moraux, ou les penchans inférieurs. Si avec une semblable disposition la tête est étroite et aplatie dans ses parties supérieures et antérieures, l'instinct se montre purement animal et les ruses sont grossières ; il est facile de ne pas s'y laisser prendre ; la chose au contraire est beaucoup plus difficile, si l'individu est intelligent, s'il ne pèche que par la privation des qualités d'un ordre moral élevé, si sa tête manque seulement de largeur et de plénitude dans ses parties supérieures; cependant en rapprochant de cette forme du crâne, la manière d'être habituelle et totale de l'homme ainsi organisé, on peut encore parvenir à se mettre en garde contre lui; sa démarche est embarrassée, il tourne en arrivant à vous, son regard est oblique, sa politesse est froide et ne vient point du cœur : il est maître de ses esprits; quelle que soit sa situation, vous le voyez toujours impassible, point d'abandon, point d'élan; il ne se donne à personne, il est toujours à lui, il parle pour parler comme nous disons en France, ou pour mieux dire, il parle pour faire parler les autres, il plaide souvent le faux pour connaître le vrai, il exagère le bien pour connaître le mal; d'autant plus dangereux qu'il prend plaisir à intriguer, qu'il intrigue avec une grande supériorité, et que tout en étant le plus fin des hommes renards, il se montre sous les formes de l'être le plus simple, le plus bienveillant et le moins avisé. L'homme le plus fin, Messieurs, est toujours celui qui paraît moins l'être.

Nous avons vu le but de conservation que s'est proposé la nature en nous donnant l'instinct de la sécrétivité. Nous avons fait voir le pré-

judice que son défaut d'activité portait aux intérêts de certains individus. Nous avons par quelques détails donné idée de la manière dont l'homme honnête, intelligent et probe, devait s'en servir.
Nous en avons signalé les abus et le mauvais emploi, chez les têtes privées de sentimens moraux.
Avant d'examiner ce qu'il est dans l'espèce en
général et dans les rapports du monde, je dois donner une explication sur ce que je viens de dire touchant l'absence ou la privation des sentimens moraux; elle servira en même temps à donner la réfuta-
tion d'une objection banale journellement répétée
contre la certitude des principes de la phrénologie.

Ainsi on a observé et on observe tous les jours
des individus qui, avec une tête bien développée
dans ses parties supérieures et par conséquent bien
pourvus par nature de sentimens moraux, montrent cependant beaucoup de servilité dans l'âme
et d'astuce dans le caractère; donc, s'écrient tout
triomphans nos adversaires, les formes particulières des têtes ne signifient absolument rien, eu
égard aux manifestations; donc les différences de
moralité que l'on constate entre les hommes, sont
tout simplement le produit de la différence des
circonstances, des habitudes et de l'éducation.

En vérité, Messieurs, nous ne savons ce que
veut dire un pareil langage; loin de vouloir nier

l'influence des choses du dehors sur le développement, l'emploi et la force de nos facultés, nous nous sommes constamment montrés partisans de l'éducation, nous ne cessons de répéter que l'homme en masse est le disciple de ce qui l'entoure; que c'est par la diversité du monde extérieur considéré dans tout son ensemble, c'est-à-dire dans l'influence des hommes, des choses, du climat, des institutions politiques, militaires ou religieuses; que c'est, dis-je, par la diversité du monde extérieur que s'explique son mode particulier d'existence. Nous avons dit que ces grandes vérités n'avaient point échappé au génie observateur des anciens, et qu'en conséquence même de leur conviction à ce sujet, ils s'étaient toujours spécialement chargés de l'éducation de leurs peuples. Quelques législateurs ont été jusqu'à décréter que chaque enfant qui naissait, entrait dans le domaine de la patrie ; en l'enlevant ainsi à sa propre famille et en s'en emparant dès le berceau, ils le façonnaient mieux au gré de leurs idées, de leurs passions ou de leurs intérêts ; on sait du reste combien cet exemple a trouvé d'imitateurs. Ainsi donc, quoique la nature ait l'initiative en tout, il ne suffit point, comme on le voit, d'avoir reçu d'elle toutes les qualités distinctives de notre espèce, il faut encore que les circonstances extérieures aient été favorables à la culture et au développement de ces facultés, pour leur voir acquérir l'énergie et le perfectionnement dont elles sont susceptibles. Pendant combien de siècles n'a-t-on pas vu des nations entières écrasées sous les despotismes les plus hideux, végéter dans la satisfaction grossière de leurs premiers instincts, et mourir dans l'ignorance de toutes les hautes et grandes puissances morales et intellectuelles, qu'elles avaient cependant en dépôt dans les belles parties antérieures et supérieures de leur cerveau.

D'autre part, combien aussi de nations qui s'étaient fait un nom fameux, qui s'étaient illustrées dans les lettres, dans les sciences et dans les beaux-arts, qui avaient sacrifié aux belles lois de la morale, qui avaient en un mot manifesté tous les plus beaux pouvoirs de notre constitution; combien, dis-je, de ces grandes nations qui, par le simple effet d'un changement de circonstances et d'institutions, sont déchues de leur ancienne splendeur. Que sont devenus les Grecs du temps de Périclès et d'Alcibiade, que sont devenus les Romains du temps d'Auguste? A Athènes comme à Rome cependant les races ont conservé leur type, les têtes ont à peu de choses près leur forme originnelle : c'est encore là que la nature nous offre les plus beaux modèles ; c'est là qu'elle montre encore dans la production de ses œuvres, la richesse et l'harmonie de ses proportions. D'où vient donc l'existence si abjecte, si animale et si triste de ces peuples? Quand tout est encore conservé par la main de Dieu, quand les parties supérieures de leurs cerveaux présentent encore tant d'élévation de largeur et de renflement, quand par conséquent ils ont complètement en eux les facultés morales incarnées; pourquoi ne continuent-ils pas à les manifester? L'organe ne comporte-t-il pas la fonction? l'instrument peut-il être aussi parfait et rester sans emploi, sans exercice et sans jeu? Messieurs, nous l'avons dit au commencement de ce cours, les facultés qui forment les caractères distinctifs de notre espèce, qui nous donnent une existence si merveilleuse, si variée, si puissante, si noble et si bien calculée pour ce vaste univers, toutes ces facultés qui n'existent qu'à l'état rudimentaire chez les espèces inférieures, toutes ces facultés par conséquent qui, eu égard à la vie matérielle de tous les autres êtres en général, sont un privilége et une grâce de la cause première envers nous; toutes ces facultés, dis-je, chez la masse humaine paraissent avoir et ont en effet besoin d'être animées, excitées, entretenues par les objets extérieurs : leur développement exige un concours favorable de circonstances.

En ce sens, pour bien faire entendre ma pensée, on pourrait dire que pour les instincts de la brute, si vivaces et si forts par eux-mêmes, l'homme est le produit de la nature, et que pour l'excellence et la brillante application de ses facultés intellectuelles et morales, l'homme est leproduit de la culture.

Je viens de vous donner ici, Messieurs, l'explication scientifique de tous les faits, de tous les contrastes qui vous avaient frappés lors des premières années de vos études historiques. Vous savez maintenant comment un peuple s'élève, se perfectionne et s'ennoblit; vous savez comment il tombe au dessous de lui-même, comment il se dégrade et s'avilit; si les circonstances extérieures et les institutions sont favorables, il laisse bien loin derrière lui l'animal, et il révèle toutes les grandeurs de l'humanité; si elles sont défavorables, l'animal reste toujours animal; si les circonstances et les institutions qui avaient d'abord été favorables au progrès viennent à changer, le peuple qui en avait suivi l'impulsion et ressenti les bienfaits, revient encore à l'animalité. La puissance humaine, à ce qu'il paraît, ne peut pas aller au-delà, quoiqu'elle l'ait cependant entrepris. Dans tous les cas, je le répète, l'animalité reste, et cela se conçoit, et cela vient toujours à l'appui de tout ce que nous avons dit, touchant la prédominance d'action des penchans et des sentimens de la brute, sur les facultés intellectuelles et morales. Ce sont les instincts de conservation, ce sont les puissances sans lesquelles il n'y a point d'existence; il faut s'arrêter sous peine d'anéantir la vie.

Vous savez maintenant, Messieurs, à quoi vous en tenir sur la valeur de l'objection dont on fait tant de bruit; sans doute que tout organe bien développé a une tendance bien prononcée à l'action, mais encore faut-il que la faculté qui y est inhérente et qui n'est pas indispensable à la vie physique de l'individu se soit exercée dans le monde extérieur, pour pouvoir contrebalancer et modifier l'un ou l'autre des instincts énergiques de la conservation. Ah! si on me montrait chez des individus à organisation complète, et parfaitement bien élevés, sous le rapport de la culture de l'intelligence et des sentimens moraux, si l'on me montrait, dis-je, des manifestations habituellement animales, je concevrais l'opposition de nos adversaires. Mais voilà justement ce qui n'a point encore été fait jusqu'à présent, et ce qu'on ne pourra jamais faire; mais aussi quand on nous montre sur une tête humaine, viciée par sa mauvaise éducation première, mal dirigée pendant son adolescence et sa jeunesse, dégradée par la misère, le vice et les mauvaises habitudes; quand on nous montre le signe extérieur des plus nobles qualités, et que faisant abstraction de toutes ces circonstances défavorables, on vient me demander la raison de son ignominie et en vouloir tirer parti dans l'argumentation, pour soutenir qu'il y a patente contradiction dans nos principes, et véritable dérision dans nos études, je ne sais vraiment, à mon tour, si l'on parle au sérieux, ou si l'on a pris le parti définitif de ne rien vouloir entendre.

Rentrons maintenant dans nos considérations particulières sur la sécrétivité, car tous les détails dans lesquels nous venons d'entrer à son occasion, sont également applicables aux manifestations des autres organes, au rôle et à l'emploi de tous les autres pouvoirs encéphaliques inférieurs. Considérons, par conséquent, la sécrétivité dans l'espèce en général, voyons si, comme toutes les autres facultés, elle est dans la moyenne de développement, de force et d'activité, ou si au contraire elle est dominante dans la constitution, et si par cela même elle imprime un cachet à l'espèce humaine; si elle lui donne un caractère de réserve et de dissimulation; en un mot, s'il est vrai de dire que tout homme soit menteur.

En général, Messieurs, la nature ne fait point d'exception à ses lois, et la sécrétivité, comme toutes les autres puissances instinctives de l'organisme, ne jouit que d'une médiocre énergie; il lui faut des sollicitations pour se disposer à l'action et entrer en exercice. Dans cette moyenne de développement son activité propre se borne à nous donner de la mesure dans le caractère, à nous tenir en éveil dans le commerce du monde, à nous donner du tact et de l'esprit, à nous faire deviner, pressentir et déjouer les mouvemens obliques qui se font contre nous-mêmes; en un mot, elle protége, elle préserve; mais elle n'est point force majeure dans l'économie, et il ne lui est point donné d'écraser toutes les autres facultés, d'en détruire la spontanéité, d'en glacer les transports; pas plus qu'elle ne peut se substituer à leur place, et faire de la vie tout entière de l'homme, une vie de bassesse, de mensonge et d'infamie. Non, Messieurs, l'homme en masse n'est point menteur; chacune de ses facultés, ou par elle-même ou par l'excitation multipliée des choses du dehors, donne lieu à des manifestations particulières et qui ne sont point mensongères, manifestations qui constituent et qui forment ce tableau si passionné, si dramatique et si positif de notre société tout entière.

L'homme ne ment point quand il fait ses sermens d'amour (1), il ne ment point quand il caresse ses

(1) Toujours est le mot de l'amour et de l'illusion, mais

enfans, quand il sauve un ami, quand au péril de sa vie il défend sa patrie; son ambition et son désir de plaire trahissent sa candeur et sa simplicité; il ne ment pas lorsqu'il montre la noblesse et la grandeur de son âme; quand il en révèle l'inépuisable bienveillance; quand par sentiment de justice, il flétrit le vice, punit le crime et récompense la vertu; il ne ment pas lorsqu'il s'incline devant son Dieu, lorsqu'il vénère la vieillesse, et qu'il applaudit au talent. Ce n'est point non plus par vaine dissimulation qu'on le voit fatiguer sa tête à rechercher les causes des choses et à scruter les profondeurs de la science. Il mange pour se nourrir, il construit pour se donner un abri, il travaille pour satisfaire son acquisivité, pour s'enrichir, et il s'élève au premier rang des êtres par ses chefs-d'œuvre dans les lettres et les beaux-arts, pour accomplir sa destinée et montrer tout ce qu'il est en ce monde.

il ne faut pas croire que ce soit celui du mensonge: c'est de très bonne foi qu'on le prononce quand on aime; le propre de l'amour, et c'est là aussi un de ses grands charmes, c'est d'avoir toujours raison, même quand il n'a pas le sens commun, et d'être toujours vrai en ne débitant que des chimères.

LAHARPE.

En toutes choses, l'homme est l'enfant de la nature, et il est dans ses mains l'instrument dont elle se sert pour révéler, sous les formes les plus diverses, les attributs les plus beaux et les couleurs les plus franches, la puissance de sa création. Rien n'est mensonge en nous, Messieurs, tout est vérité.

ALIMENTIVITÉ.

L'organe est placé dans la fosse zygomatique, il est caché sous le muscle temporal, il élargit la tête d'une manière sensible dans cette région, en avant de la destructivité, au-dessous de la constructivité.

> Tu ouvres ta main, ô Seigneur, et tu rassasies chaque créature vivante, suivant son goût et son désir.
>
> LE PSALMISTE.

Le premier et le plus indispensable des besoins de conservation est de se nourrir ; cet instinct, qui porte l'homme à chercher sa nourriture dans le monde extérieur, et qui l'éclaire et le guide dans le choix de son alimentation, n'est point, ainsi qu'on l'a cru pendant des siècles, le résultat de la sensation plus ou moins pénible de la soif ou de la faim. Le sentiment du besoin, la nécessité de réparer les pertes qu'entraîne le mouvement perpétuel de la vie, éveillent et mettent incontestablement en jeu cette puissance de conservation, mais ils ne la font point naître : elle est préétablie.

Comme toutes les facultés du même ordre elle entre en activité, tantôt par elle-même, par sa propre énergie, tantôt en effet par suite des impressions qui lui sont transmises des autres parties de l'organisme et qui lui en révèlent le malaise et la souffrance ; tantôt enfin elle se dispose et s'anime à l'action au premier aspect ou à la simple odeur des substances propres à lui donner ses satisfactions particulières.

C'est le plus ordinairement à l'arrière-gorge et à l'estomac que se font ressentir les premiers effets de la soif et de la faim. Chez un nombre assez considérable de personnes, l'inquiétude, le mouvement et la perturbation se manifestent tout d'abord dans les appareils de la respiration et de la circulation. Chez quelques autres c'est l'organe lui-même qui manifeste ses besoins et qui les annonce par un sentiment de constriction, de chaleur, de resserrement et de douleur à la partie antérieure et inférieure des deux temporaux : sentiment qu'il faut prendre comme un avertissement, et auquel il faut obéir si l'on veut éviter de voir le mal s'augmenter et donner lieu presqu'instantanément à la perte de l'appétit, aux maux de cœur et à une migraine souvent intolérable.

Voilà, Messieurs, d'après les observations du célèbre phrénologiste écossais George Combes, le point dans l'encéphale auquel il faut rattacher la disposition innée que nous avons à chercher et à trouver notre alimentation ; c'est à cet organe que les animaux et l'homme, que les différens consommateurs de ce monde doivent attribuer la sagacité, la merveilleuse facilité qu'ils ont de découvrir et de saisir sans hésitation, sans étude préliminaire, par instinct réel, incontestable, la nourriture la mieux appropriée aux besoins différens de leurs différens organismes.

C'est sur le cerveau seul que pouvait reposer un pareil ordre de faits ; c'était dans cette matière nerveuse si riche, si variée dans ses formes, si bien liée dans ses divers compartimens, si bien préparée pour les premiers rôles de l'économie, qu'il fallait aller chercher la source et la cause de tous ces intéressans phénomènes.

Cessons donc, une fois pour toutes, de prendre les effets pour les causes. Les sens extérieurs ne sont autre chose que des appareils destinés à transmettre au cerveau les impressions reçues du dehors ; ce ne sont que de simples moyens de relation : la perception n'est pas en eux, et l'incitation ne vient pas d'eux ; leur état actif, a fort bien dit Spurzheim, est le résultat d'une activité intérieure. Le nez et la bouche ne peuvent pas plus juger les odeurs et les saveurs que l'œil seul ne peut juger les couleurs, les formes ou les distances, et l'oreille apprécier l'harmonie des tons ou la signification de la parole. Ce n'est point à sa trompe que l'éléphant doit sa supériorité, ni à sa queue que le castor peut attribuer la sienne ; l'hirondelle ne relève point de son bec, la main n'est point non plus chez l'homme la cause de sa prééminence ; seulement dans toutes ces circonstances la perfection des instrumens, des appareils extérieurs est en rapport avec la puissance du cerveau, avec le nombre de ses besoins. Tout est merveilleusement ordonné, calculé, harmonisé, dans la constitution des êtres.

Comme il vous est facile de l'imaginer, Messieurs, l'alimentivité devait être, dans l'économie, la première faculté à paraître et la dernière à finir, et c'est aussi ce que l'observation démontre : ainsi que l'a très bien fait voir le docteur Bessières dans son excellente introduction à l'étude de la phrénologie, tout est encore à l'état rudimentaire et pulpeux dans le cerveau, que déjà son organe se dessine par un épanouissement prononcé, par une configuration bien marquée dans la fosse zigomatique; et lorsque dans un âge avancé, le cerveau commence à perdre de sa vitalité, lorsqu'il se retire sur lui-même, lorsque les circonvolutions antérieures et supérieures s'affaissent et diminuent de volume et d'activité, et que par conséquence inévitable les puissances intellectuelles, morales et perceptives commencent à s'affaiblir, on constate encore dans la partie cérébrale en question, dans l'instinct dit de l'alimentivité la turgescence et l'énergie des plus brillantes époques de l'existence animale de l'homme.

Rapprochez maintenant, Messieurs, de ces formes et de ces particularités d'organisation, les manifestations habituelles, la manière d'être ordinaire de l'enfant et du vieillard, rappelez-vous la voracité de l'un, voyez si l'autre nous cède en quelque point gastronomique, et pour me servir d'une locution déjà vieille aujourd'hui, vous pourrez vous convaincre de l'étonnant rapport qu'il y a constamment entre le physique et le moral de l'homme, rapport infaillible, nécessaire, qui ne peut ne pas être, puisque la vie tout entière n'est autre chose que le jeu libre, facile, puissant et régulier de tous nos appareils.

L'alimentivité, comme instinct primordial, existe donc par elle-même; elle est faculté fondamentale, elle donne à l'homme et aux animaux la

conscience du besoin des alimens solides ou liquides, et les détermine, suivant leur nature et leur
espèce, pour telle ou telle substance alimentaire.
Le bon état des surfaces nasales, linguales, buca-
les, la largeur du gosier, la fraîcheur du palais,
et la vigueur de l'estomac, ne nuisent point, il s'en
faut, à l'exercice de ses fonctions, mais ce ne sont
toujours pour elle que les organes extérieurs, que
les organes secondaires de sa fonction. C'est elle
qui préside à leurs mouvemens, qui perçoit leurs
sensations, qui trouve et qui choisit les substances
alimentaires, et c'est elle encore, qui dans certaines circonstances, où il est difficile et dangereux
de se procurer la nourriture, appelle et sollicite
l'action des autres puissances cérébrales conti-
guës, et en particulier celles de la destructivité, de
la combativité, de la ruse et de la prudence, pour
sauver l'organisme, et assurer l'existence à tout
prix. Voilà le sens propre, l'explication scientifique
de cette expression proverbiale et figurée : la faim
fait sortir le loup du bois.

Le sens de l'odorat et du goût, le pharynx et le
gaster n'ont rien à démêler et à faire en pareille
occurrence. Entrer en activité lorsque les difficultés sont vaincues par le cerveau, se prêter autant
qu'il est en eux aux intentions de la nature, suivre
par conséquent en tout les lois de la subordination;

ne flairer, ne déguster, ne savourer les choses que
pour arriver mieux et plus promptement et plus
agréablement à l'assimilation de la puissance alimentaire, entrer pleinement ainsi dans le grand
mouvement réparateur de l'économie, comme
instrumens d'olfaction, de trituration, de trans-
mission, de dégustation, d'imbibition et de chimifi-
cation, telles sont en définitive purement et simplement les fonctions de la bouche, du pharynx,
des fosses nasales, de l'œsophage et de l'estomac.
Vouloir reporter sur eux la puissance d'un instinct, leur accorder le sentiment des besoins
de l'économie, leur prêter l'énergie et la sagacité nécessaires pour y parer et pour les satisfaire;
donner à ces surfaces muqueuses, chargées par la
nature de recevoir des impressions et de les transmettre au centre cérébral, la faculté de percevoir
ces mêmes impressions ; placer dans ces mêmes
surfaces des forces que nous avons vues jusqu'à
présent n'appartenir qu'aux différentes parties de
la masse encéphalique, et, à l'imitation des anciens,
y faire en quelque sorte siéger un chef, un président, un arbitre, un incitateur, c'est vouloir à
plaisir tout confondre et tout embrouiller ; c'est
vouloir le renversement de toutes les lois de la
physiologie du cerveau; c'est vouloir ce qui n'est
pas et ce qui ne peut pas être, que d'opérer des

transpositions aussi singulières des véritables pouvoirs de cet organe, et c'est assez, je pense, de vous les avoir signalées pour que je puisse me dispenser de vous en démontrer plus long-temps le ridicule et l'absurdité.

Vous vous rappelez, Messieurs, nous avoir entendu dire et établir en principe que la nature avait fait du plaisir l'instrument de conservation de tous les êtres sensibles, qu'elle avait mis de la volupté dans tous les phénomènes de l'existence humaine. Les fonctions de l'alimentivité n'échappent point à cette loi générale. J'éprouve de la satisfaction à répéter ce mot de volupté et à en frapper partout en public l'oreille de mes auditeurs, parce que ce mot est vrai, et qu'il est la traduction d'un fait incontestable, parce qu'il accuse la bienveillance de l'auteur des choses à notre égard, parce que le sentiment intime que nous en avons et que nous exprimons est, en quelque sorte, un témoignage de notre reconnaissance, parce qu'il est une protestation contre les idées généralement reçues, contre les doctrines accréditées par des philosophes mauvais observateurs, et des prêtres non moins ignares ou mal intentionnés, et enfin parce qu'il démontre évidemment que dans les petites comme dans les grandes choses, que dans les détails les plus minimes et les moins importans de l'économie, dans le jeu fonctionnel de nos derniers appareils comme dans l'exercice et la manifestation de nos plus augustes pouvoirs, tout a été établi, arrangé pour la plus parfaite félicité de l'homme, tout a été constitué pour qu'aucune partie de l'organisme ne pût, si je puis dire ainsi, se soustraire à elle-même ; pour que toutes les vues de la création fussent remplies, toutes les lois exécutées, tous les commandemens observés, sans qu'il s'élevât la moindre opposition dans l'être, sans qu'il ne sentît même, au contraire, en lui une invitation expresse et toujours délicieuse à vivre conformément aux décrets éternels.

« Ceux qui condamnent le plaisir, comme le disait fort bien Montaigne à ce sujet, sont obligés de condamner la nature et de l'accuser d'avoir commis des fautes dans tous ses ouvrages, car cette prudente mère l'a répandu dans toutes ses actions, et elle a voulu que comme les plus nécessaires étaient les plus basses, elles fussent aussi les plus agréables; mais quoiqu'elle l'ait répandu en toutes les actions nécessaires, elle veut qu'il soit plutôt notre secours que notre motif; quelque contentement qu'elle nous propose, c'est toujours à condition qu'il ne sera pas notre fin, mais qu'il nous servira seulement d'un agréable moyen pour y arriver plus doucement.

N'ayons donc point de fausse honte, Messieurs,

prenons, odorons, goûtons, broyons les alimens tels quels, et puisque, à ce qu'il paraît, cela n'a pu s'opérer sans bien-être, puisque la coupe est sans amertume, approchons-la de nos lèvres et puisons-y la vie; admirons les voies providentielles, avouons sans détour que les bonnes choses sont excellentes, et qu'il est heureux lorsque les besoins de l'alimentivité, de la soif et de la faim se font sentir, lorsqu'on est contraint par les exigences de l'organisme de se distraire de ses études, de ses amours, de son ambition, de ses sentimens de bienveillance envers ses semblables, de ses obligations envers son pays, et de tout ce qui peut plus noblement employer la vie; avouons, dis-je, qu'il est heureux de pouvoir le faire non seulement sans dégoût, sans fatigue et sans ennui, mais encore, de telle manière que la constitution puisse se reposer et se fortifier sans perdre néanmoins un moment de jouissance.

Par toutes ces considérations, Messieurs, et eu égard aux travers et aux écarts dans lesquels l'homme est tombé, touchant l'exercice de cette faculté, travers et écarts que je vais tout-à-l'heure signaler et flétrir, vous ne serez point étonnés de m'entendre recommander comme loi première et indispensable l'obligation qui peut vous paraître extraordinaire à la première impression, mais néanmoins sur laquelle j'insiste formellement et avec intention, l'obligation, dis-je, de *manger* pour vivre.

Oui, Messieurs, il s'est trouvé des hommes et il s'en trouve encore aujourd'hui qui se sont mis en tête que pour plaire à la divinité, ils devaient non seulement rompre le pacte social et s'affranchir de toute obligation envers leurs semblables, mais qu'ils devaient encore, dans la solitude où ils allaient vivre, se condamner, sous le rapport du régime alimentaire, à toute sorte de privations. La vie des anachorètes et de tous les dévots imbéciles qui les ont pris pour modèle, vous est connue. Les malheureux, plus ils s'exténuaient, plus leur corps dépérissait, plus ils portaient sur eux-mêmes la main de la destruction, plus ils violaient les lois de la nature, plus ils se dégageaient de la vie qu'a voulue l'Éternel, plus ils étaient en dehors et au-dessous des conditions humanitaires, et plus dans leur délire, leur orgueil ou leur ineptie, ou plutôt dans l'affaiblissement et la perversion de leurs facultés, ils croyaient multiplier leurs titres à la faveur des cieux ; je reviens donc à ma recommandation, Messieurs, et je dis qu'il faut manger pour vivre.

C'est la condition sans laquelle l'existence ne peut être pleine et complète ; sans cette obligation convenablement remplie, l'organisme languit; c'est un arbre qui sèche dans sa racine; le muscle perd sa vigueur, l'estomac son ressort, les sens n'ont plus leur acuité naturelle, les facultés de tout ordre leur énergie; il n'y a plus de sociabilité, plus de courage, plus de désir de plaire, plus d'ambition, plus de grandeur : le cœur se ferme à la justice et à la bonté; il n'y a plus de poésie dans l'âme, les talens sont éteints, l'espérance et la joie disparaissent, l'intelligence elle-même se trouble ou s'anéantit: la vie est manquée ; le roi de l'univers n'est plus qu'un cadavre ambulant, qu'un être mutilé, indigne des bienfaits de son Dieu, et qui inspirerait le plus profond mépris si l'on n'apercevait pas en lui la triste victime de l'ignorance, du fanatisme et de la superstition.

Sans conteste, Messieurs, l'alimentivité chez l'homme ne doit pas être abandonnée à sa force instinctive; ce n'est point comme hommes que nous la possédons, mais comme appartenant à la nature animale, et en raison de sa grande énergie native, de la vivacité de ses plaisirs et des inconvéniens qui résultent de son intempérance, il faut de bonne heure s'attacher à refréner ses appétits gloutons. Quand la raison ne commanderait pas cette réserve, quand la morale n'en ferait pas un devoir, la médecine la prescrirait sinon comme vertu, du moins comme pratique indispensable à la longue vie et à la pleine existence.

Appicius modernes, Pétrones érudits, raffinés voluptueux, et cependant ignorans viveurs, vous tous qui voulez épuiser la coupe des voluptés et qui ne vous doutez même pas des grands plaisirs et des grandes joies de votre espèce, vous tous, qui, asservis par un penchant tout servile et tout inférieur, placez le souverain bien dans ses jouissances grossières, venez au moins que je vous dise, puisque le besoin de se nourrir est de nécessité majeure, et que je dois traiter de toutes les fonctions de l'économie, venez que je vous dise comment il faut manger et comment il faut boire : puisque esclaves de vos sens, vous vous plaisez à prolonger et à multiplier leur ordre de sensations, venez au moins apprendre comment vous pourrez impunément et tout à la fois satisfaire votre sensualité, fortifier votre constitution, conserver votre santé et prolonger votre vie.

Quelque profonde que soit aujourd'hui la science des bons repas, elle ne va pourtant pas jusqu'à pouvoir changer les lois de la nature ; sans nul doute, Messieurs, le plaisir est attaché à la satisfaction de tous les besoins de l'organisme, mais nos besoins ne dépendent pas de nous, ils sont subordonnés à la force et au mouvement de notre constitution, aux dépenses que nous faisons de la vie, à l'emploi large et parfaitement bien entendu que nous faisons de tous nos appareils et au degré de sensibilité qui est propre à chacun d'eux. Quelque avides que nous soyons de jouissances, quelque grandes et bien épanouies que soient les surfaces que nous présentons au contact des objets extérieurs, néanmoins tous les efforts de l'intelligence, toutes les puissances de la volonté ne peuvent faire renaître un besoin satisfait, ne peuvent raviver la sensibilité fatiguée. Il faut du repos à l'organe pour qu'il puisse retrouver son aptitude à l'action, son toucher délicat, sa vigueur, son plaisir et son rôle, il faut que la constitution, par un nouveau sentiment du besoin, désire, appelle, sollicite l'objet extérieur nécessaire à sa vie; il faut enfin, pour nous renfermer dans l'étude des fonctions particulières dont nous nous occupons ici, que l'appétit soit naturel et franchement ouvert, et que par conséquent les premiers frais soient toujours faits par la nature.

Sachons en toutes choses, Messieurs, attendre le moment favorable. La faim et la soif ne se font-elles donc pas assez vivement et assez fréquemment sentir d'elles-mêmes ! s'abstenir pour jouir, n'est-ce donc pas l'épicuréisme de la raison ? Gardez-vous surtout, si vous voulez tout à la fois soigner les intérêts de votre organisme, maintenir en bon état votre constitution et goûter les plaisirs que la bienveillance de la nature a attachés à chacun de ses mouvemens fonctionnels; gardez-vous de vous laisser aller trop précipitamment à la première invitation de vos sens; laissez venir le besoin réel; attendez qu'il soit assez marqué pour donner à votre caractère de l'impatience, à votre esprit de la distraction, pour faire tourner et retourner plusieurs fois votre corps sur lui-même; laissez la salive humecter votre bouche, et le suc gastrique lubrifier, arroser votre estomac; qu'un sentiment particulier et indéfinissable de malaise, qu'une légère pointe de douleur établie tout exprès, comme le disait Montaigne, pour l'honneur et le service de la volupté, viennent enfin vous avertir du moment où vous pourrez prendre place au banquet qui vous est préparé. Oh! alors soyez sûrs que si vous apportez de la mesure et du calme dans votre opération, que si vous faites ce que vous faites, si occupé d'une chose toute fondamentale, vous ne voulez pas être à mille autres choses beaucoup moins substantielles; oh! soyez sûr alors que vous aurez fait ce qu'il y avait à faire, que votre alimentation tournera au bien-être de votre économie, et que ce résultat ne sera point obtenu sans que vous ayez bien parfaitement apprécié les qualités sapides et odorantes des substances ingérées, sans que par loi de la nature, le contact en ait été délicieux pour toutes vos surfaces, et sans que vous soyez tenté de vous mettre à même par la tempérance et la modération de pouvoir ainsi recommencer toujours.

En violant ces règles diététiques, en violentant la nature, en forçant l'appétit, en provoquant les sens, la délicatesse des organes se perd. On a beau faire il n'y a plus de mets exquis; la sensibilité s'émousse et l'habitude achève bientôt d'ôter aux choses toute leur excellence. Les nausées de toutes les sensations les plus disgracieuses ne quittent point les intempérans; une réplétion apoplectique et des sensations usées, répandent les aigreurs et le dégoût sur tout ce qu'on leur présente, et de tous les délices qu'ils attendaient de leurs somptuosités, ils ne recueillent qu'infirmités, maladies, insensibilité d'organes et inaptitude aux plaisirs; tant il est faux que vivre en Epicurien, dans la fausse acception du mot, ce soit user du temps et tirer bon parti de la vie.

Tous ces désagrémens, ne seraient rien encore pour l'intempérant, s'il ne résultait pas des excès auxquels il se livre quelque chose de bien plus triste et de bien plus humiliant. Les inconvéniens que nous venons de signaler, la perte de la sensibilité, les aigreurs de l'estomac, le dégoût, l'empâtement de la constitution, la chaleur de la bouche, la fétidité de l'haleine, la lenteur des digestions : tout cela ne fait qu'attester l'irritation, l'excitation presque maladive des surfaces que viennent, trop vivement et trop fréquemment, toucher les substances alibiles; tout cela n'est toujours qu'un trouble, qu'un malaise organique, c'est une fonction toute animale, mal ordonnée, mal conduite et partant mal satisfaite. Mais le plus grand mal n'est pas là, il se trouve dans l'atteinte radicale que porte aux puissances intellectuelles et morales une alimentivité aussi désordonnée. Comment voulez-vous en effet, lorsque l'estomac est surchargé d'alimens, lorsque pour en opérer la digestion, il appelle à lui et concentre sur lui toutes les forces de l'économie, que la pensée puisse s'élever dans les régions supérieures, et que l'âme puisse s'animer d'un noble sentiment. En général, Messieurs, nous suffisons à peu de choses à la fois, et la fonction dont nous signalons ici les abus, étant une de celles d'où relève la conservation des êtres, étant par conséquent une de celles qui doivent nécessairement

s'accomplir et au préjudice même de toute autre ;
il est facile de concevoir, indépendamment de
l'observation journalière qui met la chose hors de
doute, que si la fonction est en permanence d'action, elle met infailliblement obstacle à l'expression de tous les pouvoirs qui sont d'un ordre
moins matériel, moins animal, moins indispensable que le sien même.

Du moment où l'on vit exclusivement pour
manger, c'en est fait de l'existence caractéristique de l'espèce, de l'existence humaine,
de l'existence intellectuelle et morale : l'homme
est aussitôt réduit à la condition des brutes. Ne me
croyez point sur parole, observez de près tous
ces épais gastrolâtres dont parle Rabelais : et vous
verrez si leurs habitudes grossières n'enlèvent
point tout ressort à leur esprit, toutes grâces à
leur imagination, et si on ne les voit pas, déchus
du premier rang des êtres, arriver insensiblement
à l'hébétation, à la stupidité et à la dégradation morale. Cette observation avait été faite, en partie,
par l'écrivain le plus éloquent du dix-huitième
siècle. La gourmandise, a-t-il dit dans son *Émile*,
est le vice des cœurs qui n'ont pas d'étoffe; l'âme
d'un gourmand est toute dans son palais.

En disant que les muses étaient vierges, on n'a-
vait donc point tout dit, autrefois, lorsque eu égard

à l'affaiblissement de la puissance intellectuelle, par suite des excès dans les plaisirs de l'amour, on cherchait sous le voile de l'allégorie, à faire sentir aux hommes qui occupaient leur cerveau, les avantages de la sagesse et de la modération. Il faut encore que les muses, pour conserver de la force et de la fraîcheur dans leurs compositions soient sobres et tempérantes. Les âmes ardentes et passionnées pour la gloire, les cœurs tendres et affectueux, les têtes faites pour s'élever dans les régions du génie, tous les hommes qui veulent honorer et servir l'humanité par des qualités d'un ordre supérieur, doivent éviter avec le plus grand soin les excès de l'intempérance. Si leur mâchoire est en mouvement perpétuel, si la graisse et le sang les suffoquent, si l'estomac est constamment occupé à travailler les substances alimentaires, si la viande et le vin font couler sans relâche dans leurs veines des principes de nutrition surabondans et pleins de feu, ils perdent alors les attributs qui les distinguent : l'homme disparaît, comme je le disais, pour faire place à la bête; enseveli dans la matière, dominé par un instinct inférieur, il ne donne du ressort et de l'énergie qu'aux facultés du même étage; tout peint en lui l'abrutissement et l'animalité : sa figure s'enlaidit, sa pantomime n'a plus de noblesse, rien ne vient plus solliciter l'action des parties antérieures et supérieures de son cerveau, et en d'autres termes, son cœur se flétrit, son âme se dégrade, et sa belle tête se ferme aux inspirations des cieux.

Aucune de ces vérités n'avait échappé au génie observateur des anciens ; Hippocrate regardait la tempérance comme la mère de la santé : *si homo parum edit et parum bibit, nullum morbum hoc inducit.* »

Les chrétiens ont fait de la tempérance une de leurs vertus cardinales.

L'étude de la santé, dit Gallien, consiste à ne point se rassasier d'alimens.

Il est certain, Messieurs, que l'homme mange plus qu'il ne devrait habituellement manger, et que son alimentation est en général aussi beaucoup trop substantielle et beaucoup trop excitante. Les anciens législateurs politiques ou religieux ont donc eu raison de s'élever contre l'incessante activité de cet instinct dévorateur ; ils ont donc eu raison de chercher à le régler, à le modifier, à diminuer son énergie, puisque c'est le seul moyen de rendre et de laisser l'organisme sain, allègre, dispos et propre à l'universalité de ses fonctions, puisque c'est le seul moyen de tempérer et d'adoucir les bouillonnemens des passions fougueuses , et cette indocilité féroce que le vin, la bonne chère fomentent avec tant de violence chez des hommes mal élevés, présomptueux et ignorans, comme l'a toujours été la grande masse des nations.

En réfléchissant, sur ces jeûnes et ces abstinences que nous trouvons établis chez les différens peuples de la terre, on ne peut s'empêcher d'admirer la science de nos prédécesseurs; nous devons même éprouver du plaisir à le proclamer, il y a une profonde sagesse et un véritable amour de l'humanité dans la promulgation de ces grands préceptes d'hygiène publique. Ne reprochons point à ceux qui les ont fait adopter de les avoir donnés comme institués et recommandés par Dieu même. On a si souvent fait mal parler l'Éternel, que lorsque par circonstance on s'est montré en son nom et comme lui le bienfaiteur des nations, on peut avoir quelques titres à se faire pardonner ses mensonges.

En France le carême a lieu ordinairement du 1ᵉʳ mars au 15 avril. C'est une époque parfaitement bien choisie pour conseiller l'abstinence des liqueurs fermentées et des viandes noires, et pour prescrire un régime diététique qui n'introduise dans l'économie que des principes doux de nutrition.

Le printemps va venir ou commence; il y a, par l'influence seule de la saison, une excitation générale dans la nature. La terre elle-même, comme le disaient les anciens, s'échauffe et se met en amour ; la sève circule, on voit les bourgeons poindre, et les fleurs s'entrouvrir. Les hibernans se réveillent, les oiseaux se balancent joyeusement dans les airs, les poissons délaissent les eaux profondes et viennent au soleil se jouer à leur surface; tous les animaux abandonnent leurs retraites et animent par leurs évolutions la scène de l'univers. Il n'est point dans la puissance de l'homme, Messieurs, de se soustraire entièrement à cette excitation générale ; comme matière et comme animal, il fléchit sous les grandes lois de la physique universelle ; tout son être s'ébranle, ses passions s'animent; il ne demande qu'à s'agiter dans l'espace. En même temps que le monde extérieur le frappe et le remue avec une énergie nouvelle, on le voit agir et réagir sur ce même monde extérieur avec une puissance et une énergie qui ne lui sont point habituelles.

C'est l'époque des voyages et des émigrations, c'est le moment où il y a le plus de disputes et de rixes. Les anciens, qui avaient divinisé et personnifié tous nos penchans, avaient donc raison d'indiquer cette époque de l'année comme la plus favorable aux succès de la guerre. C'était effectivement alors que leur Dieu *Mars* appelait tous ses enfans au *combat*.

C'est aussi le moment où par la séduction même de la nature, on se laisse plus volontiers entraîner aux plaisirs de l'amour et même à ses désordres. C'est en un mot le moment de la fermentation et de tous les mouvemens excentriques; c'est celui où les facultés fondamentales de l'être, les facultés animales, toutes celles qui sont de reproduction, de défense et de conservation, vont donner lieu par leur force native prédominante, par la promptitude avec laquelle elles s'exaltent sous les excitations extérieures, à une foule d'excès et d'écarts, si on ne se hâte d'en modérer le mouvemens et d'en modifier l'expression. Enfin, tant l'influence de la saison est incontestable et marquée, c'est le moment où l'on voit apparaître et se multiplier les affections éruptives, les fièvres inflammatoires, les hémorrhagies actives et toutes les maladies qui dénotent la surexcitation de l'économie.

Ainsi donc, Messieurs, comme je le disais tout-à-l'heure, ces grands hommes qui firent descendre des cieux les lois des carêmes et des jeûnes, parmi les nations qu'ils voulurent civiliser, s'entendaient donc un peu plus en hygiène que ne le croient encore quelques modernes philosophes : c'est bien effectivement le meilleur moyen de contrebalancer et de neutraliser les causes de violence et d'actions tumultueuses que l'homme trouve souvent tout à la fois dans le climat qu'il habite et dans le régime alimentaire excitant, savoureux et substantiel dont il contracte comme animal si facilement les habitudes.

Nous venons d'applaudir aux mesures diététiques préconisées et établies par nos devanciers ; nous pouvons donc maintenant, en dépit de toute mauvaise interprétation, signaler relativement au régime alimentaire les ridicules et les abus dont nous sommes encore journellement les témoins ; nous pouvons surtout nous élever contre les deux idées fausses qui les ont fait naître et qui les ont maintenus parmi nous. Ainsi on s'est imaginé qu'en se nourrissant à telle et telle époque de l'année, de telle et telle substance alimentaire, on souillait tout à la fois et son âme et son corps, et qu'en s'abstenant rigoureusement de telle et telle autre substance à telle et telle autre époque, on se rendait agréable à Dieu, en même temps qu'on se lavait de toute iniquité.

Je le répète, ce sont, Messieurs, deux erreurs ou deux mensonges. Voyons d'abord sur le premier point l'opinion du législateur, du grand maître ; voyons ce qu'a dit Jésus-Christ.

« 14. Alors ayant appelé de nouveau le peuple il leur dit: Ecoutez-moi tous et comprenez bien ceci.

» 15. Rien de ce qui venant du dehors, entre dans

l'homme n'est capable de le souiller, mais ce qui sort de l'homme est ce qui le souille.

» 16. Si quelqu'un a des oreilles pour l'entendre, qu'il l'entende.

» 17. Après qu'il eut quitté le peuple, et qu'il fut entré dans la maison, ses disciples lui demandèrent ce que voulait dire cette parabole.

» 18. Et il leur dit! Quoi, vous avez encore vous-même si peu d'intelligence ; ne comprenez-vous pas que tout ce qui du dehors entre dans l'homme ne peut le souiller ?

» 19. Parce que cela ne va pas dans son cœur, mais cela va dans son ventre; d'où ce qui est impur dans tous les alimens est séparé et jeté dans le lieu secret.

» 20. Mais ce qui souille l'homme, leur disait-il, c'est ce qui sort de l'homme même.

» 21. Car c'est du dedans , c'est-à-dire du cœur des hommes, que sortent toutes les mauvaises pensées, les adultères, les fornications, les homicides;

» 22. Les larcins, l'avarice, les méchancetés, la fourberie, la dissimulation, l'œil malin et envieux, les médisances, l'orgueil, la folie et le dérèglement de l'esprit.

» 23. Tous ces maux sortent du dedans et souillent l'homme. »

La seconde recommandation, savoir, qu'en

s'abstenant de telle et telle substance, qu'en se refusant tel et tel aliment, on se rend agréable à Dieu
et qu'on obtient la rémission de ses péchés; la
seconde recommandation n'est pas moins mensongère et en opposition avec l'esprit, les intentions
et les recommandations des pères de l'église et des
premiers pasteurs; à part l'affaiblissement de la partie animale dans l'homme qu'ils cherchaient à obtenir par la tempérance et le jeûne, toutes ces pratiques
de l'hygiène n'étaient rien à leurs yeux si l'on ne s'efforçait pas de faire violence à ses passions inférieures, si l'on n'apportait pas dans sa vie publique et
privée toutes les qualités qui constituent l'homme
bienveillant et probe. L'abstinence des viandes et
des liqueurs alcooliques était seulement un moyen
dans leurs mains d'arriver plus facilement et
plus promptement à ce but éminemment moral.
« Le vrai jeûne, dit saint Basile, consiste
dans l'abstinence des vices, jeûnez sur vos procès
et sur vos disputes, sur la médisance, la malignité
et l'injustice; vous vous abstenez de vin, mais non
pas de crimes, vous ne mangez point de chair,
mais vous mangez votre frère.

Jeûnez de convoitise, de gain, de rapine et de
tromperie envers les malheureux, ajoute Saint-
Grégoire de Nice. Quand on ne mortifie que le
corps seul, ce n'est pas un jeûne spirituel, mais

mais charnel ; l'âme asservie à ses vices au dedans, ne paraît libre qu'à l'extérieur, dit saint Léon. »

Incontestablement, Messieurs, voilà la loi et les prophètes, voilà la parole de Dieu et de ses saints apôtres, voilà la raison pure et les sentimens vrais.

Maintenant, je vous le demanderai, après des préceptes si simples, si admirables, si lumineux, qui donc a pu plonger toute la catholicité dans les ténèbres d'une pareille ignorance; d'où vient que par le fait, les deux erreurs que nous avons signalées sont prises comme articles de foi? comment se fait-il qu'au dix-neuvième siècle, en France, en Allemagne, dans une partie de l'Angleterre, dans les trois pays qui ont la prétention d'être en tête de la civilisation et d'éclairer l'univers, on soit assez stupide pour croire qu'en certains temps de l'année, ou pendant certains jours de la semaine, un chapon, un dindonneau, un beefteck, vont souiller tout notre être, tandis qu'un homard, un saumon, une truite de Genève, une carpe du Rhin, si nous les mangeons à l'exclusion de tout régime gras, vont nous mériter les regards du ciel et les indulgences plénières (1).

(1) Si nous ne sommes plus au quinzième siècle, si on ne doit point désespérer de voir un jour l'intelligence gouverner les

Je vous le dis en vérité, Messieurs, il n'y a point d'idées si absurdes qu'elles aient été et qu'elles soient, qui n'aient eu et qui n'aient encore leur application dans ce monde; je vous le dis aussi en

choses d'ici-bas, la cour de Rome cessera de substituer aux principes larges, clairement énoncés et éminemment salutaires de Jésus-Christ, des pratiques de dévotion qui n'aboutissent qu'à de honteuses momeries. En attendant, tant que je les verrai dominantes, je défends aux peuples qui s'y assujettissent de se vanter de leur civilisation et de leur liberté. Ils sont si peu libres et ils sont à tel point privés de lumières, ils ont si peu en eux-mêmes leurs motifs de détermination, et ils sont à tel point esclaves de l'autorité, que je leur porte le défi d'oser prendre sur leur responsabilité de faire servir et de faire manger chez eux le vendredi, un potage au gras et un rosbeef bien préparé.

Si les peuples que j'ai cités sont éclairés, ils doivent être convaincus que l'ingestion d'une substance grasse alimentaire dans l'estomac, ne peut pas faire plus de mal au corps et à l'âme le vendredi que le dimanche, et ils doivent la manger sans la moindre hésitation, et s'ils sont libres ils doivent la manger, encore autant par respect pour leur opinion, par estime d'eux-mêmes, par appréciation de tous les avantages d'un bon régime, par puissance raisonnée de volonté, que par le plaisir de remettre à sa place un directeur imbécille et de braver ostensiblement ses odieux anathèmes.

vérité, il n'y a point d'enfantement plus difficile que celui d'un homme, il n'y a point de développement qui demande plus de patience et de temps et un plus grand nombre de circonstances favorables.

Notez bien, que je ne m'élève point contre ce régime, que comme médecin je l'approuve et le conseille, que je le trouve en rapport avec notre constitution de polyphage, que je le crois calculé pour le plus grand avantage de l'économie; mais s'il convient de le suivre et de l'observer, c'est par suite de ces considérations importantes, c'est pour donner moins d'empire à l'animal en nous, c'est pour vivre plus facilement et et plus complètement en homme. Ainsi que nous l'avons déjà dit, ce doit être par intérêt pour soi, par calcul, qu'il faut s'y conformer; ce doit être par raison, par dignité et non par asservissement superstitieux à des idées qui révoltent le sens commun et qui outragent la divinité. Dans le sens ridicule, où on l'a dit, il n'est donné à aucun régime alimentaire, ni de souiller ni de purifier notre corps, ni de constituer ni de racheter nos iniquités.

Messieurs, nous avons à remercier la Providence en toutes choses: aucun aliment n'est ni pur ni impur en lui-même; ils sont tous bons pour réparer les pertes de l'économie, seulement, ils sont plus ou moins substantiels et plus ou moins excitans. Un régime doux et tempérant convient en général à l'homme, et il fait bien de s'y soumettre. Au printemps et pendant les chaleurs de l'été, la modération dans le boire et dans le manger lui est plus nécessaire encore.

Le jeûne incomplet ou la privation du déjeuner, peut être recommandé de temps en temps aussi avec quelque avantage; il laisse reposer l'estomac et lui fait reprendre les forces dont il a besoin pour résister aux travaux pénibles et presque continuels que notre laide gourmandise et notre voracité brutale lui imposent si souvent; mais je ne crains point de vous le répéter, c'est s'écarter de l'esprit des législateurs, c'est ne pas comprendre ce qu'ils ont dit et ce qu'ils ont voulu dire, ce n'est point s'élever aux grandes vues de leurs institutions que de suivre les prescriptions de leur sagesse plutôt un vendredi qu'un jeudi ou que tout autre jour de la semaine: tous les jours se ressemblent pour faire les choses utiles, Messieurs, il n'y a point de lundis, de mardis, de mercredis, de jeudis, de vendredis, de samedis, de dimanches. Toutes ces divisions du temps faites pour se prêter aux faiblesses de notre intelligence ne signifient rien, le temps seul est là; il passe éternellement sur nos têtes, et il doit aussi bien dans un moment que dans un autre nous trouver occupés à régler en hommes les mouvemens et les besoins instinctifs de notre constitution.

Que si l'on me dit à moi, que les anciens directeurs et conducteurs des peuples savaient parfaitement bien ce qu'ils faisaient en propageant de pareilles idées, que c'était toujours dans de louables intentions qu'ils agissaient ainsi; si l'on me dit que s'adressant à des nations ignorantes, incultes et cruelles, dont les plaisirs les plus vifs se réduisaient aux jouissances les plus grossières de l'animalité, ils devaient en présence de ces bêtes fauves et de ces imbéciles, trouver bons tous les moyens de leur faire adopter le régime qui pouvait calmer leur effervescence et leur rage ; si l'on me dit que connaissant profondément la violence native des facultés de la brute dans l'homme, ils avaient voulu en contrebalancer l'influence par des motifs d'un tout autre ordre, et indemniser en quelque sorte par eux l'animal de tous ses sacrifices ; si l'on me dit que ces idées de craintes et d'espérances, de souillures et d'impiétés, de punitions et de récompenses, etc. etc., frappaient bien plus vivement l'imagination de ces hommes grossiers et stupides que n'aurait pu le faire l'exposition la plus simple et la plus claire des préceptes les mieux entendus de l'hygiène : oh ! alors dans ces temps-là on a fait peut-être ce qu'il y avait à faire, la bonne intention d'ailleurs désarme la critique, l'aveu d'un mensonge pieux mérite aussi son indulgence, et la grandeur du service rendu rachète incontestablement son mode d'exécution.

Mais vouloir à l'époque actuelle appuyer ces excellens préceptes de tempérance et de modération, d'abstinences et de jeûnes sur autre chose que sur l'évidence même de la raison; vouloir, comme au 14ᵉ ou 15ᵉ siècle, les appuyer encore sur un vieux fonds d'idées entaché de fanatisme, d'ignorance et de superstition, c'est véritablement prendre l'espèce humaine pour un ramas d'idiots inmodifiables; c'est la juger incapable de pouvoir jamais arriver aux lumières du sens commun, c'est se complaire à épaissir et à prolonger les ténèbres de son esprit, c'est la dégrader et l'avilir, c'est la tromper avec mauvaise intention et violer ouvertement envers elle toutes les lois de notre noble nature.

Voilà cependant, ce qu'il nous faut encore entendre tous les jours dans l'intérieur du foyer domestique. Les préceptes dont étaient imbus les Welches et les Wisigoths ont encore force de loi parmi nous. Le langage qu'on nous tient est le même; un aliment est encore, suivant le jour ou l'époque où on l'ingère, pur et impur; il souille, il purifie, il nous fait partisans du démon, il nous rapproche des anges et du bon Dieu : on nous le permet un jour, on nous le défend un autre jour ; en un mot on nous traite en tout point comme de grands enfans, et il faut avouer que ce serait dommage qu'il en fût autrement à la manière dont nous nous laissons faire.

Il n'y a point d'incrédulité à manifester sur ce point ; les exceptions ne signifient rien, et vous avez beau vouloir en agir à votre tête, Messieurs les jurisconsultes, les négocians, les banquiers, les médecins, les académiciens ; vous tous, Messieurs, les esprits forts et libres du dix-neuvième siècle, députés et pairs de France, hommes de lettres, et membres de l'Institut, je vous engage à incliner modestement votre chef sur tous les détails intérieurs de votre alimentation journalière et de manger bien tranquillement, pendant toute l'année, tout ce que l'on voudra servir sur vos tables, sous peine de voir l'émeute chassée des rues, éclater sous votre paisible toit, de voir vos femmes et vos propres enfans s'animer contre vous d'un zèle saint, frénétique et bête, et vous contraindre par leurs criailleries, leur orgueil et leur ténacité, à ne point usurper chez vous un rôle, un pouvoir, une direction qui de temps immémorial a été dans les mains de l'homme prêtre.

Renoncez, croyez-moi, à un métier qui n'est pas le vôtre. Vous n'avez point, à ce qu'il paraît, les lumières nécessaires pour ordonner votre régime. Si vous avez la science, vous n'avez point l'autorité. N'usez point votre vie dans la dispute : à l'occasion d'une bagatelle, d'un misérable aliment, vous allez à leurs yeux figurer parmi les hérétiques et les damnés, vous allez perdre leur estime et leur affection, vous aller avoir l'enfer en ce monde et dans l'autre ; humiliez votre raison, prenez vos dames pour ce qu'elles veulent être, donnez-leur la joie et la tranquillité, mangez ce qu'elles vous présentent par l'ordre des pasteurs, et entrez ainsi comme elles dans les voies du bonheur éternel.

RÉSUMÉ (1).

Ce penchant est un des plus forts qui existent dans les animaux comme dans l'homme. Les neuf dixièmes au moins de ceux qui couvrent la surface du globe, ne s'agitent toute leur vie que pour se procurer des alimens : le sauvage ne sort de son apathie que pour aller à la chasse ou à la pêche ; le nègre vend sa liberté pour un verre d'eau-de-vie ; et même, dans nos contrées civilisées, toutes les idées du peuple sont tournées de ce côté ; aussi sa langue se ressent-elle de la haute influence de cet organe : pour lui, *manger* c'est *vivre*, et ces deux mots sont synonymes dans son langage. Un homme qui fait de bons repas, est un homme qui *vit* bien. Veut-il exprimer la richesse de quelqu'un ? il dit qu'il a cinquante, soixante francs à *manger* par jour. Les Romains eux-mêmes, au plus haut degré de leur puissance, ne demandaient à Néron que du pain et des spectacles, *panem et circenses*. C'était le cri de deux organes voisins (alimentivité, destructivité).

Dans les classes éclairées de la société, d'autres

(1) Je le dois presqu'en entier aux excellens travaux de MM. Ombros et Pentelithe.

facultés s'exercent, et diminuent l'énergie de l'alimentivité ; car plus il y a d'organes actifs dans le cerveau, moins il peut y avoir de prédominance dans l'un d'eux. Les Lydiens, pressés par la disette, s'avisèrent d'inventer des jeux. L'oisif devient libertin ou gourmand. Plus la vie intellectuelle s'étend, plus la vie animale se rétrécit. On mange peu à Paris, on mange plus à Lyon ; on mange sans cesse dans les petites villes et dans les villages. Mais, dans les classes même où le besoin de manger est presque de mauvais ton, l'alimentivité conserve une grande influence. « N'avez-vous jamais réfléchi, dit Demaistre, à l'importance que les hommes ont toujours attachée aux repas ? La table, dit un ancien proverbe grec, est entremetteuse de l'amitié. Point de traités, point d'accords, point de fêtes, point de cérémonies d'aucune espèce, même lugubres, sans repas. Pourquoi l'invitation à un homme qui dînera tout aussi bien chez lui, est-elle une politesse ? Pourquoi est-il plus honorable d'être assis à la table d'un prince que d'être assis ailleurs à ses côtés ? Descendez depuis le palais du monarque européen jusqu'à la hutte du cacique, passez de la plus haute civilisation aux rudimens de la société ; examinez tous les rangs, toutes les conditions, tous les caractères, partout vous trouverez les repas placés comme une espèce de religion, comme une théorie d'égards, de bienveillance, d'étiquette, souvent de politique; théorie qui a ses lois, ses observances, ses délicatesses, etc. »

« J'ai vu parmi nous, raconte Montaigne, un de ces artistes qui avaient servi le cardinal Carafa. Il me fit un discours de cette science de gueule, avec une gravité et une contenance magistrales, comme s'il eût parlé de quelques grands points de théologie. Il me déchiffra les différences d'appétit, celui qu'on a à jeun, celui qu'on a après le second et tiers service, etc. ; ensuite il entra en matière sur l'ordre du service, plein de belles et importantes considérations, et tout cela enflé de riches et magnifiques paroles, et de celles-là même qu'on emploie à traiter du gouvernement d'un empire. »

Le climat exerce une grande influence sur cet organe; et sous ce rapport, comme sous les autres, l'homme est harmonisé avec le monde extérieur. Dans les pays froids, où l'habitant a besoin de résister aux effets de la température, cette faculté est très forte; l'Allemand, le Suédois, le Russe, consomment une prodigieuse quantité d'alimens. Dans le midi, au contraire, où la chaleur semble suffire seule pour faire végéter, pour ainsi dire, les corps, l'alimentivité est peu active;

les fruits et les végétaux suffisent. Les femmes délicates de ces contrées ne pourraient pas digé-rer les substances que les femmes des pays sep-tentrionaux mangent sans en être incommodées. (Spurzheim, *Éduc.*, p. 35, 69). Le Tellah et l'A-rabe du désert, sobres par nature ou par instinct, le sont encore par l'observation journalière des faits, qui leur démontre à chaque instant que l'homme le plus vigoureusement constitué ne pour-rait supporter les chaleurs intenses du soleil, s'il n'avait la précaution de ne prendre qu'une petite quantité d'alimens. Ils savent que lorsqu'on est à jeun, la peau est fraîche, la respiration facile, la tête dégagée, quelle que soit la chaleur à laquelle on se trouve exposé. Au lever du soleil, l'Arabe nomade, monté sur son coursier, parcourt du matin au soir l'immensité du désert, n'emportant pour toute provision qu'un petit sac de farine et une outre remplie d'eau. Le complément de son équipage est une coupe en bois, dans laquelle il pétrit quatre ou cinq boulettes de pâte, de la grosseur d'une noix, qui, cuites sur un peu de braise ou desséchées au soleil, constituent toute la nourri-ture d'une longue journée d'été (BUFFON).

Les différences que l'on observe dans l'énergie de cet organe ne tiennent pas toutes au climat ; les saisons ont aussi de l'influence. On mange moins

en été qu'en hiver ; Hippocrate prétend qu'on soutient mieux l'abstinence pendant les temps chauds
que pendant les froids rigoureux. Il y a encore
des différences purement individuelles : il en est
qui ont besoin d'une grande quantité d'alimens,
et l'on cite sous ce rapport des exemples remarquables.

Des différences analogues se retrouvent chez
les animaux : si on excepte le genre chameau,
dont les espèces supportent la faim avec une patience qui tient du prodige, tous les herbivores
mangent beaucoup, et ils avaient besoin en effet
d'être fortement poussés à prendre de la nourriture, car leurs alimens sont peu nourrissans ; aussi
la nature en a-t-elle couvert la terre, et leur
a-t-elle donné une masse intestinale énorme,
pour les contenir et les élaborer. Les carnassiers,
au contraire, mangent moins : le renard ne parvient pas tous les jours à saisir une poule, ni le
loup un mouton ; mais les substances animales
dont ils se nourrissent contiennent beaucoup de
matières nutritives, il leur en faut moins pour les
soutenir : aussi, éprouvent-ils le besoin de manger moins impérieusement et moins souvent que
ceux qui vivent de végétaux.

La même remarque s'applique aux oiseaux : les
gallinacés mangent sans cesse, tandis que le fau-

con , le vautour et l'aigle restent long-temps en repos après avoir dévoré leur proie. Parmi les poissons, les cyprins , qui se nourrissent presque exclusivement de végétaux, sont toujours en mouvement pour chercher leur pâture , tandis que le brochet et la plupart des carnassiers ne sortent du fond de l'eau qu'à de longs intervalles pour saisir une proie. Le boa , parmi les reptiles, reste plusieurs mois endormi, après avoir avalé un animal, quelquefois plus gros que lui.

Comme toutes les facultés, l'alimentivité a plusieurs degrés d'activité ; les mots d'*appétit* et de *faim* expriment ces degrés. De même que toutes les fonctions nerveuses , elle est intermittente ; elle se réveille presque toujours à la même heure; elle s'affaiblit et s'assoupit quand cette heure est passée , quoiqu'on n'ait rien pris pour la satisfaire ; mais elle reparaît bientôt, et s'accompagne de symptômes alarmans quand l'abstinence se prolonge.

Le vieillard supporte la faim beaucoup mieux que l'enfant ; son corps n'a plus cette nutrition active qu'il avait dans le jeune âge ; il diminue plutôt qu'il ne s'accroît ; il n'a donc pas besoin de tant de substances alibiles. Aussi, le Dante nous représente-t-il Ugolin n'expirant qu'après tous ses enfans dans la prison où la vengeance de Ruggieri l'avait condamné à mourrir de faim avec eux. Le poète s'est conformé en cela à ce qu'enseigne la physiologie. Hippocrate a dit dans ses aphorismes : *Senes facillime jejunium ferunt, deinde qui constanti sunt ætate; minime adolescentes ; ex omnibus vero pueri, præsertim illi qui inter ipsos sunt vividiores.* (Aph. 13, sect. 1.)

Les effets de la faim sont plus rapides chez les hommes que chez les femmes, chez les individus maigres, secs et bilieux que chez les lymphatiques, chez ceux qui font de l'exercice, que chez ceux qui restent dans l'inaction ; ils sont prompts, surtout quand le tourment de la soif s'ajoute à celui de la faim : la mort survient plus tôt dans un air sec que dans un air humide ; de plusieurs chapons que Redi tint enfermés sans leur donner à manger ni à boire, aucun ne passa le neuvième jour, tandis qu'un autre, qui eut de l'eau tant qu'il en voulut, et qui but avidement et souvent, pendant seize jours, n'expira qu'au vingtième. Chaussier rapportait dans ses cours, que des ouvriers, s'étant trouvés pris dans une carrière froide et humide, par l'écroulement subit des étais, y restèrent sans nourriture pendant quatorze jours ; quand on eut enlevé les décombres il ne leur restait plus qu'un souffle de vie, leur pouls était faible, leur chaleur prête à s'éteindre ;

cependant ils se rétablirent assez promptement. On succombe plus vite à la faim quand on jouit d'une bonne santé que quand on est malade ; les exemples de diète prolongée, cités par Haller, n'ont été pris que parmi des mélancoliques, des fous ou des femmes hystériques.

On peut rapporter encore à cet organe une maladie qui jusqu'ici a été complètement inconnue dans sa nature comme dans son siége : c'est l'hydrophobie. Ce ne peut être qu'une affection de l'alimentivité ; et l'un de nous (*Observ.* 1) a manifestement vu la portion du cerveau, qui en est le siége, enflammée, et les membranes correspondantes très rouges, chez un jeune homme mort à la suite de la morsure d'un chien enragé. Il est important de ne pas confondre la rage elle-même avec l'horrreur des liquides ; ce sont deux maladies qui peuvent exister isolément : la rage, ou plutôt ses mouvemens tétaniques appartiennent à l'affection de la moelle ; l'hydrophobie à celle de l'alimentivité ; et quand il s'y joint l'envie de mordre, qui n'existe pas non plus chez tous les enragés, c'est que la maladie a gagné la destructivité.

L'asthénie constitue l'inactivité de l'organe ou l'anorexie.

Cette inertie peut être produite, dans l'état de santé, par l'intensité de l'action cérébrale occupée ailleurs. On sait qu'une méditation profonde ou une passion violente endorment, pour ainsi dire, l'alimentivité, ou du moins rendent insensible au retour de l'appétit.

En général, l'anorexie doit être considérée (Ch. Londe, *D. méd. Chir. prat.*, t. III, p. 21) comme un *avertissement de l'organisme* qui nous prescrit l'abstinence, soit pour éteindre une hypérémie, soit pour empêcher l'estomac de se charger de matériaux qu'il ne peut élaborer. Ce qu'il y a alors de mieux à faire, c'est de suivre la nature.

La lésion de l'organe encéphalique n'a pas fixé l'attention des pathologistes. L'étude analytique de la migraine va nous fournir à ce sujet des lumières précieuses : la migraine est une névralgie qui occupe un des côtés de la tête et *spécialement la région temporale*, et qui est remarquable par le *siége exclusif* de la douleur dans les *tempes*, par les accès qu'elle présente et l'absence de lésions organiques (PIORRY, *Migraine*, 1831, p. 406). Elle se déclare dans deux conditions de l'estomac, ou lorsqu'il est rempli d'alimens, ou lorsque la *faim se prononce avec intensité* (ib., 407). La faim, pour certains hommes, dit cet auteur (p. 396) est promptement suivie de la *migraine.* (On connaît le proverbe populaire qui dit que *le mal de tête veut paître*). Le goût et l'odorat sont alors altérés (p. 411); puis le trouble encéphalique réagit sur l'estomac : des éructations, des nausées, des vomissemens surviennent; et il est à noter que les vomissemens ne dépendent pas de la présence des alimens, car ils se déclarent quelquefois lorsque l'estomac est complètement vide, et ce sont même ceux-là qui fatiguent le plus les malades (Piorry, p. 412). Il y a plus, dans une migraine excessive, il arrive souvent qu'un des côtés de la langue ou de la face éprouve un frémissement douloureux, qui commence par la pointe de la langue, et quand cette douleur est parvenue vers le centre, elle cesse de se faire sentir (ib., 412). Lorsque cette affection survient à jeun, et qu'on a souffert de la faim, des alimens et *surtout ceux qui sont excitans*, du vin, entravent brusquement le développement ultérieur des symptômes (ib., p. 419). N'est-ce pas là évidemment une lésion locale de l'alimentivité? Or, on ne fait ici qu'extraire *littéralement* ces passages du mémoire de M. Piorry. Le mode d'action des remèdes vient pleinement confirmer notre opinion : MM. Trousseau, Piorry et Blanc ont réussi, surtout dès l'invasion de la migraine, avec l'extrait de belladone en friction. Et où frictionnent-ils? précisément sur les tempes. M. Piorry rapporte cinq cas de guérison par l'emploi de ce moyen topique.

La suractivité anormale de l'organe se lie à des phénomènes cérébraux dignes de remarque. Ainsi, les apoplexies sont souvent annoncées par un appétit plus fort qu'à l'ordinaire. Et, lorsque dans une maladie aiguë, le malade demande à manger sans que les symptômes aient diminué, c'est un signe que le cerveau va se prendre.

Les surexcitations de l'organe peuvent avoir pour effet des désirs insatiables, soit de boissons, c'est la polydipsie; soit d'alimens, c'est la polyphagie ou boulimie. A l'égard de la polydipsie, nous nous bornerons à cet extrait (*D. méd. chir. prat.*, 1835, t. XIII, 441): « Elle n'a guère, dit M. Jolly, été étudiée jusqu'à ce jour que comme symptôme, et pourtant des faits nombreux ne permettent point de douter qu'elle ne puisse constituer à elle seule une maladie essentielle. On l'observe particulièrement chez les individus qui ont contracté le vice de l'ivrognerie; elle peut avoir pour *siége le centre même de la sensibilité* (p. 443), et pour cause une hallucination mentale, comparable à celles dont les sensations dépendantes des sens externes nous offrent l'exemple, et qu'on sait être *indépendantes des sens eux-mêmes.* » Ces paroles n'ont pas besoin de commentaire.

Quant à la polyphagie, elle peut, dit le même auteur (t. XIII, p. 495), être due à une *aberration de la sensibilité spéciale qui a sous sa dépendance les fonctions digestives*, c'est-à-dire à une anomalie de la sensibilité cérébrale. Et à ce sujet, il fait cette réflexion fort juste : chez quelques polyphages (p. 496), on a trouvé l'estomac d'une ampleur tout-à-fait extraordinaire ; mais cette dimension exagérée était-elle *cause* ou *résultat* de la polyphagie? D'ailleurs, ajoute-t-il (p. 497), quelle disproportion entre la voracité presque incroyable des polyphages et les anomalies observées dans les organes digestifs !

C'est qu'en effet il fallait raisonnablement chercher ailleurs que dans les membranes gastriques la cause et le siége de ces phénomènes. Tout ce qui est désir, tout ce qui est idée, tout ce qui est instinct ou penchant, la raison se refuse à le placer dans l'estomac ni aucun des organes splanchniques du thorax ou de l'abdomen. Voici quelques cas pathologiques fort intéressans pour l'histoire de l'alimentivité.

Obs. 3. L'un de nous traitait un homme affecté d'une péritonite chronique, qui était tourmenté d'un besoin continuel de manger. Spurzheim, à qui il le fit voir à son passage à Lyon, crut reconnaître dans les tempes une chaleur plus grande

que dans le reste de la tête. Des sangsues y furent appliquées ; la faim parut calmée momentanément ; mais le malade sortit de l'hôpital avant
qu'on pût arriver à un résultat définitif.

Obs. 4. Une femme, petite et maigre, ayant
toujours été d'un fort appétit, eut une vive
frayeur. A l'instant, elle sentit, dit-elle, son sang
porté vers la tête et son corps glacé. Depuis lors
elle fut sujette à de violentes douleurs dans les
tempes ; mais ce qui la tourmentait le plus, c'était
un besoin de manger que rien ne pouvait satisfaire.

Obs. 5. Un vieillard de l'hospice de la Charité
s'était fait remarquer depuis long-temps par son
ivrognerie ; il mourut d'une gastro-hépatite. A
l'autopsie, nous trouvâmes une érosion parfaitement marquée des deux circonvolutions de l'alimentivité du côté gauche.

Obs. 6. Un homme de cinquante ans succomba
à une hépatite chronique à la suite d'excès de
boissons spiritueuses. Nous rencontrâmes la même
érosion. Ces deux observations, ainsi que celle
du jeune hydrophobe, sont d'un haut intérêt pour
l'étude et le siége de la faculté qui nous occupe.

Jusqu'ici nous n'avons examiné l'alimentivité
que sous le rapport du sentiment de la faim et de
la soif ; il reste à l'étudier sous le rapport du
goût.

Chaque animal a un certain nombre de corps qui ont été destinés à cet usage, et vers lesquels il est porté par un instinct inné, sans tâtonnement, sans essai. L'enfant, à peine sorti de l'utérus de sa mère, cherche le sein, s'y applique, et exécute mieux que l'adulte le mécanisme compliqué de la succion. Le chevreau, au milieu de vingt plantes qu'on lui offre, sait choisir le cytise (GALIEN). Le perdreau, en sortant de l'œuf, sait, ainsi que le poussin, chercher dans la terre le grain qui doit le nourrir ; et, quoique le papillon dépose en général ses œufs sur le végétal qui doit servir de pâture à sa chenille, si quelqu'accident l'en sépare, elle sait bien le retrouver, et ne va pas ronger une autre plante.

Tous les corps de la nature sont en effet destinés à servir de nourriture à d'autres ; chaque espèce a un certain nombre d'ennemis occupés à la détruire ; chaque partie des végétaux sert à l'entretien de quelques êtres ; et les animaux eux-mêmes sont sans cesse en guerre avec d'autres, soit qu'ils les attaquent de vive force, comme les mammifères, soit qu'ils s'attachent à leur corps, comme les insectes et les entozoaires. La destruction est organisée dans la nature aussi bien que la reproduction. Mais par cela même, les animaux ne devaient pas se nourrir de tout indistinctement ; ce qui entretient la vie de l'un est un poison pour l'autre : les vers se repaissent de chairs en putré-faction ; certaines chenilles vivent du suc des tithy-males et d'autres plantes vireuses ; les cailles s'en-graissent, dit-on, avec l'hellébore ; les porcs se nourrissent impunément de jusquiame, les chèvres de ciguë ; l'euphorbe, selon Forskal, sert à nour-rir les chameaux ; toutes substances à l'usage desquelles l'homme ne résisterait pas, tandis que le persil, les amandes amères qu'il mange impu-nément, sont un poison pour les perroquets et les écureuils.

Non seulement l'alimentivité règle ainsi les alimens qui conviennent à chaque espèce ; mais elle se modifie encore suivant les besoins qu'é-prouve le corps de l'animal par suite du climat ou de certains états de maladie. Dans les pays chauds, elle porte l'homme à se nourrir de végétaux ; la diète pythagoricienne a pris naissance dans l'Inde, où le riz est la principale nourriture des habi-tans. Dans les pays froids, elle lui fait préférer les substances animales et les liqueurs fermentées qui le font résister mieux aux rigueurs des fri-mas.

Ses organes sont-ils malades, elle perd en gé-néral le goût des alimens ; les animaux se privent alors de manger. Elle ne borne pas là ses bienfaits ; elle nous indique encore ce qui nous est utile. Qui ne sait que les malades recherchent souvent les boissons douces dans les catarrhes, les acides dans la fièvre bilieuse, les amers dans certains embarras gastriques, etc. ? L'appétit commence-t-il à reparaître, ils désirent certains alimens, et il est rare qu'ils ne les digèrent pas. Il n'est pas besoin de dire qu'on ne parle ici que des instincts bien déterminés, et il ne faut pas les confondre avec les caprices d'une femme vaporeuse ou d'un enfant gâté.

Telle fut l'origine de la médecine : c'est après avoir remarqué que les acides, que ce malade avait demandés avec instance, lui avaient été utiles, qu'on les conseilla à cet autre qui se trouvait dans le même cas et chez qui peut-être les perceptions de l'alimentivité n'étaient pas assez claires pour qu'il les demandât lui-même ; d'où il suit que, dans beaucoup de cas, il y a chez les hommes une médecine purement instinctive : c'est celle qui existe chez les animaux. Les chiens mangent du chiendent pour se faire vomir ; les chattes boivent de l'huile pendant les douleurs de la parturition ; les mangoustes de l'Inde, ennemis acharnés des reptiles, savent, lorsqu'ils en ont été mordus, manger une racine que les Indiens reconnaissent eux-mêmes comme l'antidote de ce venin ; et l'un de nous se rappellera toujours avoir vu l'ours Martin de la Ménagerie royale, quelque temps après s'être cassé la cuisse, briser la glace de son auge pour y tremper son membre fracturé. C'est le recueil de tous ces faits qui a constitué les principes de l'art de guérir.

Les modifications que l'alimentivité éprouve de la grossesse sont dignes de remarque. Il se manifeste alors une foule de désirs qu'on appelle *envies de femmes grosses*. Quelques-uns sont, il est vrai, bizarres et inexplicables ; mais il en est qui ne sont que des moyens dont la nature se sert pour introduire dans l'économie les matériaux nécessaires à la formation du nouvel être. Ils existent dans les animaux comme dans l'espèce humaine : c'est une véritable envie de femme grosse que celle qui porte les oiseaux à manger des substances terreuses, au moment de la ponte, sans doute pour fournir les matières crétacées qui doivent former la coquille de l'œuf.

Quand cette faculté nous pousse à manger des substances qui ne sont pas de l'ordre de celles dont nous avons coutume de nous nourrir, c'est un état pathologique qui porte le nom de pica ou malacia. C'est souvent un véritable délire, ou une aliénation de la faculté ; mais, dans quelques cas, ce pourrait bien être encore une impulsion de la nature pour se pourvoir des principes dont le corps a besoin ; c'est ce qu'on voit, par exemple, chez les enfans rachitiques qui mangent de la terre ou de la chaux, comme pour fournir au système osseux les sels calcaires destinés à lui donner la solidité qui lui manque.

Le goût diffère autant que l'appétit ; chez les uns, il est très développé ; il est très faible, chez d'autres. Il semble qu'il se perfectionne avec les facultés intellectuelles qu'il avoisine. Les peuples, à leur origine, préfèrent la quantité à la qualité ; la sensualité dans les plaisirs de la table est comme une marque de civilisation. Le brouet noir qui suffisait au Spartiate sauvage ne convenait plus au spirituel Athénien ; et les somptueux repas de Lucullus remplacèrent les modestes racines que Dentatus faisait cuire lui-même quand il reçut les ambassadeurs des Samnites. Ici, comme ailleurs, l'abus est près de l'usage. Qui ne sait les excès auxquels les Romains se portèrent sous ce rapport ? César mangeait quelquefois en un seul festin le revenu de plusieurs provinces. Vitellius n'assistait jamais à un repas qui coûtât moins de dix mille écus, et il en faisait quatre par jour. Lucullus, pris un jour à l'improviste par Cicéron et Pompée, leur donna un souper qui revint à vingt mille francs de notre monnaie ; et Domitien faisait délibérer le sénat sur la manière de préparer un turbot. Leur gourmandise sut dépasser les bornes que semblait lui assigner la capacité de l'estomac. Ils provoquaient le vomissement quand ils étaient repus d'alimens, et recommençaient à manger comme auparavant ; *vomunt ut edant*, dit Sénèque, et *edunt ut vomant*.

Il y a encore d'autres penchans qu'on ne peut rapporter qu'à des idiosyncrasies de l'alimentivité ; celui-ci ne rêve que bons morceaux ; toutes ses idées sont dirigées vers les repas et la bonne chère ; celui-là se soucie peu des solides, mais les boissons, le vin et les liqueurs sont sa plus douce jouissance. Ces deux penchans constituent la *gourmandise* et l'*ivrognerie* : ce sont deux abus de la faculté que nous décrivons ici.

L'habitude nous fait souvent trouver bonnes certaines substances que le goût rejette d'abord avec répugnance. Qui n'a pas été péniblement affecté de la fumée du tabac et de son action douloureuse sur la langue ? Peu à peu nos organes s'y accoutument, et l'excitation qu'il entraîne devient un besoin tel que les Turcs, les Espagnols et les Allemands mettent autant de soin à approvisionner leurs places fortes de tabac que de pain. La privation de cette plante cause chez ces peuples une mélancolie et un abattement qui ne sont pas sans danger ; tandis que la fumée de la pipe du soldat ou la succion de la chique du marin, leur donnent un plaisir vague, une espèce de jouissance qui n'a pas encore été bien définie, mais qui n'est autre chose que la satisfaction de l'alimentivité.

Ce qui précède démontre combien grande est l'influence de cet organe sur les autres ; la plus directe de toutes, est celle qu'il a sur l'appareil de la digestion, dont il est, comme nous l'avons dit, la portion encéphalique ; aussi suit-il tous les degrés d'altération de ces organes.

Nous voici arrivés au siége et à la manifestation extérieure qu'il affecte. Nos observations (et surtout les n°s 1, 5 et 6) sont précieuses pour la solution de ce problème ; elles démontrent que l'alimentivité a son siége dans le lobe moyen.

Chez l'homme, elle occupe une ou deux circonvolutions allongées, en avant de l'organe de la destruction, et en arrière de celui de la respirabilité qui constitue la pointe du lobe. Sa manifestation extérieure porte sur le quart antérieur du temporal, entre celle de ces deux facultés ; elle se décèle par la courbure qu'elle y fait prendre à la lame osseuse. Le grand développement de l'organe se dénote par une saillie oblongue et verticale, assez semblable à une côte de melon qu'on appliquerait sur la suture sphéno-temporale; les tempes se comblent, et la tête est sensiblement élargie dans ce point.

Les bustes antiques des Romains en offrent des exemples; certaines nations paraissent l'avoir plus fort que d'autres, comme on peut l'observer généralement chez les Allemands, etc. Mais les plus grandes variétés sont encore d'individu à individu. Dans la collection phrénologique de M. Duchêne de Givors, il existe, entre autres, quatre crânes remarquables sous ce rapport.

Obs. 7. L'un est celui d'un crieur public, mort à soixante et un ans, d'une phthisie pulmonaire. Fort adonné à l'ivrognerie, il ne désirait acquérir que pour le dépenser en boissons, et était connu dans son quartier pour *un grand riboteur*. Les temporaux s'avancent parallèlement en avant jusqu'à la suture, et quoiqu'ils soient planes, la tête se trouve ainsi notablement élargie dans cette région.

Obs. 8. Un autre a appartenu à un garçon de treize ans, mort d'une gastro-entérite. Il avait toujours faim, mangeait beaucoup et avec avidité, et aimait surtout la viande. Ses parens disaient qu'il était inconcevable qu'un enfant pût être si gros mangeur, et prétendaient que sa maladie était le résultat de plusieurs indigestions qu'il s'était causées par sa gloutonnerie. Ici le temporal n'offre plus une surface plane, il est fortement bosselé, ce qui élargit beaucoup le diamètre du crâne dans la région des tempes.

Obs. 9. Le troisième est celui d'un escamoteur, mort à quarante-six ans, d'une gastro-entérite chronique, avec abcès de foie, suite de ses excès en boissons et en alimens. Avait-il quelque argent ? c'était pour s'enivrer avec ses camarades. A l'hôpital, il disait mourir de faim, et achetait les portions de ses voisins, malgré la défense du médecin, et bien qu'il sût lui-même que cela lui faisait mal. On s'aperçut qu'il se levait souvent, dans la nuit, pour voler et manger les provisions des autres malades. Ici le développement est énorme, la *côte* manifeste, et la proéminence si saillante que, le crâne étant vu en face et à distance, elle dépasse le niveau des orbites.

Obs. 10. Le quatrième provient d'une femme d'une petite constitution, morte à cinquante-deux ans, d'un catarrhe chronique. Elle n'avait presque jamais appétit, ne buvait que de l'eau, et un peu de lait lui suffisait ordinairement pour toute la journée. Sa mère disait n'avoir jamais vu d'enfant *si petit mangeur*. Ses digestions étaient souvent difficiles, et parfois, pour peu qu'elle prît de nourriture, elle éprouvait un malaise épigastrique et de l'oppression. Son crâne offre ici une étroitesse frappante à côté des trois autres. Non seulement les tempes sont profondes, et les temporaux aplatis, mais encore ils semblent rentrer en devant, et convergent au point que, prolongés, ils se rencontreraient à moins de deux pouces en avant de l'épine nasale.

On sait que Charles XII, ayant entendu parler d'une femme qui vivait depuis long-temps sans manger, lui qui s'était étudié à souffrir les plus extrêmes rigueurs, voulut essayer combien de temps il pourrait supporter la faim ; il passa cinq jours entiers sans manger, etc. (VOLTAIRE). Son portrait est remarquable, surtout comparé à celui de Mirabeau.

Cet organe est très développé chez le bœuf, chez le mouton, etc.

Ainsi, c'est à l'alimentivité qu'il faut rapporter : 1° dans l'état physiologique, la faim, la soif, les différens appétits, la gloutonnerie, la gourmandise, l'ivrognerie, le penchant à chiquer, à fumer, etc. ; 2° dans l'état pathologique, la boulimie, la faim canine, le pica ou malacia, l'anorexie, etc., l'adypsie, la polydypsie, l'hydrophobie.

C'est donc sous le rapport moral, comme sous les rapports physiologique et pathologique, l'un des organes les plus importans de l'encéphale.

ACQUISIVITÉ, SENTIMENT DE LA PROPRIÉTÉ, CONVOITISE.

(NOTION DU *MIEN* ET DU *TIEN*).

La situation de cet organe est à l'angle antérieur et inférieur des os pariétaux.

> Attendons que j'aie du superflu, et je soulagerai les pauvres Ah! malheureux, tu ne les soulageras jamais.
>
> VOLTAIRE.

Le sentiment de propriété est un sentiment inné. Contradictoirement à l'opinion généralement accréditée, on peut affirmer qu'il ne repose sur aucune convention sociale. On l'observe chez les idiots et chez les aliénés, et cependant les uns n'ont

point fait de Codes, et les autres agissent indépendamment et en dehors des obligations qu'ils ont
contractées et des actes qu'ils ont signés, lorsqu'ils jouissaient du libre exercice de leurs facultés intellectuelles. Les animaux le présentent également à un haut degré de développement et d'activité, et jusqu'alors, cependant, on ne leur a point
non plus supposé cette puissance législative, fondement prétendu de la propriété chez les hommes.
La faculté dont nous allons vous entretenir, Messieurs, est essentiellement dans la nature ; elle est
l'origine de la propriété, mais elle est aussi la
base de l'égoïsme, quand elle n'est point réglée, ni
modifiée par l'intelligence et les sentimens moraux.

L'acquisivité entre donc au nombre des forces
primitives de la constitution, c'est encore un de
ses instincts conservateurs ; elle assure la subsistance de l'être, et fournit une foule de satisfactions à ses autres facultés. En général, il nous est
difficile de la contenir dans une juste mesure. La
confection des lois qui régissent les différentes nations attestent les préoccupations et les efforts des législateurs, pour neutraliser et modérer cette espèce de propension que nous
avons à nous emparer des choses de ce monde.
Un des plus célèbres philosophes du 18ᵉ siècle,
Voltaire, dont on ne saurait trop recommander

l'*Essai sur les mœurs et l'esprit des nations*, disait avec une grande vérité, que l'histoire n'est autre chose que la liste de ceux qui se sont accommodés du bien d'autrui. Nous disons en France, autant par tradition que par observation et peut-être aussi par aveu de conscience, que « l'occasion fait le larron. » Il est bien certain que nous vivons tous dans une grande défiance les uns des autres à cet égard, et que dans nos relations habituelles, nous prenons mille et une précautions pour sauver nos propriétés et nos biens de la rapacité de nos semblables, et encore est-ce bien souvent en pure perte. Sous ce rapport, au moins, nous ne croyons pas à la vertu.

La statistique des cours criminelles fait voir encore dans quelle énorme proportion, les délits et les crimes contre les choses l'emportent sur les délits et les crimes contre les personnes.

En partant de ces observations positives, de cette puissance innée du sentiment de propriété, des séductions qu'il présente journellement à l'esprit, et des désordres qu'il occasionne, quand il est abandonné à sa force instinctive, on conçoit le sens des paroles de Philippe, roi de Macédoine, qui ne demandait que trois choses pour réussir dans ses guerres, de l'argent, de l'argent, et encore de l'argent.

Montaigne et Charron n'ignoraient point non

plus cette disposition de notre nature. « Les finan-
» ces dans un gouvernement, ont-ils dit, sont les
» nerfs, les pieds et les mains de l'état. Il n'y a
» glaive si tranchant et si pénétrant, que celui d'ar-
» gent, ni maître si impérieux, ni orateur si
» gagnant les cœurs et les volontés, ni conquérans
» tant preneurs de places que les richesses. »

C'est d'après ce même principe, que l'on s'explique comment les hommes les plus abominables,
les Caligula, les Tibère, les Néron, les Borgia, ne
manquent jamais de lâches qui les servent, de
courtisans qui les flattent et de vils sophistes qui
les justifient; l'intérêt les leur donne ou plutôt les
leur vend. Soif insatiable de l'or, à quoi ne ré-
duis-tu point les mortels !

Dans la plupart des guerres, dans les procès, dans l'administration des biens des orphelins
et des pupilles, dans les relations commerciales,
dans presque toutes les manières de gagner sa
vie, même dans beaucoup d'établissemens créés
ou protégés par les gouvernemens, tels que les
loteries, les jeux, etc., partout (dit le docteur
Gall), je ne vois qu'escroqueries, filouteries, duperies, vols, pirateries. Jamais le panégyriste le
plus zélé de l'espèce humaine ne réussira à la dis-
culper du penchant presque général à dérober.

Tout a été subordonné à la puissance et aux

avantages de cette faculté, on en a fait une maxime d'état, on a répété et on répète encore de nos jours, ce mot de Louis XI : « Où est le profit, là est la gloire. »

Faut-il maintenant s'étonner de ce que de tous les vices, l'avarice est le plus généralement détesté ; n'est-ce pas l'effet de l'avidité commune à tous les hommes : on hait celui dont on ne peut rien attendre. Ce sont les avares avides qui décrient les avares sordides.

Par la raison contraire et par les satisfactions qu'en reçoit le sentiment de propriété, la libéralité est, de toutes les vertus, celle qui fait le plus chérir, *ou le plus rechercher* ceux qui la possèdent.

L'admiration que nous manifestons pour tous les actes de désintéressement, vient encore par un beau côté, Messieurs, trahir notre convoitise et notre âpreté pour le gain.

Ce noble mouvement de notre âme, prouve que nous sentons profondément tout ce que demande de sacrifices et d'efforts, une parcille abnégation du sentiment de propriété (1).

______

(1) Il est une autre manière d'être dans nos relations habituelles, un autre langage qui fait également bien ressortir

Il est donc bien certain que le sentiment de propriété est donné par la nature même, et qu'il n'est point le produit artificiel d'une convention sociale. Les législateurs et les moralistes, frappés de sa prodigieuse activité, et témoins des désordres qu'il occasionne dans la société, sont intervenus seulement pour en régler la mesure et l'emploi. Ils ont voulu nous soustraire à son empire exclusif, et nous ramener sous ce rapport à des manifestations moins aveugles, moins instinctives, moins désordonnées et mieux en rapport avec les

la force et l'innéité du sentiment de propriété dans l'espèce humaine.

Voulons-nous faire comprendre à quelqu'un le désir violent que nous aurions d'arriver à un but déterminé ; nous apercevons-nous qu'il n'est point ébranlé par nos assurances et nos protestations ; à l'instant même, pour ne lui laisser aucun doute dans l'esprit, et vaincre son incrédulité, nous employons *ad hominem* un argument irrésistible. Qu'on prenne notre fortune entière, disons-nous, à tout prix nous voulons un résultat. Oh ! alors le coup porte, le confident ou l'interlocuteur est touché dans son sentiment intime ; il ne lui est plus possible de soupçonner la sincérité des paroles qu'il avait entendues, un pareil sacrifice est à ses yeux le *nec plus ultra* de l'expression du désir ; la conviction est acquise, la croyance est forcée.

droits respectifs de tous les membres de la société.

Quelque nombreux et incontestables que soient les faits que je viens tout-à-l'heure d'énumérer et de presser les uns sur les autres, je suis convaincu néanmoins, Messieurs, que vous n'en avez tiré aucune conséquence défavorable à l'honneur de l'humanité.

Nous avons déjà depuis long-temps pris ensemble l'habitude de ne point rendre l'homme comptable des choses qui ne sont point de sa constitution propre; l'homme bien né, l'homme bien élevé, l'homme complet, l'homme favorablement placé dans le monde extérieur, l'homme chez lequel on n'a paralysé aucun pouvoir de premier ordre, l'homme qui a pu sortir de l'animalité, et qui est pleinement dans la vie de sa noble nature, ne se montre sous aucun de ces rapports. A ne voir cependant que la matérialité des faits que nous avons fait connaître, on serait certainement tenté de le regarder comme invinciblement porté au vol, à la rapine et au brigandage ; mais, renfermez-vous sévèrement avec nous dans l'observation, prenez en main l'histoire des différens peuples, et vous verrez qu'à mesure, que par un concours favorable de circonstances, l'homme arrive à vivre de la vie de l'homme, et à pouvoir conséquemment se servir de son intelli-

gence et de ses sentimens moraux ; à mesure aussi,
on le voit commander à ses penchans inférieurs,
et non seulement respecter la propriété d'autrui,
mais encore en toutes choses et en toutes circonstances, manifester dans sa conduite le plus noble
désintéressement.

Voilà, Messieurs, ce que nous sommes et ce que
nous pouvons être, quand rien ne s'est opposé au
développement et au perfectionnement de notre
constitution ; et tant que chez un peuple vous
n'apercevez point le mouvement et l'application
des sentimens nobles et généreux de son espèce,
il est ridicule et absurde de soutenir que l'homme,
créature spéciale, enfant de prédilection, superbe
de noblesse , d'intelligence, de dévouement et d'a-
mour, ait apparu dans ce monde. Des nations barbares , Messieurs , ne représentent point l'humanité, il y a chez elles absence des sentimens de
l'homme, elles n'ont point de caractère moral,
leur intelligence est obtuse ; ce sont des têtes mu-
tilées, leur existence est incomplète, tronquée,
arrêtée dans ses plus beaux développemens. Voilà
comment réduites qu'elles sont à l'activité des penchans des brutes, elles s'organisent en bandes
de brigands, et vont sans ménagement et sans remords porter partout la guerre et la dévastation.

C'est seulement dans ce sens qu'on peut dire

que le vol est un phénomène naturel, tant chez
l'homme que chez les animaux ; tout est alors au
plus fort et au plus adroit ; et suivant cette juris-
prudence, les côtes de la mer Égée sont dévas-
tées par les héros d'Homère, sans autre raison si
ce n'est que ces héros aimaient à s'emparer de ce
qu'ils trouvaient d'airain, de fer, de bestiaux, d'esclaves et de femmes chez les peuples d'alentour.

En France, jusqu'aux XV et XVIᵉ siècles, inclu-
sivement, nos comtes, nos grands seigneurs et nos
barons ressemblaient en tous points aux héros d'Homère; leurs châteaux n'étaient que des repaires de
pirates et de voleurs; ils y passaient leur temps dans
la satisfaction des plus grossiers instincts, et ils n'en
sortaient que pour détrousser les passans, ou pour
se livrer entre eux des guerres de dévastation
dont les pauvres paysans faisaient bien souvent
tous les frais. Ces abus, ces désordres ont disparu
devant les progrès de la morale et de la civilisation,
et ce n'est plus aujourd'hui que dans les dernières
classes de la société, dernières classes qui n'ont
point suffisamment reçu les bienfaits de l'instruction et de l'éducation, que l'on continue d'observer plus particulièrement les mêmes mœurs et les
mêmes dispositions.

Ce sont ces classes inférieures qui, à tout moment, viennent encore par leurs déprédations sau-

vages et instinctives, soulever le mépris public, et attirer sur leurs têtes la vengeance des lois.

A cette occasion, quelques-uns de nos antagonistes, en observant la forme particulière des têtes chez un grand nombre de criminels, ont fait une objection qui me paraît pour le moins singulière. Tous les voleurs, ont-ils dit, et tous les assassins n'ont pas les organes de la propriété et de la destruction prédominans! Eh non, sans conteste, Messieurs; aussi dans l'universalité des cas, comme nous allons le démontrer, ne volent-ils pas pour voler et ne tuent-ils pas pour tuer.

Dans une foule de circonstances, en effet, le vol est le résultat de l'état d'imperfection où se trouvent nos institutions sociales. Comment donc, en présence des faits, venir faire de pareils raisonnemens; ne sait-on pas par suite des discussions et des débats qui s'établissent devant nos tribunaux que le vol reconnaît souvent pour cause les nécessités du besoin, et que (en preuve de la vérité de cette observation) les atteintes portées à la propriété, se multiplient en raison directe de la rigueur des saisons, de la cherté des vivres, de la cessation des travaux, de la disette et de toutes les autres causes qui privent le peuple de ses moyens d'existence. Je vous le demande, Messieurs, dans ces situations critiques et désespérées,

où l'on voit faillir, presqu'en masse, les classes né-
cessiteuses, qui se serait jamais mis en tête qu'il fallût être par nature, sujet exceptionnel, qu'il fallût
être naturellement cupide, avare, amoureux des
richesses, qu'il fallût avoir deux renflemens ou deux
bosses sur les parties latérales de l'encéphale, et
sortir de la moyenne de l'espèce, pour ne pas se
déterminer à ne pas périr de faim ou de misère.

Dans toutes ces circonstances, Messieurs, chez
les individus rapaces, comme chez tous ceux qui
ne le sont pas, les instincts de conservation surexcités, parlent plus haut que les sentimens élevés de la justice et de la bienveillance, parlent plus
haut que la morale et les lois. Il n'y a point de distinction à faire entre des gens affamés ; la souffrance les réduit tous à un sentiment qui absorbe
tous les autres, au sentiment du besoin. Que le
désir de la propriété soit plus prononcé chez
les uns ou chez les autres, la chose est tout-
à-fait indifférente ; il faut de toute nécessité qu'ils
vivent tous, ainsi le veut la nature, et si les moyens
légitimes et honnêtes de sauver leur vie, ne se
présentent bien vite à eux, on les voit se porter
alors aux plus grands excès, et ne respecter dans
leur inévitable exaltation, ni les personnes,
ni les choses. Voilà, je le répète, ce que tout
le monde sait, et ce que nos adversaires affectent

d'ignorer, afin de pouvoir tirer de la mesure et du développement des organes de misérables objections contre la phrénologie.

Voilà en même temps ce qui nous prouve que dans l'humanité, même la moins éclairée, même la moins ennoblie, le mal ne se fait point pour le plaisir du mal; et voilà aussi ce qui explique le langage que nous faisions entendre tout-à-l'heure relativement à l'activité des organes de la propriété et de la destruction, savoir que le vol en général ne se commet point par le fait de l'exigence de l'acquisivité; qu'il ne se commet point pour le plaisir et le besoin du vol même, et que l'assassinat non plus n'est point commis par le fait de l'exigence de la destructivité, n'est point commis pour le plaisir et le besoin de l'assassinat même. Les organes prédominans, nous l'avons déjà dit cent fois, n'entraînent la nécessité d'action, ne comportent une espèce de fatalité que chez les animaux, les idiots, ou les êtres humains, complètement pervertis, qui leur ressemblent.

Je conçois d'autant moins, sur ce sujet, l'objection de nos adversaires, qu'il résulte également de mes recherches sur cet ordre d'infracteurs, et les archives des tribunaux en font foi d'autre part, qu'en dehors des circonstances particulières ci-dessus énumérées, le vol le plus ordinairement encore est commis par une foule de gens sans aveu, qui ne songent nullement en s'y livrant à satisfaire l'action de l'acquisivité même. Beaucoup d'entre eux sont au contraire prodigues et désintéressés; le vol n'est pour eux qu'un moyen de se livrer sans peine et sans travail aux plaisirs et aux habitudes vicieuses qu'ils ont contractées : ils volent pour dépenser. Ce serait donc bien inutilement encore qu'on viendrait chercher sur leurs têtes le signe de la convoitivité. L'esprit de rapine et de brigandage qui les anime, est chez eux le résultat de l'inconduite et du désordre.

Nous venons de voir que le vol tel qu'il a lieu dans la majorité des cas, ne tenait point en général au grand développement du sentiment de la propriété ; et qu'il était le résultat d'une foule d'excitations étrangères à son organe, excitations qui pour leurs satisfactions particulières et impérieuses, allaient seulement solliciter violemment son action.

Il est cependant dans le monde, Messieurs, un certain nombre d'hommes qui volent sous l'empire du sentiment propre et prédominant de la propriété, qui volent pour s'enrichir, pour amasser, qui volent pour voler, qui volent pour conserver. Chez eux le signe extérieur est parfaitement en rapport avec la manifestation, mais ce n'est point dans les bagnes, ni dans les maisons centrales de détention qu'il faut aller chercher le plus ordinairement ces grands voleurs, ces larges et grands développemens du sentiment de propriété, quoique j'y en aie vu là moi-même un certain nombre. C'est dans nos cercles et nos salons, Messieurs, qu'il vous est possible de trouver les plus beaux modèles en ce genre. Regardez de loin la tête de nos usuriers, de nos prêteurs sur gage, et à *petite semaine*, regardez les avares, regardez tous ces individus qui en augmentant chaque jour leur fortune, ne cessent de se lamenter, et d'imposer à eux-mêmes ainsi qu'à leur famille, toutes sortes de privations; regardez de loin, dis-je, la forme de leur tête, constatez le développement énorme de la partie latérale désignée sous le n° 8 ; voyez comment ils se conduisent en toutes choses, et en toutes circonstances, et dites-moi si c'est à tort que Gall et Spurzheim, ont placé dans cet endroit le siége et l'organe de l'acquisivité. Dites-moi si le signe est trompeur, et si la science est en défaut.

Le sentiment de propriété agissant assez fréquemment au dehors de son activité propre, cédant souvent à l'impulsion des autres organes prédominans ou surexcités, présente en quelque sorte autant d'applications diverses, que nous avons de facultés différentes. Sous ce rapport, Messieurs, il est sage de se défier de toutes les têtes à fortes passions. Tout amateur est dangereux; tel individu incapable de dérober à qui que ce soit, une maille ou une obole, volera sans répugnance et sans scrupule dans vos collections, une lettre autographe, un livre rare, un coquillage, une médaille d'un grand prix. Admis dans votre intimité, il s'emparera de votre fille, de votre femme, de vos places, de vos amis, de vos honneurs, suivant ses goûts prononcés, ses habitudes, ses besoins, suivant en un mot la nature des amours qu'il renferme en lui-même, et qu'il cherche par tous les moyens à satisfaire. Dans la tête humaine, la convoitivité s'applique à tous les objets.

Avant d'entrer dans de plus grands détails sur l'exercice et les applications du sentiment de propriété, il me reste, Messieurs, à m'élever encore une fois contre les inductions trop absolues qui ont été tirées des observations générales que je me suis empressé de réunir et de placer sous vos yeux. Toutes ces observations sont exactes; c'est pour cela même que je vous les ai présentées, et je ne viens point m'inscrire en faux contre aucune d'elles; mais néanmoins à cette occasion en examinant l'opinion des plus illustres philosophes du siècle dernier, sur quelques grands personnages qui appartiennent à l'histoire, je ne puis m'empêcher de protester contre ce qu'elle a de trop exclusif et de trop général à leur égard, touchant l'influence de l'acquisivité sur le rôle qu'ils ont joué, et les déterminations qu'ils ont prises. Je reproche en conséquence à ces philosophes de n'avoir point fait d'exception en faveur de ces hommes supérieurs, et par cela même d'avoir flétri leur caractère, et déshonoré leur mémoire, en les représentant comme exclusivement incités à l'action par un amour désordonné des richesses.

Les temps passés sont si loin de nous et le temps présent nous appartient si peu que malgré l'activité de mon sentiment consciencieux je ne reviendrais point sur l'iniquité de ces jugemens, si en étudiant l'histoire mémorable des cinquante dernières années de mon propre pays, je ne m'étais aperçu que l'on avait considéré de la même manière les principaux acteurs des événemens de cette grande époque, et qu'on les avait représentés comme obéissant en toutes choses, aussi au penchant de l'acquisivité, si je n'avais vu qu'on cherchait par cette même interprétation défavorable à rabaisser leur mérite, et si je n'avais en même temps acquis la conviction que l'on s'efforçait encore aujourd'hui d'affaiblir, par un semblable langage, l'autorité des hommes qui marchant sur leurs traces, s'agitent et se tourmentent pour le triomphe des saintes causes de la justice et de l'humanité.

Certes les grands hommes ne sont point à l'abri des misères et des faiblesses de l'humanité, je sais qu'ils ne sont point grands sous toutes les faces et sous tous les rapports ; je sais plus, je sais qu'en raison même de leur riche organisation et de ses grands pouvoirs, ils ont plus de besoins et de passions que les hommes vulgaires ; j'ajouterai que les faits journaliers dont ils sont partout les témoins, ne sont guère capables par la réflexion et l'imitation de les porter à bien faire. J'admets, et cela doit être, qu'ils ne sont point insensibles aux plaisirs de la propriété; mais lorsque j'entends dire à des savans, à des professeurs de l'université, à des hommes politiques, que les gens les plus dangereux dans les temps de crise et de révolution sont des hommes pauvres qui n'ont rien à perdre, et qui ont tout à gagner; quand j'entends dire et soutenir que leurs plus hautes et leurs puissantes facultés relèvent de leur indigence, et que sans le désir extrême qu'ils ont de s'enrichir, ils n'auraient point pris ou ne prendraient point un rang élevé parmi leurs contemporains ; je ne puis ne pas signaler une pareille erreur ou un pareil mensonge, et ne pas faire servir les principes de la science à la réhabilitation de leur grandeur et de leur renommée.

A entendre de pareilles choses ne dirait-on pas qu'il suffit d'être misérable, pour avoir des talens supérieurs et pour montrer un caractère énergique. Ne dirait-on pas que c'est là la condition sans laquelle on ne peut s'élever à la hauteur des circonstances et prendre sa place et son rang dans la société ? Comment se fait-il alors que dans des temps semblables, les hommes les plus nécessiteux ne soient pas toujours les plus remarquables. Quel rapport y a-t-il donc entre une faculté tout animale et par conséquent tout inférieure, et les puissances toutes d'homme, les puissances toutes supérieures du cerveau ? Comment la convoitivité, si la nature n'a fait primitivement tous les autres frais et si les circonstances extérieures par l'instruction du malheur même, n'ont pas été favorables au développement et au perfectionnement de l'individu, comment la convoitivité, dis-je, peut-elle donner par elle-même de l'esprit, de l'intelligence ou du génie ; comment peut-elle donner du courage, de la grandeur, de la fermeté, de la noblesse d'âme, de l'espérance et un ascendant en quelque sorte magique sur les hommes et les choses de l'époque ? Quelles sont donc les grandes vertus et les grandes qualités des personnes chez

lesquelles prédomine le sentiment de propriété?
La misère, Messieurs, n'exclut point les grandes
puissances intellectuelles et morales, mais elle
ne les fait point naître ; et la cupidité à laquelle
on voudrait faire honneur de tant de grandes
choses, retrécit en général le cercle des idées,
dégrade le caractère et paralyse tous les mouvemens généreux du cœur humain.

Lors donc qu'aux époques critiques de l'histoire de l'humanité, on voit apparaître des individus qui saisissent d'un coup-d'œil tout ce qui se
passe autour d'eux, quand on les voit diriger le
mouvement social, soutenir par leurs actes, et
leurs paroles, les principes généraux, résumer en
leur personne les intérêts des masses, marcher
intrépidement en avant, et tout entraîner avec
eux, soyez convaincus qu'il y a chez ces hommes
autre chose que les calculs de l'avarice, et les
pressantes sollicitations des premiers besoins.
Messieurs, on n'usurpe point les lauriers et les
couronnes en ce monde, et à moins d'avoir en
soi l'incontestable supériorité d'une tête d'homme,
il n'est point donné au premier individu cupide
ou obéré d'un pays, de venir bouleverser la société, et d'y faire sentir puissamment son influence.

Il n'est donc point exact de dire que dans des

temps de crise et de révolution, les hommes qui s'imposent à la foule, et qui arrivent à la direction des affaires puisent leurs forces et leurs inspirations dans l'activité du sentiment de propriété, et surtout que les qualités supérieures qu'ils déploient sur la scène, soient enfantées par lui. On ne saurait trop le redire, nos facultés sont indépendantes les unes des autres : une faculté bien développée ne comporte point, n'entraîne point un développement analogue au sien dans les autres facultés. Ainsi donc quelque prononcé, quelqu'impérieux que puisse être le désir d'amasser des richesses, il ne peut jamais changer la nature déterminée d'un individu, transformer, par conséquent, un homme en un autre homme, et faire d'un imbécille une médiocrité, ni d'une médiocrité, un talent supérieur. Pour être un Scylla, un Marius, un Cromwell, un Napoléon, il faut avoir autre chose que des dettes et de la cupidité. Que vous soyez pauvre ou riche, au moment où s'opèrent de grands événemens dans la vie des peuples, vous ne parviendrez jamais à servir puissamment ces événemens ou à les gouverner, si la nature, avant tout, ne vous a point donné une grande intelligence et un grand caractère.

D'ailleurs, Messieurs, il nous suffit de la moindre réflexion pour être convaincus que dans le premier mouvement d'une révolution générale, les intérêts égoïstes d'un simple particulier n'ont pas de signification, à côté des intérêts immenses de la nation qui se soulève ; d'autre part le révolutionnaire le plus passionné et le plus éclairé n'a de puissance qu'autant qu'il est le représentant des idées, des besoins et des vœux de ses concitoyens, et à ce titre déjà il ne peut être considéré comme un homme dangereux ; ce n'est pas tout, et comme il n'y a jamais de révolution pour établir le mal sur la terre, comme elles sont toutes au contraire des manifestations en faveur du droit contre les abus du pouvoir, comme elles sont toutes l'expression de la douleur, de la justice outragée, de la lassitude et de l'indignation des peuples contre tous ceux qui les tyrannisent, qui les dépossèdent d'eux-mêmes, et qui les exploitent, comme elles sont une protestation magnanime contre tous ceux qui ont établi leur domination par la force brutale, et qui cherchent à la maintenir par la violence, la corruption, les priviléges et l'iniquité, à ce titre encore on peut affirmer, eu égard aux bénéfices qu'en retire constamment l'humanité, qu'aucun révolutionnaire n'est véritablement dangereux.

Messieurs, si dans ces circonstances solennelles et terribles où un peuple se lève en masse pour soutenir ses droits et proclamer sa liberté, quelques individus sont à redouter pour la société tout entière, si quelques hommes sont dangereux, évidemment ce sont ceux qui non contens de voir respecter leurs personnes et leurs biens, gorgés de richesses et d'honneurs, se servent de leur influence pour éterniser le *statu quo* des choses, et retarder autant que possible, la marche de la civilisation et le bien-être général. Pour en revenir à l'histoire particulière de notre pays, on peut le dire en toute vérité, c'est sur la plupart de ces hommes que doivent retomber les malheurs de notre immortelle révolution de 89. La noblesse et le clergé, en s'opposant aux réformes que demandaient la morale, la religion, le progrès des lumières, les intérêts nouveaux, la noblesse et le clergé, en ne voulant pas faire la moindre concession, en refusant au roi les sacrifices qu'il leur demandait, en invoquant l'appui de l'étranger, en inquiétant la nation, amenèrent seuls les violentes réactions dont nos pères ont été les témoins. Sans leur égoïsme et leur cupidité, sans le désir qu'ils avaient de conserver pour eux seuls les jouissances de ce monde, la tête de Louis XVI n'eût pas roulé sur l'échafaud, et les excès auxquels s'est laissé entraîner la convention dans ses momens de colère et de crainte ne serviraient point encore aujourd'hui de prétexte aux déclamations des despotes.

Comme tous les penchans inférieurs, le sentiment de la propriété jouit d'une grande énergie native ; il paraît même l'emporter, sous ce rapport, sur toutes les puissances du même ordre. Cette prédominance habituelle doit avoir ses raisons légitimes. Il ne sera peut-être pas sans intérêt, Messieurs, de chercher à nous rendre compte de ce fait particulier. Je crois déjà vous avoir fait entendre que cette activité prédominante me semblait être le résultat des besoins de nos autres facultés, qu'elle tenait d'abord aux sollicitations répétées, aux demandes multipliées, que vont faire à l'acquisivité toutes nos autres passions bien ou mal ordonnées.

N'est-il pas inévitable d'ailleurs que dans tout pays où les richesses sont les échanges de tous les plaisirs, que ces richesses y soient aussi vivement poursuivies que les plaisirs mêmes dont elles sont représentatives.

Presque toutes nos facultés vont donc, je le répète, mettre en mouvement perpétuel le sentiment de propriété pour leurs satisfactions respectives. Nous ne pouvons boire, ni manger sans lui demander assistance : *primo vivere, deinde philosophari* ! Il nous faut de l'argent pour nous vêtir et nous donner un gîte. Notre vanité pour briller le met à chaque instant à contribution ; le sentiment même de notre dignité lui impose des sacrifices, l'amour que nous portons à nos enfans, lui commande sa propre abnégation et un dévouement à toute épreuve ; les calculs de notre ambition le tiennent constamment en éveil ; c'est par l'or et l'argent qu'il met à notre disposition, que nous achetons souvent nos titres , nos places et nos honneurs ; la bienveillance vient assez fréquemment aussi solliciter son action. La vénération elle-même, renforcée par le sentiment du merveilleux et livrée à son instinct aveugle, se représentant Dieu comme un homme, s'imagine qu'il a besoin d'offrandes, et dans cette conviction naïve, se met sottement en frais pour enrichir les bienheureux desservans du culte.

L'activité prédominante du sentiment de propriété, sur tous les autres sentimens, tient encore à d'autres causes, Messieurs ; elle est aussi le résultat de l'éducation, de l'imitation, et des habitudes générales. En raison des nombreux besoins qui nous assiègent, besoins que je viens d'énumérer, et dont nous désirons épargner la souffrance à nos enfans, nous ne négligeons rien de ce qu'il faut faire pour soutenir et animer chez eux l'instinct de l'acquisivité.

« Soyez économes, gardez pour vous , amassez, ne donnez rien, voilà nos recommandations premières.» Pour les encourager à l'étude, pour les récompenser de leur obéissance, de leurs politesses et de leurs attentions, nous leur donnons du numéraire, nous leur formons un pécule, nous leur en faisons apprécier la valeur, calculer la quantité, désirer l'augmentation. Nous voulons qu'ils s'habituent de bonne heure à l'ordre, à l'économie, à avoir toujours devant eux quelqu'argent en réserve.

Il est bien certain, Messieurs, que dans l'état actuel de la société, toutes ces choses sont parfaitement entendues, elles sont tout à la fois d'instinct, d'intelligence, de prévoyance, et d'imitation; je les crois en rapport harmonique exact avec tout ce que font les autres hommes, et avec l'égoïsme de la génération au milieu de laquelle ils vont incessamment aller vivre. Quand on ne peut ni influencer, ni changer sous ce rapport les hommes qui nous entourent, il faut au moins se défendre de leur rapacité, et ne point avoir avec eux de désintéressement ridicule. Néanmoins, eu égard à tout ce que présente de personnel, de hideux et de contraire à la nature propre de l'homme, le sentiment de propriété dans son application exclusive et démesurée, eu égard aux préjudices qu'il porte à l'exercice de tous nos autres pouvoirs, je ne puis ne pas vivement désirer, sous ce rapport, un changement dans nos mœurs, et ne pas insister par conséquent sur l'utilité de ne point chercher à renforcer par l'éducation, l'activité d'une faculté qui, comme toutes les autres du même genre, jouit d'une assez grande énergie native pour n'avoir nul besoin d'être à chaque instant sollicitée du dehors à entrer en action. Que faut-il donc faire, Messieurs, pour neutraliser d'aussi fortes tendances et lutter à la fois contre la nature, l'exemple et l'habitude ? comment modifier ces dispositions générales de notre espèce ; comment affaiblir l'intensité d'action de la convoitivité ?

Philosophes, moralistes, jurisconsultes, médecins, prêtres, députés, l'homme moyen n'est jamais que ce qu'on le fait être ; mais, vous le savez aussi bien que moi, pour le faire agir selon les préceptes de la morale et de la raison, il ne faut pas seulement qu'il en ait reçu information, il faut encore que son intelligence et ses sentimens moraux aient été en quelque sorte disciplinés par un exercice continuel.

Ne vous arrêtez donc point à lui donner dans vos livres ou dans vos discours, ou dans vos chaires, des principes de désintéressement et d'abnégation ; entrez plus avant dans votre rôle et vos obligations ; pratiquez devant lui, et faites lui pratiquer toutes ces nobles vertus. Changez les

premiers votre manière de voir et d'agir. Non
contens de modérer en vous les mouvemens de
l'égoïsme, flétrissez partout la cupidité ; ne recevez point chez vous avec distinction, les hommes
qui se sont enrichis par des moyens infâmes ;
chassez de vos maisons, l'avare, l'usurier, le ban-
queroutier frauduleux ; humiliez-les partout,
traitez-les en parias ; ils ont dépouillé la veuve,
l'orphelin et le commerçant honnête ; ils ont
exploité l'inexpérience et les aveugles passions
de la jeunesse : soyez leurs juges inexorables ;
apprenez-leur qu'on ne viole point impunément
les lois de sa propre nature et celles de la société ;
et que tout homme qui a volé, qui a perdu l'honneur, qui est mort à la justice, à la bienveillance,
et à toutes les autres choses de l'humanité, n'a
plus rien à demander ni à faire ici bas.

Lorsque l'acquisivité est prédominante chez un
individu, et que rien ne vient en contrebalancer
l'influence, elle a un caractère tout-à-fait dis-
tinctif des autres facultés. Elle est insatiable.

Les richesses qu'elle possède ne sont plus pour
son activité qu'une satisfaction secondaire. Sa nature et sa vie demandent de l'emploi, du mouvement, de l'application ; il faut qu'elle amasse, et
qu'elle amasse encore, et qu'elle amasse toujours
de nouveaux trésors ; elle n'a point alors d'autres

besoins à satisfaire que les siens mêmes. Loin de s'affaiblir, elle augmente chaque jour de violence et d'énergie. Tout ce qu'elle possède et rien, étant une seule et même chose, par le silence qu'elle impose aux autres facultés, et le besoin d'activité qui la dévore, on a eu raison de dire que l'avare n'est jamais riche, et que ses désirs sont toujours là pour s'appauvrir. Mais on est dans l'erreur quand on croit que ces faiseurs infatigables de provisions sont privés de jouissances. La nature, je l'ai déjà dit plusieurs fois, a mis de la volupté dans le jeu de tous les appareils, dans les fonctions et la vie de tous les organes. Il y a du bonheur dans l'exercice du sentiment de propriété, comme il y en a dans l'amour, dans l'aspect du soleil et de la nature, dans l'amitié, dans le courage, dans la bienveillance, dans le mouvement de toutes les facultés de notre être. Si vous voulez vous faire une idée des joies intimes de l'homme intéressé, Messieurs, vous n'avez qu'à l'examiner, lorsque son sentiment de propriété loin d'être délicieusement et secrètement affecté par le succès de quelqu'entreprise, se trouve au contraire lésé, soit par le fait d'un vol, soit par la perte d'une somme qu'il croyait on ne peut mieux assurée. Sa tristesse, sa colère et ses larmes, vous montreront le genre et l'excès de sa sensibilité,

Un jeune homme que l'on sépare de sa maîtresse adorée, un ami qui regrette un ami, un ambitieux qui perd ses honneurs et son rang, un homme privé tout-à-coup de la clarté des cieux, n'ont pas de douleur plus déchirante et plus vraie.

D'après toutes ces considérations, vous voyez, Messieurs, que ce n'est point assez d'apprendre à nos enfans à travailler, à avoir de l'ordre et de l'économie, à se faire une fortune plus ou moins considérable. Sans aucun doute, les richesses sont le symbole de la plupart des biens de ce monde, et elles sont bonnes à posséder. Cependant il est un avantage qu'elles ne peuvent procurer, c'est celui d'en savoir user. Les richesses ne sont rien par elles-mêmes. Si vous n'y touchez pas, disait notre bon La Fontaine, mettez une pierre à la place, elle vous vaudra tout autant. Les richesses ne sont quelque chose, ne deviennent une réalité, qu'entre les mains d'un homme qui n'a perdu en les acquérant aucun de ses pouvoirs intellectuels et moraux, qui a conservé la fraîcheur de son imagination, son amour des grandes choses, la pureté de ses sens, la bonté de son âme, et la simplicité de son caractère, et qui, conséquemment, sait les employer dans de justes proportions tout à la fois au bénéfice particulier de son être, comme à celui de sa famille , de son pays, et de tous les malheureux qui l'implorent.

Ici, Messieurs, se termineraient mes considérations sur l'acquisivité, si je n'avais à vous dire un mot sur une aristocratie qui se forme aujourd'hui dans le monde , et qui non moins envahissante que ses dévancières, menace de peser peut-être plus qu'elles, sur les différentes classes de la société. Je veux parler de l'aristocratie financière. Comme elle prend sa source et sa force dans le sentiment de propriété ; comme elle est un résultat de sa prédominance , et que c'est par corruption qu'elle cherche à s'emparer du pouvoir, notre travail sur le jeu fonctionnel de cette faculté exige, pour être complet, que nous en fassions encore, à cette occasion, l'objet de quelques réflexions particulières.

Après une révolution comme celle de 89 , révolution qui détruisit l'ordre de choses anciennement établi par la force brutale, révolution qui nivela la société tout entière, et qui ne s'arrêta que devant les œuvres de Dieu , en laissant subsister ce qu'elle ne pouvait empêcher d'être, en laissant subsister l'aristocratie du talent et de la vertu, qui se serait imaginé, qu'on ne tarderait point à voir surgir de cette même société, une aristocratie cent fois plus hideuse que celles qui venaient d'être abattues.

En effet, Messieurs, l'aristocratie des guerriers, des conquérans, des tueurs d'homme, se conçoit et s'explique. Indépendamment de ce qu'elle est un effet nécessaire des forces animales prédominantes dans l'enfance de l'humanité, elle relève encore de quelques facultés supérieures qui l'assistent et la servent dans l'exécution de ses desseins ; elle relève même quelquefois du génie d'un César, d'un Charlemagne, d'un Mahomet, d'un czar Pierre, d'un Cromwel ou d'un Napoléon. Elle relève de l'ambition de ce chef, du sentiment qu'il a des grandes choses de son temps ; elle a pour elle le prestige de la gloire et de la puissance, elle flatte donc en beaucoup de points les dispositions inférieures de l'humanité, et par ce concours de circonstances, elle doit être, et elle est assez facilement imposée, et n'a rien qui doive nous étonner.

L'aristocratie des papes, Messieurs, telle qu'elle est encore aujourd'hui établie chez presque toutes les nations du globe, n'est point dégagée non plus de la violence et des besoins personnels de nos instincts animaux ; mais quoiqu'infidèle à son origine, quoique sous le poids du crime d'avoir voulu et de vouloir encore anéantir l'intelligence, en demandant à ses adeptes, la foi la plus robuste et la plus aveugle, et en faisant de cette obligation monstrueuse le premier titre au salut éternel, elle se fonde néanmoins en partie sur quelques idées morales, elle s'appuie sur la vénération, elle proclame une cause première, elle prêche l'égalité civile, et l'amour du prochain. Pour se faire reconnaître elle exige des lumières chez ses pasteurs, elle demande de la politique, de l'énergie, de la persévérance; c'est même par cet ensemble de ressources et de puissances, qu'elle a dans les temps anciens disputé et arraché l'empire à la force animale des empereurs et des rois. On peut lui reprocher d'avoir abusé de son pouvoir, de s'être appliquée à substituer sa domination aux dominations qu'elle affaiblissait, ou qu'elle faisait disparaître. Malgré tout ce qu'on pourra dire à sa honte, elle a cependant aussi, dans son but, dans ses moyens, dans ses résultats, quelque chose qui la distingue, qui l'ennoblit, et qui la rend supportable.

Mais l'aristocratie d'argent, Messieurs, qui peut lui donner titres et supériorités dans le monde, à quelle source va-t-elle s'inspirer? de quelles facultés relève-t-elle? serait-ce parce qu'elle réduit tout à ce qu'elle appelle le positif, parce qu'elle réduit tout à la satisfaction des intérêts matériels? Serait-ce parce qu'elle flétrit les plus belles qualités de notre âme, et qu'elle exploite pour la satisfaction de ses passions inférieures, la misère et les besoins du peuple ; serait-ce par le scandale de son luxe, ses airs insolens, l'art vraiment bien difficile de tout soumettre au calcul, de tout vendre et de tout acheter, que cette humiliante aristocratie espère incessamment usurper tous les pouvoirs en ce monde ?

Messieurs, n'ayons point cette crainte. Sans doute on fait encore de nos jours bien des sacrifices à la cupidité, de nos jours on peut signaler encore des transactions bien honteuses, des dévouemens bien ignobles, néanmoins sous tous ces tristes rapports, je soutiens qu'il n'y a point de comparaison à établir entre les temps anciens et les temps modernes. Autrefois l'humanité écrasée par le despotisme, réduite à la condition des brutes, dépossédée de ses plus brillantes facultés, ne sentait point sa noblesse ; elle ignorait sa puissance, elle méconnaissait tous ses droits, elle ne s'appartenait point, on la vendait à l'encan, elle se vendait elle-même. Mais aujourd'hui, quelle différence..... gens à coffre-forts, votre règne est fini..... Certes la société actuelle ne s'est point dépouillée des intérêts personnels, elle ne peut d'ailleurs ni ne doit complètement s'en affranchir,

27

mais s'il est vrai qu'elle désire l'indépendance de la fortune, il faut reconnaître que c'est par des moyens légitimes, que c'est par le travail et l'industrie, par le talent, la patience et la dignité, qu'on la voit ordinairement arriver à ses fins.

L'aristocratie d'argent, Messieurs, ne pourra jamais s'établir parmi nous ; car elle suppose, elle comporte, elle entraîne l'abdication la plus complète de tous les pouvoirs humains ; elle asservit l'intelligence, elle dégrade le caractère, elle ôte l'honneur et tue la liberté.

Quant à ces têtes vénales que l'on voit encore aujourd'hui, dans les différentes cours de l'Europe, se donner à tous les pouvoirs, je n'ai qu'un mot à leur dire : elles se plaignent des outrages qu'on leur fait dévorer........ Messieurs, elles ont mérité tous ces mépris.

Esclaves, à genoux, baisez la main qui vous enrichit : point de récriminations. Vous avez pour de l'or sacrifié votre indépendance, avili vos talens, livré vos femmes à la prostitution, vous avez pour de l'or trahi votre pays, abominé vos Dieux, silence ! vous avez perdu tous les titres et tous les droits de l'humanité !

SENS DE MÉCANIQUE, SENS DE CONSTRUCTION,
TALENT DE L'ARCHITECTURE ,
CONSTRUCTIVITÉ.

L'organe de la constructivité aboutit aux tempes ; mais la situation et l'apparence extérieure varient d'après le développement des parties voisines.

> Plusieurs animaux font des nids et des habitations. Les castors construisent des cabanes ; le lapin , le mulot et la marmotte creusent des terriers, et l'homme a inventé l'architecture. Le sauvage élève des huttes, et les nations civilisées bâtissent des palais et des temples.

Dans la systématisation des facultés humaines admises par la phrénologie, et consenties par tous les observateurs, il est encore un autre instinct conservateur sur lequel nous devons appeler votre attention, Messieurs, avant de passer à un ordre de facultés plus élevées et plus nobles.

Nous allons en même temps vous indiquer à quelle portion de l'encéphale on doit en rattacher les manifestations. Avant Gall et Spurzheim on en plaçait toujours la puissance et la cause, dans l'instrument, dans l'appareil extérieur qui sert le mieux à l'exécution de ses desseins. C'était à l'adresse de la main que l'on faisait remonter sous ce rapport le génie de nos statuaires, le génie des Phydias, des David et des Foyatier, etc., etc.

L'innéité, cependant n'en avait pas été mise en doute ; Galien même, dans l'antiquité, avait mis sur la voie de la vérité, mais, comme l'a dit avec beaucoup de bonne foi le docteur Lélut, *il fallait encore montrer ou plutôt formuler dans l'homme, l'existence de cet instinct, et c'est ce que Gall a tenté et accompli.*

Le sens de la construction, ajoute le même auteur, qui consiste à se faire une habitation pour s'abriter contre le soleil, le vent, la pluie, la foudre, à la munir des meubles nécessaires aux premiers besoins de la vie, à se fabriquer des instrumens pour l'attaque des animaux, ou pour se défendre contre eux, ou contre les autres hommes ; ce sens, par la nature toute matérielle de son organe, la main, par celle de ses motifs extérieurs d'action et de ses résultats, se prêtait merveilleusement à une analyse superficielle et incomplète. On pouvait ne pas aller plus loin que son instrument, et que ses causes d'entrée en exercice et n'y voir qu'une apti-

tude manuelle, provoquée par l'action des objets
extérieurs, et c'est ce qui ne manqua pas d'arriver. Mais les mêmes raisons qui avaient fait regarder les autres instincts comme des facultés innées se réunissaient encore pour prouver que,
dans celui de la construction, la main n'est que
l'instrument d'une aptitude encéphalique, et les
impressions venues du dehors que des occasions
d'action de ce sens; et la psycologie comparée
venait au secours des raisons que, pour l'homme,
on tirait de l'inégalité d'aptitude à construire, dans
le cas d'organes en apparence également parfaits.
Aussi ne nia-t-on point que le talent de construire
et de fabriquer ne fût dû à une aptitude innée, ou
plutôt l'installation de ce penchant passa inaperçue.

Mais, Messieurs, quelque justice qu'on rende
sur ce point au docteur Gall, ce n'est point seulement comme psycologiste, c'est-à-dire comme
étudiant les manifestations instinctives, intellectuelles et morales des êtres, qu'il a droit à l'estime; ici, comme dans tout le reste de ses ouvrages, il
a fait bien autre chose, quoiqu'on affecte de l'ignorer, que de constater par l'observation le mode
d'existence particulier à telle et telle classe d'animaux; il a fait plus, il a découvert ce qu'on n'a-
vait point découvert, il a découvert l'organe
propre de la fonction spéciale, il a rattaché la ma-

nifestation à la matière cérébrale qui la tient sous sa dépendance immédiate ; il a rattaché la manifestation à la matière cérébrale sans laquelle elle n'est pas.

Par sa position à la partie latérale du front, par la nature en quelque sorte artistique de ses fonctions, par les puissances intellectuelles qu'il avoisine, et qu'il entraîne dans ses sphères d'activité, le sens de la construction, de la mécanique et des beaux-arts, semblerait être, comme on l'a dit, une espèce d'ampliation de ces mêmes facultés, si on n'en admirait pas les chefs-d'œuvre chez un grand nombre d'animaux inférieurs à une foule d'autres sous le rapport de l'intelligence, et si on n'était pas par cela même conduit à admettre chez eux une faculté propre indépendante de toute autre, primitive et particulière à leur espèce. Il y a donc là aptitude industrielle innée. Chez ces êtres si bas placés dans l'échelle intellectuelle, rien ne démontre, rien ne peut faire supposer une suite d'opérations et d'expériences, aucune force de calcul ou d'induction qui aient pu leur suggérer l'idée, et leur donner le talent de faire et d'élever ces constructions ingénieuses à l'aide desquelles on les voit protéger leur existence et celle de leur famille entière. Ici comme ailleurs il faut encore arriver à reconnaître les attributs d'une force fondamentale, donnée à

quelques animaux, refusée à quelques autres : il
faut arriver tout simplement à l'énoncé du fait ;
laisser de côté tous les grands raisonnemens,
prendre l'observation pour guide, et dire que
l'homme et les animaux construisent non par tel
sentiment, non par tel besoin, non par telle
raison, non par telle autre, mais parce qu'ils ont
en eux la force propre à réaliser ces merveilles,
comme ils voient parce qu'ils ont des yeux,
comme ils entendent parce qu'ils ont des oreilles.
Cette force propre est placée à la partie externe et
inférieure de l'os frontal, n° 9, au-dessus de la
suture sphéno-temporale; elle est recouverte par
le muscle temporal, ou crotaphite. Avant nos deux
maîtres, on n'admettait point que l'homme eût
dans l'intérieur de son crâne une partie cérébrale
spécialement chargée d'en opérer les prodiges.

« L'homme ne paraît avoir rien qui ressemble
» à de l'instinct, écrivait, il n'y pas bien long-
» temps encore, notre illustre Cuvier; aucune in-
» dustrie existante n'est produite par des ima-
» ges innées ; toutes ses connaissances sont le ré-
» sultat de ses sensations ou de celles de ses
» devancières, transmises par la parole, fécon-
» dées par la méditation, appliquées à ses besoins
» et à ses jouissances ; *elles lui ont donné tous les*
» *arts.* » Les réflexions suivantes que nous em-

pruntons au docteur Gall, convaincront nos auditeurs que l'esprit des arts et des inventions mécaniques a été donné à l'homme par une organisation
particulière.

Si les impressions antérieurement reçues , nos
besoins, la réflexion, la raison, étaient les sources
de nos arts, le progrès devrait être en proportion
directe avec le nombre des impressions reçues ,
l'urgence de nos besoins et avec le degré d'activité
de nos facultés intellectuelles; mais que l'on considère les arts chez les individus ou chez des nations entières , l'on trouvera que ces circonstances peuvent bien déterminer la nature , la direction de nos arts et de nos inventions, en favoriser
les progrès , mais nullement en faire naître le
talent.

Que l'on observe les enfans, même ceux d'une
même famille , ceux rassemblés dans la même
école, qui sont environnés des mêmes objets , et
voient les mêmes exemples : tandis que les uns
se livrent à leurs divers penchans, les autres sont
constamment occupés à dessiner avec du charbon,
de la craie, du crayon, différens objets sur les
murs, sur le parquet, sur les tables, sur du papier,
à découper ou à façonner en cire différens objets,
ou à réparer les ustensiles de ménage. L'on a vu
des garçons de quatre à six ans faire un modèle

admirablement exact d'un vaisseau de ligne. A peine le jeune Vaucanson a-t-il regardé le mouvement d'une pendule à travers une fente de son étui, qu'il fait une pendule en bois sans autres outils qu'un mauvais couteau. Le fils de M. Reichenbacher, ingénieur pour les instrumens de mathématiques, à Munich, avait, dès l'âge de cinq ans, son tour à lui, dédaignait tous les jeux de son âge, et ne voulait absolument s'occuper que de ce qui a trait aux mécaniques ; son père a eu également ce même penchant exclusif dès sa première enfance.

Qu'on parcoure l'histoire des grands mécaniciens, des grands dessinateurs, des grands peintres, des grands architectes, on n'en trouvera pas un seul qui n'ait manifesté, dès sa première jeunesse, les traces de son talent inné.

Lebrun, dès l'âge de trois ans, s'exerça à dessiner avec des charbons ; à douze ans, il fit le portrait de son aïeul. Christophe Wren avait, à l'âge de treize ans, construit une machine ingénieuse pour représenter le cours des astres. Le père Truchet était encore enfant, qu'il exécutait déjà de petites machines qui annonçaient ce qu'il serait un jour. Michel-Ange naquit peintre ; à l'âge de seize ans, il faisait des ouvrages que l'on comparait à ceux de l'antiquité. Dans sa plus tendre enfance, on trouva Pierre du Laar, surnommé Bamboche, continuellement occupé à dessiner tout ce qu'il voyait. Sa mémoire lui rappelait avec fidélité, même après bien du temps, les objets qu'il n'avait vus qu'une seule fois. Jean-Laurent Bernin fut, à l'âge de dix ans, en état de faire une tête de marbre qui lui mérita le suffrage de tous les connaisseurs.

Un jeune artiste qui dans ce moment fait preuve d'un grand talent pour la sculpture, s'occupait, étant enfant, et n'ayant aucune idée de l'existence de cet art, à sculpter des crucifix à l'usage des laboureurs, et se faisait par là un petit revenu pour se procurer les moyens de se perfectionner. Tout le monde connaît de pareils exemples.

Combien de fois des hommes que les circonstances extérieures ont empêchés de se livrer par état aux occupations auxquelles les appelaient leurs dispositions naturelles, n'en ont-ils pas fait leur amusement, même dans un tourbillon d'affaires d'un genre bien différent. Léopold Ier, Pierre-le-Grand et Louis XVI, faisaient des serrures ; le pasteur Hahn, des montres ; le religieux Plank employa la poussière des ailes des papillons pour peindre les oiseaux, et ses peintures font tellement illusion que l'on croit voir un oiseau naturel.

Le père Vincent, paysan qui habite une chaumière à une lieue de Plombières, étant venu un jour dans cette ville pour y vendre quelques denrées, entendit, de la rue, le son d'un instrument qui lui était inconnu. Il demanda la permission d'entrer dans la maison d'où les sons partaient; on la lui accorda; il fut introduit dans un appartement où une dame jouait du forté-piano. Ravi, en extase, il voulut connaître cet instrument dans tous ses détails; on satisfit sa curiosité : il l'examina avec beaucoup d'attention; et après en avoir saisi l'ensemble et les diverses parties, il dit qu'il en ferait un pareil. En effet, sans autres secours que quelques outils grossiers, tels qu'un rabot, un marteau et une lime, il fabriqua seul la caisse, les chevilles, les touches et les tampons, et assembla tout cela avec une industrie merveilleuse; les formes, les proportions, furent observées. Il en a fait depuis deux autres qui n'ont pas l'élégance des pianos d'Érard, mais enfin qui valent beaucoup de ceux qui portent le nom de facteurs connus.

Ce n'est pas tout : après cet essai, il voulut avoir une horloge. Il en examina une, et construisit toutes les pièces qu'il réunit, et auxquelles il donna toute la régularité qu'aurait pu leur donner un bon horloger.

Ce sujet n'enorgueillit point le père Vincent; un autre eût peut-être quitté la bêche et la charrue; mais ce Vaucanson rustique continua à cultiver son champ, se contentant d'employer son nouveau talent dans ses heures de loisir, et uniquement pour se procurer quelques jouissances ou embellir sa demeure.

Partout on voit des hommes, occupant des places éminentes, se délasser de leurs occupations habituelles en travaillant au tour ou en dessinant. On ne peut attribuer ces goûts, ni à des sentimens particuliers, ni au besoin, ni à des facultés intellectuelles très distinguées.

L'on voit, tout au contraire, souvent des hommes doués de facultés intellectuelles très distinguées qui ne savent absolument rien faire avec leurs mains. Lucien et Socrate renoncèrent à la sculpture, parce qu'ils ne se sentaient pas de vocation pour cet art. M. Schurer, ci-devant professeur de physique à Strasbourg, cassait tout ce qu'il touchait. Il y a des gens qui ne savent pas tailler une plume, pas repasser un rasoir. Deux de mes amis, l'un excellent instituteur, l'autre grand ministre, s'étaient passionnés pour le jardinage, mais je ne pus jamais leur apprendre à greffer un arbre.

D'un autre côté, les plus grands mécaniciens

sont souvent, pour tout le reste, des hommes étonnamment bornés.

Je finis en faisant observer, toujours avec le docteur Gall, que l'exercice des aptitudes industrielles a lieu d'autant plus servilement et d'une manière d'autant plus invariable que l'animal se trouve placé plus bas sur l'échelle de perfection; plus au contraire il y est placé haut, plus il a de liberté dans l'exercice de ces aptitudes. Le nid de l'écureuil offre bien plus de variété que l'enveloppe de la chenille; c'est ainsi que nous voyons cette liberté apparente, aller en croissant dans la proportion de l'organisation en général, et de l'organe des arts en particulier, jusqu'à ce que nous arrivions enfin au dessinateur, au peintre, au sculpteur, à l'architecte, au mécanicien, qui croient que dans l'exercice de leur art, ils ne sont assujettis à aucune entrave; cependant les bornes qui sont assignées à cet égard à l'espèce humaine, n'échappent pas à l'œil de l'observateur philosophe qui compare les ouvrages d'un artiste à ceux d'un autre, les ouvrages des anciens à ceux des modernes, les ouvrages d'une nation à ceux d'une autre.

Du reste, je suis bien loin de nier, que l'exercice et les modèles ne servent à perfectionner les produits des arts comme tout le reste. Mais comme dit Fergusson :

« Tout ce que l'homme acquiert d'habileté dans l'espace de plusieurs siècles, n'est que le développement du talent qu'il possédait dès les premiers temps. La hutte du Scyte offre aux yeux de Vitruve les élémens de l'architecture ; l'arc, la fronde et le canot des sauvages présentent à l'armurier et au constructeur les constructions originales de leur métier (1). »

SENS DE CONSTRUCTION DANS L'IDIOTISME ET DANS LA FOLIE.

Il n'est pas rare de voir des idiots qui marquent un talent étonnant pour les mécaniques. M. Pinel rapporte l'exemple (déjà cité) d'un aliéné qui s'imaginait qu'on lui avait changé la tête, et qui faisait les machines les plus ingénieuses, qui étaient le résultat des combinaisons les plus profondes. M. le docteur Spurzheim parle d'une femme chez laquelle l'organe de la construction était, toutes

---

(1) *Essai sur l'Histoire de la Société civile*, tome 2, page 93.

les fois qu'elle était grosse, dans un tel état d'incitation, qu'elle avait alors la rage de bâtir. Le docteur Blin cite deux cas où le talent du dessin s'est développé, pendant la folie, et il ajoute qu'il n'y a pas d'hôpital de fous, dans lequel on ne trouve des exemples d'individus qui, n'ayant jamais montré auparavant la moindre trace d'un talent mécanique, ont construit les machines les plus curieuses, et même des navires complètement équipés.

Il est donc prouvé par l'expérience, que le sens des arts ainsi que son organe, peut avoir acquis un très haut degré d'activité dès l'enfance, tandis que les autres qualités ou facultés sont beaucoup moins développées; que le sens des arts peut à tout âge exister à un degré d'activité très différent de celui des autres qualités ou facultés; qu'il peut se manifester encore, et même avec énergie, lorsque les autres facultés sont dégradées jusqu'à l'idiotisme; qu'il peut se manifester dans la manie, et s'y manifester même dans toute son intégrité; un sens des arts singulièrement actif peut se transmettre du père au fils, et de celui-ci au petit-fils; certaines espèces d'animaux en sont douées; d'autres espèces, quoique placées sur un degré supérieur de l'échelle, en sont privées. Le sens des arts doit donc être considéré comme une faculté propre et indépendante de toutes les autres, c'est-à-dire comme une faculté fondamentale : il doit donc avoir son organe propre.

Or donc, si l'on ne peut nier, ni les faits que je viens de rapporter, ni les conséquences qui en découlent, il faut admettre que les objets sur lesquels cet organe est destiné à agir, existent hors de nous ; que par conséquent, il existe des lois du mouvement, du dessin, de la sculpture, du goût ; enfin que cet organe du sens des arts n'est autre chose que la condition matérielle au moyen de laquelle le créateur nous met en communication avec cette partie du monde, et à l'aide de laquelle il a voulu nous révéler ce fragment de l'univers.

Chez le hamster, la marmotte, le castor, le blaireau, le putois, le renard, l'organe des constructions est très facile à reconnaître. On le voit former une saillie à l'angle inférieur et antérieur du pariétal et à la partie correspondante du frontal.

Chez les oiseaux, on l'observe particulièrement sur l'oriot, l'hirondelle des fenêtres, le chardonneret, les mésanges, etc.

Plusieurs de mes adversaires, disait souvent le docteur Gall, se sont déclarés contre l'idée que c'est la même idée fondamentale, au moyen de laquelle le castor bâtit une cabane, une femme fait des ouvrages de modes, et Raphaël dessine ses immortels tableaux: divin Raphaël! te mettre sur une même ligne avec le hamster, le castor et une ouvrière de modes!... Les plaisans de profession, peuvent attacher quelque importance à de semblables observations; mais le naturaliste philosophe sait se dire qu'une force exprimée ici par trois et là par un million, peut être très différente dans ses effets, quoique sa nature reste la même.

CIRCONSPECTION, PRÉVOYANCE, DISPOSITION A CALCULER LES CHANCES DES ÉVÉNEMENS.

Cet organe, comme tous ceux situés hors de la ligne médiane, forme une double élévation dont une de chaque côté de la tête, vers le milieu des pariétaux. Quand il est très prononcé il forme au-dessus et en arrière de celui de la ruse une large protubérance.

> Prenons loisir d'attendre les maux, peut-être qu'ils ne viendront pas jusqu'à nous : nos craintes sont aussi sujettes à se tromper que nos espérances. Combien peut-il survenir de rencontres qui pareront au coup que nous craignons. La foudre se détournera avec le vent d'un chapeau. Un tour de roue met en haut ce qui était en bas, et bien souvent d'où nous attendons notre ruine nous recevons notre salut ; il n'y a rien de plus sujet à être trompé que la prudence humaine: ce qu'elle espère lui manque, ce qu'elle craint s'écoule, ce qu'elle n'attend pas lui arrive. Ne nous rendons pas malheureux avant le temps, et peut-être ne le serons-nous pas du tout.

De toutes les facultés qui nous ont été données pour la conservation de notre être, la circonspection est incontestablement aussi une de celles qui servent le plus efficacement à nous protéger dans le monde extérieur. L'organe, comme je viens de le dire, est situé au-dessus et un peu en arrière de la sécrétivité, sur les côtés supérieurs de la tête, à l'endroit qui correspond au milieu de chaque os pariétal.

L'emplacement de cette faculté m'a toujours paru fort remarquable; elle domine par sa position tous les penchans inférieurs, elle est sur la ligne et à la hauteur des facultés intellectuelles et des sentimens qui forment comme hommes nos caractères distinctifs; elle est, en un mot, posée de manière à ce que rien de ce qui se passe dans la tête humaine ne puisse en quelque sorte se soustraire à son influence, ne puisse ne pas éprouver de sa part une modification quelconque. On dirait une sentinelle vigilante, expressément placée là pour découvrir tout l'horizon. Sentinelle vigilante qui regarde et aperçoit devant elle, derrière elle, à sa droite, à sa gauche, au-dessous d'elle, les moindres mouvemens de l'économie, et qui personnifiant en elle la prudence même, s'efforce à tout moment de contenir dans une juste mesure d'activité, toute faculté dont elle aperçoit l'excitation et dont par cela même elle redoute les abus.

Il faut avouer, Messieurs, qu'il est bien extraordinaire que Gall et Spurzheim, qui n'avaient point fait cette observation, qui n'avaient point réfléchi sur cet ordre de rapports respectifs, et qui devaient d'ailleurs effectivement commencer par arriver à la localisation de chacune de nos facultés, par en préciser le siége et en faire connaître le signe extérieur, il est, dis-je, bien extraordinaire qu'ils aient justement placé l'organe de la circonspection dans l'endroit que nous venons d'indiquer. Il faut avouer que si le cerveau ne peut point être divisé en différens compartimens, que si la pluralité des facultés est une hypothèse dépourvue de toute espèce de probabilité, que s'ils ont voulu, pour passer leur temps, s'amuser à placer dans telle et telle partie de l'encéphale les facultés admises dans l'ancienne philosophie, par suite de l'étude de leurs manifestations; il faut avouer, je le répète encore, qu'il y a quelque chose de bien extraordinaire d'avoir été plutôt poser les doigts, relativement à la circonspection, sur les deux pariétaux que sur tout autre point de la masse encéphalique.

Voilà pourtant où nous en sommes encore aujourd'hui; un homme honorable et qui paraît consciencieux, qui a fait d'excellentes études, qui ne manque point d'érudition, qui a en lui tout ce qu'il faut pour servir la science et l'humanité, le docteur Lélut, a fait dernièrement paraître un livre dans lequel il se demande ce que c'est que la phrénologie, et dans lequel d'un bout à l'autre il s'efforce de faire entendre et de persuader à tous ses lecteurs, que le mérite principal de Gall et de Spurzheim est d'avoir travaillé avec intelligence sur les erremens des philosophes anciens et modernes; qu'ayant eu l'avantage de venir après eux, ils avaient dû nécessairement arriver à une systématisation plus complète et mieux ordonnée, et que c'est tout simplement à cela que se réduisent l'excellence et la supériorité de ces hommes dont on fait tant de bruit. Que quant aux divisions tracées par eux sur la surface extérieure du crâne, on n'y peut voir qu'un simple jeu de leur esprit ou une envie d'exploiter, nouveaux thaumaturges, la crédulité du public; qu'elles ne sont point tracées par le génie de l'observation, quelles ne révèlent d'ailleurs en aucune manière les formes du cerveau, et qu'on ne peut y rattacher la manifestation des penchans, des sentimens, des talens propres à chaque individu; que c'est le dernier mot de ceux qui, après avoir inutilement creusé cette mine, se sont vus forcés de revenir au tuf, de s'en tenir à l'écorce des choses, ne pouvant en pénétrer le fond, et de substituer à un doute qui leur pesait, une croyance non moins lourde peut-être, mais qui mît un terme à de vaines investigations.

C'est justement en cela, Messieurs, que Gall et

Spurzheim diffèrent de tous leurs devanciers. Non seulement en anatomistes de premier rang, marchant les égaux des Cuvier, des Tiedemann, des Serres, des Geoffroy Saint-Hilaire, des Breschet, ils ont étudié et disséqué le cerveau comme personne ne l'avait fait avant eux, mais ils ont aussi voulu en étudier les fonctions : vous connaissez tous la première observation qui ouvrit à Gall la carrière dans laquelle il s'est tant illustré depuis. Il avait remarqué, tout jeune encore et tout étranger à la médecine et aux systèmes des différens philosophes, que quelques-uns de ses condisciples qu'il écrasait de sa supériorité dans une foule de compositions, l'emportaient toujours sur lui quand il s'agissait de réciter par cœur de longs passages des auteurs qu'on mettait entre leurs mains. En changeant de pension, il avait partout éprouvé le même désappointement, et partout il avait remarqué que les élèves qui remportaient sur lui des prix de mémoire, avaient des yeux saillans, à fleur de tête, des yeux de bœuf, pour me servir de l'expression populaire.

Plus tard, lorsque le docteur Gall vint sur les bancs des écoles de médecine, on lui parlait des fonctions des différens organes et appareils de l'économie, mais on ne lui disait pas un mot des fonctions du cerveau. Ce fut alors, Messieurs, qu'il se rappela ses premières observations et qu'il se demanda, puisqu'il avait reconnu le don de la mémoire à la saillie des yeux, s'il ne serait pas possible de découvrir également, par la vue et par le toucher, le signe extérieur de toutes nos autres facultés. C'est dans cette voie, comme vous le savez, qu'il a marché comme un géant et qu'il est parvenu à poser les bases de la physiologie du cerveau et à substituer par conséquent la philosophie de la nature aux hypothèses gratuites des métaphysiciens.

Cependant, voyez jusqu'à quel point peuvent aller l'aveuglement et la passion chez certaines personnes. Tout en n'accordant aucune valeur, aucun mérite, à ce genre d'investigations, tout en le considérant comme une entreprise vaine et presque ridicule, on ne veut cependant pas encore en accorder l'invention au docteur Gall. On prétend que bien d'autres avant lui, dont on a la hardiesse de citer les noms, Carpus, Grégoire de Nice, Albert-le-Grand, etc., avaient déjà fait des tentatives à ce sujet, et qu'il n'est même encore en cela qu'un copiste et un imitateur.

Ici, Messieurs, se manifeste l'ignorance la plus profonde ou la préoccupation mentale la plus singulière. Il est bien certain que dès la plus haute antiquité, quelques hommes supérieurs, contre l'opinion des savans de leur époque, se sont efforcés de rendre au cerveau la prééminence qui lui appartient dans l'économie. Il est bien certain que quelques-uns d'entre eux, comme Gall et Spurzheim, contradictoirement aux idées de leurs contemporains, l'ont regardé comme l'organe qui donnait particulièrement à l'homme sa supériorité sur tous les autres animaux. Il est également bien certain qu'un très petit nombre d'entre eux ont voulu préciser le siége de telle ou telle faculté; mais de quelle manière ont-ils opéré et de quelle faculté ont-ils voulu parler, et si j'en excepte la mémoire qu'ils plaçaient dans le cervelet, de quelle autre puissance fondamentale, de quelle autre force primordiale instinctive, intellectuelle ou morale, se sont-ils occupés? Ce sont eux incontestablement qui ont donné cours à leur imagination et qui, sans observations préalables, gratuitement, sans indication d'aucun ordre, sans étude et comme par caprice, ont donné tel et tel emplacement à telles et telles de leurs prétendues facultés, sans prendre la peine d'appuyer leurs démonstrations sur des faits, d'en appeler à l'expérience et d'asseoir, par conséquent, comme l'ont fait Gall et Spurzheim, leur opinion sur des bases inébranlables.

Y a-t-il, je vous le demande maintenant, Messieurs, la moindre comparaison à établir entre les travaux des anciens et ceux de notre illustre Gall. Cet homme véritablement supérieur, frappé de l'observation qu'il avait faite sur ses condisciples, observations dont je vous ai déjà parlé et qui furent pour lui, ce qu'un autre fait non moins simple avait été pour le grand Newton, continua ses recherches, sans savoir d'abord ce qui avait été fait avant lui, et ne sachant pas où pourrait le conduire la voie toute nouvelle dans laquelle il s'engageait avec tant de persévérance et de bonne foi. S'il a voulu arbitrairement donner emplacement aux facultés des psychologistes, si la localisation qu'il en a faite est une puérilité, qu'avait-il donc besoin de tant de travail, d'études, de soins et de patience? Que ne s'en rapportait-il au hasard; pourquoi cet imitateur des anciens ne faisait-il pas comme eux et ne trouvait-il pas indifféremment bons tous les points du cerveau? S'il n'a pas fait connaître les organes, les instrumens, les conditions matérielles, les signes extérieurs de nos facultés instinctives, intellectuelles et morales, qui nous expliquera pourquoi il a placé les facultés perceptives, les facultés qui nous font connaître les choses de l'univers, à la partie antérieure et inférieure du cerveau; pourquoi a-t-il donné pour siége de l'intelligence et des sentimens moraux, les parties antérieures et supérieures du même organe? Qui lui a dit de placer l'amour physique, l'amour des enfans, l'amour de nos semblables, l'amour de notre pays, à sa partie postérieure et inférieure? Qui lui a appris que le courage devait être à côté de tous ces amours pour les protéger et les défendre. Pourquoi l'estime de soi-même et l'approbativité sont-ils immédiatement placés au-dessus de tous ces appareils? Qui n'aperçoit pas encore là les intentions de la nature! qui lui a révélé que l'alimentivité, la destructivité, la constructivité, l'acquisivité, la sécrétivité et la circonspection, toutes ces puissances destinées à assurer l'existence et la conservation de l'homme, occupent les parties latérales de l'encéphale? Si cette coordonation est arbitraire, comment se fait-il justement que les organes qui se prêtent une mutuelle assistance, qui entrent en action les uns par les autres, se trouvent juxtaposés dans son système? La raison en est toute simple, Messieurs, c'est que le docteur Gall n'est point l'auteur de cette localisation; il l'a seulement découverte et il y a par conséquent attaché son nom; mais il n'est point accordé à l'homme le plus supérieur, d'inventer de pareilles choses : il les constate, les admire, et ne les crée pas.

En résumé, Messieurs, les faits observés par le docteur Gall défient toutes les attaques et bravent toutes les oppositions, sans parler ici des subdivisions faites dans chaque grand compartiment de la masse encéphalique. Il sera éternellement vrai que dans la forme plus ou moins large, profonde, élevée du front, on trouve les différens degrés de puissance des facultés perceptives et de l'intelligence. Toujours les parties supérieures de l'encéphale vous donneront les sentimens moraux. C'est dans ces deux parties que la nature a placé les grands caractères distinctifs de notre espèce ; c'est là qu'elle a mis le siége du gouvernement : sur les côtés du cerveau se trouvent les instincts de la conservation , instincts dont je viens tout-à-l'heure de faire l'énumération. Ils sont également placés là par la main de la cause première. A sa partie postérieure et inférieure sont les instincts qui assurent plus particulièrement la conservation de l'espèce, qui la multiplient, qui la soignent, qui l'associent et qui combattent pour sa défense. Voilà, Messieurs, ce que Gall et Spurzheim nous ont appris, et voilà ce que ni les anciens ni les modernes ne leur avaient montré. Voilà ce qui les place parmi les têtes privilégiées et ce qui les met entièrement à part dans l'histoire de la philosophie.

Revenons maintenant au sentiment de la circonspection. Nous l'avons déjà dit, il est tout de conservation, et il ne paraît étranger à aucun des mouvemens de l'âme humaine. Epicure le regardait comme le premier appui du bonheur. Il est certain que rien ne peut suppléer au défaut de sa tutelle instinctive et qu'il est admirablement bien adapté à la nature du monde extérieur dont nous avons à prévoir et à modifier à tout moment les influences (1).

---

(1) Celui qui prend garde et considère l'adversité d'autrui comme chose qui lui peut advenir, avant qu'elle soit à lui, il est armé. Il faut penser à tout et compter toujours à pire. Ce sont les sots et mal advisés qui disent je n'y pensais pas. L'on dit que l'homme surpris est à demi battu, et au contraire un averti en vaut deux. L'homme sage, en temps de paix, fait ses préparatifs pour la guerre. Le bon marinier, avant surger du port, fait provision de ce qu'il faut pour résister à la tempête. A tout ce à quoi nous sommes préparés de longue main, nous nous trouvons admirables, quelques difficultés qu'il y ait. Certes, il semble bien que si nous sommes aussi prévoyans que nous devons et pouvons être, nous ne nous étonnerons de rien. Il n'y a chose si aisée qui ne nous empêche si nous y sommes nouveaux. Ce que vous avez prévu vous arrive, pourquoi vous en étonnez-vous. Faisons donc que les choses ne

L'organe, comme je le disais, est situé près du milieu de chaque os pariétal, dans le point où commence généralement l'ossification. La faculté produit l'émotion de la crainte et porte l'homme à se tenir constamment sur le qui vive? C'est même cette particularité d'action, ce regard scrutateur et tourmenté qu'elle jette constamment autour d'elle qui la fait appeler circonspection. Ainsi que tous les autres pouvoirs de notre constitution, cette faculté ne nous est point également répartie: quelques hommes portent l'imprévoyance à l'excès, d'autres au contraire se font remarquer par un caractère très réfléchi.

Je ne crois pas avoir besoin, Messieurs, de vous peindre le caractère de l'homme dont la circonspection n'est point assez prononcée; à moins qu'il n'ait une grande intelligence et beaucoup de savoir faire, il se livre trop impétueusement à ses inspirations et ne sait préparer le succès d'aucune entreprise.

La circonspection trop fortement développée n'est pas moins défavorable à l'individu, ce n'est plus de la prudence alors, c'est de la crainte.

nous surprennent point. Tenons-nous en garde contre elles, regardons-les venir.

CHARRON. De la Sagesse.

C'est, comme le disait le philosophe que nous aimons tant à citer, l'illustre Montaigne, l'appréhension du mal à venir, laquelle nous tient continuellement en cervelle et devance les maux dont la fortune nous menace. Certes, la crainte est de tous les maux le plus grand et le plus fâcheux, car les autres maux ne sont des maux que tant qu'ils sont, et la peine ne dure que tant que dure la cause; mais la crainte est de ce qui est et de ce qui n'est pas, et de ce qui par aventure ne sera jamais, voire quelquefois de ce qui ne peut du tout être. Voilà donc une passion ingénieusement malicieuse et tyrannique, qui tire d'un mal imaginaire de vraies et bien poignantes douleurs, et puis sort ambitieuse de courir au devant des maux et de les devancer par pensée et par opinion.

Toutes ces observations, Messieurs, sont de la plus grande exactitude; à ce degré d'énergie, la circonspection est effectivement le don le plus fâcheux que la nature ait pu nous faire. Non seulement dans une foule de circonstances où il conviendrait de prendre un parti décisif, elle nous jette dans le doute et l'irrésolution, elle nous fatigue et nous use par ses oscillations perpétuelles; mais pour peu que la triste expérience du monde en ait encore renforcé l'exercice et l'activité, pour peu que notre confiance ait été plusieurs fois trahie, elle a encore le grand inconvénient de nous représenter les personnes et les choses sous l'aspect le plus défavorable, et de nous exciter à la méfiance. Elle nous fait généraliser des observations particulières, elle nous rend injustes et détruit la douce harmonie de nos rapports. Le caractère devient inquiet, soupçonneux, mélancolique; on grossit tous les objets, on se croit entouré de traîtres et d'ennemis; au travers de cette interne et malheureuse constitution, nous prêtons à nos parens, à nos amis et à nos enfans eux-mêmes les plus mauvaises intentions. Dans cet état d'exaltation, c'est une faculté qui flétrit tout ce qu'elle touche et tout ce qu'elle aperçoit, et qui par conséquent empoisonne tous les momens de l'existence; elle prédispose alors au suicide ou à l'aliénation mentale. Elle a décoloré la vie de Zimmermann, de Gilbert, de J.-J. Rousseau.

Il ne sera point sans intérêt pour nous tous de connaître la description que Zimmermann, sous l'influence prédominante de cet instinct, a faite de sa propre situation mentale dans son *Traité de la solitude*. On y sera frappé des contradictions qui s'élevèrent dans l'esprit de cet homme supérieur, tour à tour agité par la crainte et les sentimens élevés de sa grande et belle âme; malgré tout ce que pouvait lui inspirer sa défiance naturelle chaque jour augmentée par tout ce qu'il apercevait de hideux dans la société, on le voyait à tout moment revenir à l'excellente aménité de son heureux naturel. Les médecins habitués aux études approfondies de la physiologie du cerveau, y trouveront parfaitement bien exposés les premiers symptômes de la mélancolie, et l'observateur philosophe, amoureux d'une vie pleine et heureuse, sentira combien il importe à l'exercice libre, harmonique, complet et régulier de tous nos pouvoirs, de ne jamais permettre à aucun d'eux d'usurper dans l'économie cérébrale un souverain empire.

Laissons parler Zimmermann : « Au milieu de cet enchaînement de passions et de malheurs dont je fus le jouet et la victime, je ne connus jamais d'heures plus heureuses que celles où j'oubliais le monde et où j'en étais oublié ; toujours je trouvai ces heures de repos dans le silence des champs ; tout ce qui m'oppressait dans les villes, tout ce qui, dans le tourbillon du monde, ne m'inspirait que le dégoût, l'effroi ou la contrainte, était alors loin de moi : j'admirais le calme de la nature, j'en jouissais et je n'éprouvais plus que des sensations douces et délicieuses.

» Combien de fois, dans l'ivresse d'une volupté pure et ineffable, n'ai-je pas, au printemps, parcouru le vallon magnifique où les débris de l'habitation de Rodolphe de Hapsbourg s'élèvent seuls sur le penchant d'une colline couverte de grands bois ; là, je voyais l'Aar descendre comme un torrent du haut des montagnes, tantôt s'étendre dans un vaste bassin fermé par des rives escarpées, tantôt se précipiter au travers des rochers qui ne lui laissent qu'un étroit passage, puis serpenter tranquillement et majestueusement au milieu de plaines riantes et fertiles ; plus loin je découvrais la longue vallée où se trouvent les ruines de la ville célèbre de Vindonissa, sur lesquelles j'allai souvent m'asseoir et réfléchir sur le néant de la grandeur humaine.....

» Au milieu de toutes ces grandes scènes, mes yeux se baissaient involontairement et se reposaient sur la petite ville qui était à mes pieds et qui m'avait vu naître. Quand je réfléchissais sur mes sensations actuelles, sur celles que j'avais éprouvées et que je comparais ensemble, alors je me disais à moi-même : Ah ! pourquoi mon âme se retrécit-elle ainsi au milieu de tant de sujets propres à inspirer de grandes pensées ? pourquoi avais-je là bas tant d'ennuis, de déplaisirs, de chagrins, tandis que maintenant devant ces objets imposans, je ne sens qu'amour et tranquillité, que je pardonne tous les jugemens faux, et que j'oublie toutes les injustices. Pourquoi ce petit tas d'hom-

mes rassemblés à mes pieds est-il si peu tranquille et si peu d'accord? pourquoi y a-t-il là si
peu de liberté et de hardiesse? pourquoi y a-t-il
si peu de gens qui sachent se connaître et s'apprécier, pourquoi l'un est-il si fier, l'autre si ram-
pant? pourquoi enfin, parmi des êtres nés tous
égaux devant Dieu, y a-t-il tant de fierté et tant
d'envie, tandis que l'on voit les oiseaux de ces bo-
cages se placer indistinctement sur leurs rameaux
et unir leurs chants pour célébrer les louanges du
créateur? Alors je descendais de ma montagne,
satisfait et paisible; je faisais à Messieurs les bourg-
mestres de profondes révérences, je tendais
amicalement la main à chacun de mes inférieurs,
et je conservais cette heureuse situation de l'âme,
jusqu'à ce que j'eusse oublié de nouveau parmi les
hommes les sublimes montagnes, le riant vallon
et les pacifiques oiseaux. »

La circonspection peut encore présenter un plus
haut degré d'exagération, et l'on tombe alors dans
la monomanie. Un homme fort riche, remarquable
par son esprit, dont parle Gall dans son ouvrage,
offrait cette fâcheuse disposition. Sa raison, d'ailleurs intacte, ne lui faisait voir que malheurs et
désastres. A l'époque de l'entrée de Louis XVIII
à Paris, il avait dans sa maison un fusil à vent:
« Un scélérat peut tirer sur le roi, se dit-il; ce

crime donnera lieu à des visites domiciliaires, on trouvera ce fusil chez moi, et l'on me croira l'auteur de ce forfait. » Il brise cette arme et la jette dans les latrines. Nouvelle perplexité. « Dans quelques années, on trouvera les débris en vidant la fosse : tous les malheurs qui ont eu lieu, tous les crimes qui ont été commis dans l'intervalle, à l'aide d'un fusil à vent, me seront imputés. » Il n'eut plus de repos qu'il n'eût fait retirer les débris du lieu où il les avait jetés.

Plus tard, il brisa ses pistolets de poche, enveloppa les morceaux dans du papier, et alla les jeter dans une rue éloignée. Autres inquiétudes. « Mon adresse ne serait-elle pas écrite sur ce papier? si on la trouve, quels horribles soupçons peuvent planer sur moi. »

Nous pouvons ajouter à cette observation, le fait que nous a fait connaître dernièrement le docteur Scoutetten. Madame C***, d'un esprit distingué et orné par des études littéraires, éprouve une monomanie de l'organe de la circonspection, très remarquable par le développement qu'elle a pris et par la singularité qu'en reçoivent les actes les plus ordinaires de la vie. Dès qu'elle veut agir, elle est aussitôt arrêtée par la crainte que cela pourra lui nuire. Veut-elle s'asseoir? elle se dit aussitôt : non, je ne dois pas le faire, car je m'en trouverais mal. Doit-elle se coucher ? à l'instant elle trouve mille prétextes pour ne point obéir à ce désir ou à l'ordre qui lui en est donné. Derniè-rement, elle passa huit jours et huit nuits en allant alternativement de son lit à son fauteuil, et de son fauteuil à son lit, sans oser garder une position fixe, persuadée qu'elle était, qu'aussitôt un malheur la menacerait. Un jour, elle veut quitter Longeville, pour se rendre à Metz, où son frère se trouvait faiblement indisposé. A peine a-t-elle fait quelques pas, qu'elle s'arrête, dans la persuasion qu'il lui arrivera un malheur si elle exécute son projet. Elle revient sur ses pas, mais aussitôt elle se reproche cette conduite, car on pourrait, se dit-elle, la taxer, d'une coupable indifférence. Elle s'avance, mais de nouveaux prétextes la font retourner. Elle reste ainsi, depuis huit heures du matin jusqu'à trois heures de l'après-midi, sans que ce court trajet, qui n'est que d'un quart de lieue, pût être parcouru. On finit par l'enlever de force sans s'arrêter aux cris qu'elle poussait. Chaque jour, ce sont de nouvelles scènes d'un caractère semblable, qui mettent cette malheureuse femme dans la situation la plus pénible et la plus ridicule. Si l'on interroge cette dame, elle vous expose elle-même les tourmens que lui fait éprouver son caractère indécis et méticuleux ; elle se reproche les tourmens qu'elle occasionne à sa famille, et jamais on ne soupçonnerait, en l'écoutant, que sa raison se trouve dérangée.

« La mélancolie, a dit également mon honorable maître le docteur Pinel, peut tenir à une disposition naturelle qui se fortifie avec l'âge, et que diverses circonstances de la vie humaine servent à exaspérer, mais on voit aussi des personnes d'un caractère gai et plein de vivacité, tomber par des chagrins réels, dans une morosité sombre, rechercher la solitude et finir par perdre l'appétit et le sommeil; on devient de plus en plus soupçonneux, et on finit par se croire sans cesse circonvenu par des piéges et des trames ourdies avec la plus noire perfidie ; quelques-unes de ces mélancoliques de l'hospice ont l'imagination si fortement frappée de l'idée d'une persécution dirigée contre elles par des ennemis invisibles, qu'elles éprouvent des anxiétés continuelles, et que la nuit même elles croient entendre des bruits sourds produits par des machinations secrètes, dont elles redoutent sans cesse de devenir les victimes. Une d'entre elles, qui avait entendu parler autrefois d'électricité, et qui avait lu quelques écrits sur cette partie de la physique, pensait que ses ennemis acharnés à la perdre, pouvaient exercer sur elle des influences funestes à de grandes distances, et elle croyait voir dans l'air des courans électriques qui la menaçaient du plus grand danger. D'autres font intervenir des êtres surnaturels, qu'une imagination faible semble réaliser en leur prêtant les intentions les plus sinistres. »

Une femme d'environ vingt-cinq ans, d'une constitution forte, et unie par le mariage à un homme faible et délicat, tomba dans des affections hystériques très violentes, et fut sujette à des visions nocturnes les plus propres à l'alarmer : elle était pleinement convaincue qu'un mendiant qu'elle avait un jour rebuté et qui l'avait menacée d'un sortilége, avait exécuté ce dessein funeste; elle s'imaginait être possédée du démon, qui, suivant elle, prenait des formes variées, et faisait entendre tantôt des chants d'oiseaux, d'autres fois des sons lugubres, quelquefois des cris perçans qui la pénétraient de la plus vive frayeur; elle resta plusieurs mois dans son lit, inaccessible à tous les avis qu'on pouvait lui donner, et à toutes les consolations de l'amitié : le curé du lieu, homme éclairé et d'un caractère doux et persuasif, prit de l'ascendant sur son esprit et parvint à la faire sortir de son lit, à l'engager à reprendre ses travaux domestiques, même à lui faire bêcher son jardin, et à se livrer au dehors à d'autres exercices du corps très salutaires; ce qui fut suivi des effets les plus heureux, et d'une guérison qui s'était soutenue pendant trois années ; mais à cette époque le bon curé est venu à mourir, et il a été remplacé par un ex-moine, très superstitieux, et d'un esprit très borné ; ce dernier ne met nullement en doute qu'elle ne soit possédée du démon. On prévoit sans peine les suites de ces préventions absurdes.

Un grand nombre d'animaux paraissent évidemment doués de la circonspection. Le renard, après avoir éventé des marcassins, essaie, avant d'entreprendre de les enlever, de sauter sur un tronc d'arbre avec une charge à peu-près égale au poids de l'un de ces animaux, pour être sûr de pouvoir échapper aux poursuites de la laie. Le pigeon, revenant de ses courses vers le soir, décrit pendant quelque temps de grands cercles dans les airs, autour du colombier, avant que d'y rentrer, tant pour reconnaître s'il n'y a rien à craindre des oiseaux de proie ou des martres, que pour donner le signal de la retraite aux autres pigeons qui pourraient s'être oubliés dans les campagnes.

Si l'on examine la tête des animaux qui se distinguent par leur circonspection, on trouve chez eux la partie supérieure et latérale de la tête plus développée que chez les animaux qui montrent dans leurs habitudes et leurs mœurs des dispositions opposées.

Plusieurs animaux portent la circonspection jusqu'à placer des sentinelles autour d'eux : le singe, l'oie sauvage et l'outarde en font foi.

Voici une anecdote citée par M. Vimont, et que je me plais à rapporter avec le docteur Broussais, parce qu'elle peut donner lieu à des réflexions profondes. Il s'agit des mules ou des mulets qu'on emploie pour franchir les défilés des montagnes, pour passer dans des sentiers extrêmement étroits, sur les bords des précipices, dans des endroits où l'animal peut glisser et se précipiter avec son cavalier dans un abîme.

« Lorsque la mule se croit en danger, dit M. Vimont, elle s'arrête, tourne la tête à droite et à gauche fort lentement, tout à son aise, tenant un peu de l'âne, qui offre aussi cette lenteur et cette fermeté particulière dans le caractère : ensuite, après avoir délibéré, car sa résolution est toujours lente, elle prend un parti qui d'ordinaire est sûr. Aussi les montagnards disent aux voyageurs : « Je » ne vous donnerai pas la mule dont l'allure est » le plus agréable, mais celle qui raisonne le » mieux. » Ces braves gens ne sont pas au fait des systèmes de philosophie, et ne savent pas que Descartes et beaucoup d'autres ont refusé le raisonnement aux animaux : ils procèdent d'après le bon sens ; ils voient cette mule qui s'arrête, qui examine à droite et à gauche (*circumspicit*), et puis qui prend son parti ; et ils la comparent à l'homme. »

Relativement à la multiplication des espèces, la nature, ainsi que l'a fort bien remarqué le docteur Gall, semble avoir attaché plus d'importance à la conservation des femelles qu'à celle des mâles. Celles-là sont douées de circonspection à un plus haut degré que ceux-ci. « Il m'est arrivé, dit-il, de tuer jusqu'à vingt écureuils, sans que dans ce nombre, il y eût une seule femelle, quoique ce ne fût pas dans la saison où elles sont retenues par les soins que demandent leurs petits. »

Pendant un hiver, on tua dans deux provinces de la Virginie, cinq cents ours, au nombre desquels il ne se trouva que deux femelles.

M. de Girardin, chargé du service de grand veneur, a fait dresser un état des loups tués dans soixante-un départemens du royaume, depuis le 1er janvier 1816 jusqu'au 1er juillet 1817. Il résulte de cet état, qu'il a été tué 1894 loups et 522 louves.

L'organe de la circonspection paraît avoir une influence déterminante sur le motif qui porte certaines espèces d'animaux à chercher leur nourriture pendant la nuit de préférence au jour. Si l'on examine leur tête, on la trouve sensiblement plus large latéralement que celles des autres espèces qui chassent pendant le jour. La loutre et la fouine présentent cette conformation cérébrale ; les hibous, tels que le grand-duc, le petit-duc et la chouette, ont tous la tête et le cerveau beaucoup plus large que les oiseaux de jour, qui vivent également d'animaux, comme le grand vautour et plusieurs espèces d'aigles et de faucons.

L'organe de la circonspection, si l'amour de la vie n'est pas très prononcé, peut aisément conduire au dégoût de l'existence : de là au suicide l'intervalle est bientôt franchi. Les philosophes et les moralistes ont examiné le suicide sous des rapports très divers, mais sous le point de vue qui nous occupe, je ne saurais mieux faire que d'engager encore une fois mes auditeurs à méditer l'ouvrage *ex-professo* que le docteur Falret a publié sur ce sujet (1).

Nous avons dit, Messieurs, et nous avons prouvé que la circonspection était une faculté commune à l'homme et aux espèces inférieures, et que dans

____

(1) Sur cet objet, comme sur tous les autres points de la médecine légale, aucun pays ne possède peut-être autant de documens scientifiques que le nôtre. Qui ne sait que les plus hautes questions de ce genre ont été traitées avec la plus grande supériorité de vues, par MM. Orfila, Olivier d'Angers, Marc, médecin du Roi, Devergie, etc.

son objet elle était par cela même entièrement personnelle ; cette observation avait été faite par les législateurs politiques et religieux de l'antiquité , et conformément à toutes leurs autres institutions , presqu'exclusivement établies sur les dispositions de la nature animale en nous , ils en avaient fait un principe de conduite et de gouvernement. La crainte , disaient-ils , est le commencement de la sagesse. Oui , Messieurs , la crainte est bonne à quelque chose ; elle est très bonne pour terrifier l'animal , mais elle rend l'homme timide , lâche et stupide : mais n'étouffe que des vices et ne produit point de vertus.

Sous ce rapport , la législation actuelle n'est guère plus avancée que celle qui régissait nos pères , et un des hommes les plus remarquables de notre époque , dernièrement encore à la tribune nationale , consacrait cette doctrine de toute l'autorité de sa position et de toute la puissance de son talent. « L'intimidation préventive et générale , a dit M. Guizot , tel est le but principal , le but dominant des lois pénales. Il faut pour qu'il y ait utilité sociale dans ces peines qu'elles effraient et contiennent le grand nombre ; il n'y a point , continue-t-il , *de moralité, de vraie moralité sans la crainte.* Il faut le sentiment profond , permanent, énergique, d'un pouvoir supérieur, d'un pouvoir capable d'atteindre et de punir. »

Mais, Messieurs, *s'il n'y a point de moralité, de vraie moralité sans la crainte*, d'où vient donc que les individus et les peuples qui ont vécu sous les despotismes les plus furieux n'ont jamais manifesté de qualités morales ? Comment se fait-il que les hommes qui, par leurs vertus ont le plus honoré l'humanité , les Titus, les Marc Aurèle, les Antonin, les Vincent de Paul, les Henri IV, les Fénélon, les Monthion, se soient justement trouvés placés, par leur rang, leur fortune et leur pouvoir, en dehors de toutes les influences de l'intimidation?

Quelle étrange opinion ? où peut-on trouver, je le demande, un rapport entre la crainte et la moralité. Quelle confusion dans les idées ! quel défaut de réflexion ! Quoi ! parce que vous déployez devant moi un appareil de forces brutales , parce que, à la moindre infraction de vos lois, vous me donnez en perspective les prisons et les bagnes, que vous placez sous mes yeux le couteau de la guillotine, et que vous me voyez composer avec ces nécessités , me plier à ces arrangemens et arriver ainsi à la doctrine de mon intérêt personnel, parfaitement entendu dans ce sens , ou bien encore parce que j'échappe par mon courage ou la destruction de mes victimes, ou par la ruse, à l'application de vos lois pénales, ou enfin parce que réellement intimidé par elles, je m'abstiens ostensiblement au moins de mal faire, vous vous imaginez avoir jeté les semences de toutes les vertus dans mon âme, vous vous imaginez que je me suis inspiré *aux sources de la moralité, de la vraie moralité*, et que vous avez fait de moi un homme bienveillant, honnête, consciencieux, noble, vénérant, grand en toutes choses et en toutes circonstances ! Présomptueux sophistes, législateurs des mauvais jours de l'humanité, conservateurs de la civilisation des barbares, apprenez que les qualités morales mettent l'homme à part dans la création des êtres, apprenez qu'elles sont une des libéralités de la cause première à notre égard, qu'elles sont un attribut de notre noble nature, qu'elles ne sont point le produit artificiel de nos institutions, que la crainte ne les fait point naître et qu'elles ne relèvent que d'elles-mêmes. La bonté, la justice, la vénération, la dignité du caractère, l'élévation des sentimens, la pureté de l'âme, la grâce et la simplicité des manières, Messieurs, sont des facultés qui sont nôtres ; et ce sont elles, mais elles seules, qui constituent par leur exercice et leur application la grandeur et la moralité de notre être.

Sous les gouvernemens despotiques, sous l'influence de l'intimidation, il ne peut y avoir de manifestations d'un ordre supérieur. Sous les pieds d'un despote, dit Montesquieu, tout s'aplanit et chaque individu doit connaître qu'il ne tient sa sûreté que de son anéantissement. Si j'en excepte le développement qu'on permet aux *simples facultés artistiques*, les parties antérieures et supérieures du cerveau n'ont point de carrière ouverte, la liberté d'action n'existe point pour elles. Dans de pareilles contrées, on ne recule devant aucun crime, pour empêcher la pensée de se manifester et pour mettre obstacle à la communication de la pensée : on y laisse seulement vivre *l'homme animal*; et encore, comme en raison de sa fougue, de ses besoins et de son égoïsme, on pourrait avoir à redouter sa puissance, on cherche à le mutiler jusque dans cette dernière partie de son être. C'est alors que l'intimidation joue son rôle. Par elle, il se trouve attaqué dans ses instincts de conservation et refréné dans le peu de virtualités qui lui restent, dans ses virtualités inférieures. Si l'abrutissement de l'esprit, la dégradation du caractère, la vie abjecte d'un esclave, la mutilation de tous nos plus augustes pouvoirs, constituent la moralité, la vraie moralité d'un homme, le professeur Guizot a raison contre moi; mais, je le répète, si la moralité consiste dans l'exercice et l'application des facultés supérieures de notre être, si elle n'est pas autre chose que la manifestation de notre grandeur innée, que la manifestation de la justice, de la vénération, de la bienveillance, de la fermeté, etc; si elle n'a pour caractères propres, pour faits constitutifs, que le désintéressement, la noblesse, le talent et le génie, j'ai raison contre le professeur Guizot : les peuples asservis en font foi ; la crainte n'ennoblit point l'âme et n'élève point la pensée ; et au lieu de dire avec lui qu'il n'y a point de moralité sans la crainte, je dis au contraire qu'il ne peut y avoir une ombre de moralité sous les influences de la terreur.

Dans les pays écrasés par le despotisme, les maladies mentales sont extrêmement rares ; cela se conçoit et s'explique bien naturellement : les peuples y étant réduits à la condition des plus vils troupeaux, n'ont point d'existence intellectuelle et morale, et conséquemment et nécessairement, le cerveau frappé de nullité, enchaîné dans l'exercice de ses fonctions, n'est exposé à aucun dérangement ; il ne peut que tomber dans la torpeur et leur procurer du moins l'avantage de ne pas sentir leurs misères.

Voyez, Messieurs, sous tous ces rapports, jusqu'où peut aller l'empire des mauvaises institutions, jusqu'à quel point, sous leur domination, l'humanité s'est abaissée. Voyez quelle tache ineffaçable pour elle si on ne savait tout ce qui a été entrepris pour la dégrader, l'avilir et la déposséder d'elle-même. La crainte, il faut le dire, a rendu plus d'hommages que l'amour. Les tyrans, du moins de leur vivant, ont toujours été plus honorés que les bons rois, et la reconnaissance a maintes et maintes fois élevé des temples moins somptueux aux dieux bienfaisans que la crainte n'en a consacré aux dieux cruels.

Certainement, la nature a voulu que l'homme tînt à la vie aussi fortement que les espèces inférieures. Néanmoins, l'homme étant plus et autre chose qu'un animal, le dernier degré de l'abjection pour lui est de sacrifier à la peur et d'adorer les hommes ou les dieux qui lui ont fait du mal. Il doit certainement, par sa circonspection et la coopération de toutes ses autres facultés de conservation, ne rien négliger pour assurer sa vie ; il doit tout faire pour conserver cette existence si belle, si douce, si large et si brillante qui lui a été donnée : il en doit compte à l'auteur des choses, il en doit compte à lui-même ; mais il doit compte aussi du bon emploi de son intelligence et de ses sentimens moraux ; et c'est surtout comme homme, c'est-à-dire comme être indépendant et noble qu'il doit se conserver et vivre.

Pour nous, Messieurs, qui possédons un gouvernement constitutionnel, nous pouvons le dire en toute vérité : on ne doit rien à ceux qui violent envers leurs semblables les saintes lois de la morale et de l'humanité. On ne doit rien aux despotes qui étouffent en eux-mêmes les sentimens élevés de la nature, et qui font conspirer toutes leurs puissances intellectuelles à l'asservissement de leurs frères. Les peuples ne doivent point se laisser terrifier par la crainte; ce n'est point à eux de trembler. Nations infortunées, qui vivez encore aujourd'hui sous le joug des tyrans, imitez la noble France et la grande Angleterre. Levez-vous, demandez la liberté........ à la force brutale dirigée contre vous, opposez en désespoir de cause cette même force brutale, punissez-la de ses excès; vous aurez vécu ce jour-là ; et si vous succombez dans la lutte, vous emporterez en mourant la consolation d'avoir, autant qu'il était en vous, fait respecter ce que l'Eternel a voulu qui fût respecté : l'indépendance et la dignité de la nature humaine.

RÉSUMÉ SUR L'HOMME ANIMAL,

SA RÉHABILITATION.

> Il n'a pas voulu se faire pierre ou souche, il a
> voulu se faire homme vivant, discourant et raisonnant,
> jouissant de tous plaisirs et commodités naturelles, et
> se servant de toutes ses pièces corporelles et spiri-
> tuelles en règle et droiture.
>
> MONTAIGNE.

Indépendamment des facultés dont nous venons de considérer les organes et les mouvemens, et qui constituent par leur ensemble l'homme animal, il est encore en nous, Messieurs, d'autres facultés appartenant également aux espèces inférieures ; néanmoins, comme elles ne sont le partage que d'un petit nombre d'entre elles, comme en comparaison des manifestations qu'elles ont chez nous autres, on peut les regarder comme simplement ébauchées dans leur constitution, nous respecterons la ligne de démarcation, tracée jusqu'à présent par nos prédécesseurs, pour séparer l'homme de la bête , et quittes à faire en son temps et en son lieu un chapitre particulier sur ces pouvoirs de nature mixte et indéterminée, nous allons, pour achever notre travail et éviter toute fausse interprétation, dire notre dernier mot sur l'homme, toujours simplement envisagé comme animal.

Si l'on croyait que les rapprochemens multipliés, que je vais établir entre les espèces inférieures et nous pourraient compromettre la dignité de la nature humaine, je répondrais avec Pascal, que s'il est dangereux de faire voir à l'homme combien il est égal aux bêtes, sans lui montrer sa grandeur, ou de lui faire trop voir sa grandeur sans sa bassesse, il est encore plus dangereux de lui laisser ignorer l'une et l'autre.

D'ailleurs, il ne s'agit pas d'examiner si ces rapprochemens blessent ou ne blessent pas les opinions et les sentimens de tels et tels individus, ou de telles et telles corporations, il s'agit de se renfermer sévèrement dans l'observation des faits, de constater ce qui est, d'avouer franchement ce qui est, et d'agir en conséquence de ce qui est. Comment nous connaître nous-mêmes, comment connaître nos semblables, comment ordonner complètement et convenablement nos rapports, comment vivre enfin, si je ne sais par quelle idée ridicule, nous n'osons pas faire une analyse exacte de tous les pouvoirs renfermés dans notre organisation ? Pourquoi rougir d'un ordre admirable de choses établi par le créateur ? Malheureux, qui n'apercevez qu'un côté des objets, qui blasphémez contre la cause première, qui vous permettez de juger sa grande œuvre, qui voudriez que l'homme eût été mutilé dans une partie de son être, faut-il donc, au dix-neuvième siècle, encore s'élever contre votre ignorance ? Oui, certes un animal est en nous, et un animal auquel aucun autre ne peut être comparé, animal conservateur dont les défauts, les écarts et les dérèglemens seuls ont frappé votre esprit, dont vous n'avez point senti la grandeur, l'utilité, la beauté : animal conservateur, réunissant en lui toutes les forces propres à assurer la durée de sa vie et la durée de sa race, superbe d'activité, plein d'amour pour sa compagne, d'affection pour ses enfans ; animal courageux, circonspect, amassant des provisions et les conservant avec soin, sensible par conséquent aux avantages et aux plaisirs de la propriété, cherchant bien sa pâture et la digérant bien, déjouant, par son adresse, la ruse et la duplicité ; architecte habile, construisant en tous lieux des abris pour lutter contre l'inclémence des climats, animal irascible, sentant vivement les outrages et menaçant de sa colère tout violateur de ses droits naturels, animal conservateur, qui dans la sphère immense où l'a placé la nature déploie toutes les richesses de sa constitution, accomplit toutes les lois, répond à tous les besoins et conduit à tous les plaisirs.

A quoi ont abouti, je vous le demande, tous ces lieux communs de morale aussi mal entendue? Quelle folie et quelle vanité à l'homme de s'imaginer qu'il peut changer les lois immuables de la nature. Heureusement qu'il n'en peut être ainsi; jamais en masse les êtres sortis de la main de Dieu ne seront altérés dans leurs formes, ni jetés en dehors des voies qui leur ont été tracées.

Que tous ces ignorans précepteurs du genre humain aient été frappés chez eux-mêmes comme chez leurs semblables, des excès auxquels l'animal en nous se laisse quelquefois entraîner, et que pour éviter le renouvellement de pareils désordres, ils se soient attachés à faire un fréquent appel aux organes supérieurs, aux facultés intellectuelles et morales, rien de mieux : dans la tête humaine l'animal ne doit point se montrer tout seul, et nous l'avons dit mille et mille fois, dans chacune des déterminations de l'homme, la suprématie appartient de droit à l'intelligence et aux sentimens moraux ; mais ce n'est point à l'application de ce principe, si simple, si juste, si raisonnable, qu'ils se sont arrêtés. Loin de là, ils ont voulu et leurs imitateurs veulent encore aujourd'hui déposséder l'homme de toutes ses qualités fondamentales, de toutes les qualités qui forment la base et l'assise de son être, de toutes les qualités sans lesquelles la vie, dépouillée d'énergie et de vérité, n'offre plus que le triste spectacle de l'automatisme ou de la végétation. Oh ! vous qui n'admirez point dans l'homme le chef-d'œuvre de la création, qui sous le prétexte ou l'intention de le rendre meilleur et plus beau, ne tendez néanmoins qu'à le dénaturer, si jamais il pouvait l'être, dites-moi, je vous en prie, comment avez-vous pu méconnaître si grossièrement les intentions de la cause première, comment vous êtes-vous imaginés pouvoir vous substituer à elle-même, et surtout dites-moi quel vertige avez-vous eu, lorsque voulant en quelque sorte former un autre homme que le sien, vous vous êtes mis en tête qu'il fallait commencer par tarir en lui toutes les sources de la vie.

Quoi ! vous voulez former un homme, vous voulez former un être supérieur, un être qui soit énergique par ses penchans, noble par ses senti-

mens, puissant par son intelligence, un être qui
ait en lui toutes les virtualités réunies, vous voulez que dans ce magnifique univers, qui semble
vraiment n'avoir été fait que pour lui, il se déroule comme la plus grande force qui y ait été
placée, et votre idée *première*, votre idée *sublime*
est tout d'abord de lui donner des facultés pour
qu'il ne s'en serve pas, est de lui donner des facultés sous la condition formelle d'en arrêter tous
les mouvemens expansifs, votre idée *salutaire*
est tout d'abord de faire qu'il se renonce en toutes choses, est tout d'abord de le faire mourir
aux propres activités de son cœur. Censeurs téméraires du chef-d'œuvre de Dieu ; quelle mons-
truosité votre imagination faussée veut-elle donc
enfanter. Non, vous n'avez rien à refaire à notre
constitution, et en dépit de vos efforts, l'homme en
masse continuera à manifester toutes les facultés
originelles de son être ; notre état n'est point un
état de corruption, tous nos penchans, tous nos
sentimens sont bons en eux-mêmes et dans leur
destination ; et prêt à répondre devant qui de droit
un jour de mes paroles et de ma doctrine, je soutiens de nouveau contre vos impiétés, vos blasphê-
mes et vos malédictions, qu'il n'y a point de mal,
qu'il n'y a point de misère, qu'il n'y a point de
honte, qu'il n'y a point d'affliction à vivre selon

les intentions marquées de la nature, mais qu'il y a tout au contraire dans l'assujettissement à cet ordre de choses, obéissance à une loi souveraine, accomplissement d'un devoir, satisfaction intérieure, plénitude d'existence et source intarissable de jouissances.

Chose bien singulière ! il n'y a pas de moraliste, pas de philosophe, pas d'écrivain sacré qui n'ait été émerveillé de la puissance et de la richesse de la nature dans la répartition qu'elle a faite de ses dons aux différentes créatures de ce monde; il n'y en a pas un qui n'ait étudié avec un vif intérêt, leurs habitudes et leurs mœurs, qui n'ait trouvé chez elles toutes, toutes choses parfaitement ordonnées, pas un qui n'ait été touché de la vivacité de leurs amours, de leurs soins affectueux pour leurs petits, qui n'ait admiré leur courage dans les combats, leur finesse au milieu des pièges et des embûches, il n'y en a pas un enfin qui, témoin de l'application franche de leurs facultés et de l'heureux emploi de leur temps, n'ait été en quelque sorte saisi de respect et d'enthousiasme, et qui à l'aspect de tous ces moyens prodigieux de conservation n'ait presqu'à chaque instant célébré dans ses écrits la gloire du Très-Haut et chanté ses bienfaits, et quand il s'agit de suivre et d'étudier chez l'homme le mouvement actif de ces mêmes facultés ennoblies, épurées, modifiées par les facultés qui lui sont propres, par l'intelligence et les sentimens moraux, quand il s'agit d'examiner dans quelle mesure et sous quelle forme elles doivent s'employer pour le plus grand avantage de l'individu, comme pour celui du bien social, il faut froidement entendre dire à des gens haut placés dans la société que tout ce qui peut avoir quelque rapport à leur manifestation doit être flétri comme cause inévitable de vices, d'ordures, de crimes et d'impiétés. Ah! de par toutes les puissances de mon âme qui se soulèvent contre vous, Messieurs les casuistes, Messieurs les grands juges, Messieurs les conducteurs des troupeaux humains, vous n'avez point dit la vérité: tous nos sens, tous nos penchans, tous nos sentimens, toutes nos facultés intellectuelles, tous nos pouvoirs doivent être et veulent être employés; il faut que chaque créature se montre ici bas sous ses formes, sous ses attributs, sous ses caractères propres: en nous tout est fait pour la vie; entraver, empêcher le moindre mouvement normal et raisonnable de l'économie, condamner à l'immobilité pour ne pas dire à la mort un seul organe, une seule puissance, une seule fibrille, est chose condamnable, est chose criminelle; aucun homme, aucun législateur politique

ou religieux, n'a le droit de mutiler son semblable, et depuis le jeu du plus simple appareil du
corps humain, depuis l'incitation la plus instinctive et la plus brute, jusqu'au mouvement le
plus sublime de l'âme, jusqu'à l'expansion la plus
belle du génie, tout doit se réaliser, tout doit
prendre couleur et vie, tout, si je puis m'exprimer
ainsi, doit répondre à l'appel de la nature.

A cette occasion, il nous reste à faire une dernière observation, eu égard aux vues générales
de nos devanciers sur l'exercice et l'application
des facultés animales, dans la vie de l'espèce humaine : c'est que lorsqu'ils ne se sont point appliqués à annihiler ces forces premières de l'économie, ils ont par un excès contraire abusé de
toutes les influences extérieures pour les développer outre mesure et leur faire dépasser le but
de leur propre activité, quand ils n'ont pas tout
simplement jugé convenable de les abandonner
à elles-mêmes, c'est-à-dire à tout l'aveuglement
de leur instinct.

Ainsi donc, pour revenir à notre thèse et donner une analyse de tous les élémens primitifs
d'activité, renfermés dans notre constitution et qui
doivent, sous peine d'idiotisme ou de dépravation, composer comme animaux notre mode entier d'existence, nous dirons que nos facultés

perceptives doivent recevoir par l'intermède des sens, toutes les impressions du monde extérieur, impressions propres à nous placer convenablement vis-à-vis des objets qui nous entourent et à nous faire connaître leurs qualités respectives, impressions qui, comme toutes les autres impressions naturelles et bien calculées, ne peuvent être perçues sans utilité et sans plaisir pour l'individu.

En voulez-vous la preuve, Messieurs, livrez-vous à l'observation, assistez pour un moment à votre vie sensoriale, dites-moi, par exemple, si vos yeux peuvent s'ouvrir sans bonheur à la clarté des cieux, dites-moi si dans le spectacle immense et magnifique qui se déroule devant eux, ils vous laissent un instant sans surprise et sans admiration. Etudiez les fonctions de l'ouïe, voyez si dans le bruit que fait le vent à travers l'espace ou la forêt, si dans le chant de l'oiseau, dans le son de la voix humaine, qui vient si délicieusement aussi vibrer à vos oreilles, si dans la musique guerrière, sentimentale ou religieuse de tous les peuples, ne se trouvent point également mille émotions qui servent, qui instruisent et qui plaisent.

Et le sens d'olfaction, est-ce pour ne point odorer, qu'il nous a été donné si subtil et si admirablement placé pour l'ordre de ses fonctions ; et si ce n'est pas pour l'homme que la terre est embaumée, pour qui donc les suaves émanations des fleurs, des bruyères et des bois. Usez donc, Messieurs, de ces libéralités de la nature ; l'exercice modéré d'un sens n'a jamais affaibli les autres pouvoirs de la constitution. Alcibiade, en Ionie, se couchait sur des roses, et en respirait les parfums, en était-il moins un des plus beaux génies de la brillante Athènes.

Quant au sens du goût, si exquis, si frais, si bien préparé pour commencer activement et agréablement la grande œuvre de la digestion, qui n'aperçoit point encore la séduction employée par la nature pour nous déterminer à soigner l'organisme. Qui ne voit, par les privations ridicules que se sont imposées et que s'imposent encore certaines sectes religieuses, combien il était important, pour nous dérober le moins possible à cette première nécessité de la vie, d'y être en quelque sorte convié, sollicité par des sensations toujours vives et toujours savoureuses.

Ne dirait-on pas à entendre quelques-uns de nos prédicateurs, que pour être agréable au Seigneur, il faudrait comme Ezéchiel nous condamner à manger de la pourriture sans même avoir la permission de répéter son cri d'horreur :

pouah ! pouah ! Seigneur, mon Dieu, mon âme n'a point été jusqu'ici pollue.

Pour le sens du toucher, si l'on suit bien nos principes, nous n'aurons point à craindre, comme les nations qui dans l'antiquité avaient mis leur confiance dans les idoles, d'avoir des mains et de ne les point mettre en mouvement. Vivant au contraire sous les lois du vrai Dieu, nos mains nous serviront à quelque chose, nous examinerons, toucherons, palperons tout ce qui tombera sous nos deux instrumens tactiles, et si même le déplacement nous était nécessaire pour juger des qualités matérielles d'un objet éloigné, nos pieds plus mobiles également que les pieds des idoles ou des payens nous feraient rapidement marcher vers l'endroit désiré, et multiplieraient ainsi la somme de nos connaissances et la somme de nos agrémens.

Que vous dirai-je maintenant, touchant l'exercice et l'application de nos facultés fondamentales, touchant la manifestation des instincts conservateurs de l'espèce et de l'individu ? De quelles expressions me servir ? et lorsque je me vois contraint de plaider en faveur de l'observation des lois les plus naturelles, comment ne pas éprouver un mouvement d'indignation ? Oui, Messieurs, si nous devions en croire certains hommes malades ou pervertis, indépendamment de ce que nos sens devraient rester fermés aux impressions du monde extérieur, nous devrions encore rester insensibles aux excitations, aux besoins de nos penchans primitifs : en conséquence de ce principe, sans faire grâce au penchant le plus universel et le plus indispensable à l'espèce, il faudrait d'abord éteindre en nous tous les désirs de l'amour, il faudrait comme cause en quelque sorte d'un nouveau péché originel, rejeter loin de nous l'être parachevé sur qui la nature paraît avoir épuisé les trésors de ses dons.

Vous connaissez comme moi, Messieurs, les prestiges enchanteurs multipliés par Dieu même, pour nous faire accomplir l'œuvre sainte de la reproduction. Eh bien, la beauté de la femme, les grâces de son esprit, la bonté de son cœur, la séduction de ses manières, la volupté que l'on goûte en ses bras, toutes ces choses sont sacrilégement représentées par eux, comme artifices ingénieux du malin esprit ; il faudrait pour leur plaire ou pour plaire à la divinité qu'ils ont défigurée que nous nous condamnassions à je ne sais quelle espèce de mortification, et que pleins de force et d'activité, animés des plus doux sentimens pour la femme, heureux et fiers de pouvoir transmettre à notre tour la vie, que nous avons reçue, nous fussions auprès d'elle, sans respect, sans frémissement, sans culte, sans offrande, sans amour et sans joie.

Après s'être efforcé de flétrir au moral et de paralyser au physique l'activité de l'instinct de la reproduction, les réformateurs dont nous combattons l'opinion, nous ont encore appelés à de nouvelles douleurs, je devrais dire à de nouveaux triomphes, si je n'éprouvais de la répugnance à me servir de leurs expressions mensongères.

Qui le croirait cependant que des hommes qui se prétendent chargés d'établir le bonheur des nations sur la terre, se soient attachés à ne respecter aucune des volontés du créateur; il n'est pas jusqu'aux liens du sang que quelques-uns d'entre eux n'aient cherché à affaiblir; l'amour infatigable, qui veille aux soins de la première enfance, quelque touchant et sublime qu'il soit dans l'espèce humaine, n'en est pas moins à leurs yeux un amour matériel, animal, d'ordre secondaire, dont il convient de se détacher, et qu'à l'imitation d'Abraham, il faut être prêt à sacrifier à Dieu; en un mot, comme si la tête admirable de l'homme ne pouvait pas suffire à tous les amours, ils ont également condamné l'affection que pouvaient lui inspirer les parens, les amis, la terre nationale et l'humanité tout entière pour qu'elle fût exclusivement perdue, anéantie dans l'amour extatique et l'adoration perpétuelle de l'être suprême.

Si l'on se contentait d'une observation superficielle, on pourrait croire qu'au moins pour les facultés du courage et de la circonspection, nos adversaires ont dû chercher, dans l'intérêt de l'individu, à tirer parti de ces dispositions innées, et à soutenir ou ranimer par conséquent en lui ces deux instincts de conservation; en effet dans tous les ouvrages qu'ils ont publiés pour l'instruction des fidèles, comme dans toutes les exhortations qu'on leur entend faire au prêche, ils se sont bien gardés d'en négliger les ressources. Mais savez-vous, Messieurs, quel espèce de courage ils recommandent aux peuples, c'est le courage du sacrifice, du dévouement, de l'abnégation, de l'esclavage. Le courage ne doit point consister, ne doit point s'employer à réagir par la lutte et le combat contre les injustices, la cruauté, la tyrannie; le courage ne doit point se proposer de soutenir vaillamment les saintes causes du droit public et de la vertu; il ne nous a point été donné pour la satisfaction de nos espérances les plus légitimes, pour assurer en définitive le triomphe de tout ce qui est juste, de tout ce qui est noble, de tout ce qui est bien. Un courage de cette sorte changerait l'ordre de choses établi par eux, et je le répète, ce n'est point de ce courage là qu'ils veulent ! un courage de résignation, d'immolation, est le seul qui convienne; on le possède quand on fait taire en soi tous les mouvémens d'opposition, quand on prend en bonne part le mal que l'on nous fait, et surtout quand on considère qu'on pouvait nous en faire davantage ; on le possède quand au lieu de se défendre contre des oppresseurs ou des bourreaux, on tend ses mains pour qu'ils vous les chargent de chaîne, ou sa gorge pour qu'ils vous tuent sans résistance; on le possède enfin lorsque vicié dans son naturel, faussé dans son intelligence, on arrive comme l'imbécille musulman à envisager les événemens quels qu'ils soient, comme un résultat de la fatalité ou de la volonté de Dieu, et à n'avoir par conséquent de force que pour souffrir, se taire et mourir.

Dans le sens que nous venons d'exposer à nos auditeurs, la circonspection n'a point fait défaut non plus à nos directeurs dans l'exécution de leurs desseins. On peut le dire, ils s'en sont merveilleusement servi, mais au lieu de l'éveiller avec mesure et précaution, de la maintenir dans un degré normal d'activité qui permît à l'individu de promener autour de lui un regard attentif et prudent, au lieu de la faire servir à son intérêt particulier, à sa sauve-garde personnelle, ils l'ont excitée et sur excitée de manière à jeter la terreur et l'effroi dans son âme, de manière à pouvoir, par le fait même de l'intimidation, ajouter encore aux ressources qu'ils ont déjà un moyen de plus pour assurer leur domination. Néanmoins dans mon opinion, c'est en vain que du haut de la chaire, je les entends encore aujourd'hui crier avec leurs bisaïeux que la crainte est le commencement de la sagesse. Cette maxime n'est plus de notre temps. Elle n'est profonde et vraie que pour les individus ou les peuples qui par disgrâce de nature ou vice d'institutions sont réduits à la condition des brutes. La crainte alors peut servir à quelque chose. Elle retient, elle comprime, elle empêche la manifestation impérieuse et désordonnée des penchans inférieurs qui dans ces têtes faibles d'intelligence et pauvres de sentimens ne trouvent point le contre poids nécessaire à leur énergie. Mais à l'époque actuelle et en France surtout, s'obstiner à vouloir conduire et modifier exclusivement l'homme par les facultés de la bête, c'est pécher par le bon sens, c'est pécher par mauvaise instruction, c'est criminellement se refuser à utiliser les ressources précieuses de son organisation supérieure. On aura beau frapper de crainte tous les esprits, jamais par cette lâche politique, on ne parviendra à répandre la moralité chez un peuple. L'animal, en tant qu'il voudrait violenter l'organisme, ne peut être vaincu dans l'homme, ne peut être modéré, ennobli, éclairé que par l'intelligence et les sentimens moraux. L'homme ne peut être homme que par ses facultés d'homme.

Relativement aux facultés de la ruse, de la destruction et de l'acquisivité, ce serait s'écarter de nos principes d'honneur, ce serait se ranger soi-même parmi les apôtres du mensonge que de ne pas rendre justice aux efforts qui ont été tentés pour en maintenir chez le peuple l'activité dans une juste mesure d'intérêt personnel. Cependant, pour présenter la vérité tout entière, on pourrait dire que dans tous les temps antérieurs, à notre époque surtout, les différens chefs des sociétés humaines, en recommandant d'une manière générale, d'apporter de la douceur, de la bonne foi et du désintéressement dans les relations habituelles de la vie, se proposaient moins d'ennoblir leur espèce que de la préparer à une facile exploitation pour eux-mêmes. Lisez sans passion les tristes histoires de l'humanité, lisez-les avec un esprit sévère d'observation, de comparaison et d'induction, et à part quelques faits exceptionnels qui confirmeront la justesse de nos propositions, vous verrez que lorsque d'un côté, ils prêchaient aux autres toutes ces belles et grandes qualités d'hommes, d'un autre côté pour leur part, ils ne prenaient point au sérieux leurs propres prédications. Je le demanderai toujours, qui en fait d'atrocités violentes ou froidement calculées a comblé mieux qu'eux tous la mesure de la destructivité? Qui en fait de trames ourdies dans l'ombre, de dissimulations raffinées, a dépassé leur génie? Qui en fait de spoliation, de rapines et de brigandages, leur a donné des leçons et fourni des modèles?

Quant à la constructivité, à la dernière faculté que nous partageons avec les animaux, et qui chez l'homme se relève et s'embellit de toutes les facultés intellectuelles et artistiques de sa tête, nos grands hommes des temps passés ne l'ont point gênée dans ses développemens; ils en ont même excité l'activité et honoré les travaux, mais fidèles à leurs maximes de n'employer les bonnes choses que pour eux, ils auraient voulu qu'elle ne s'exerçât que dans la construction des temples de leurs dieux, des palais de leurs rois, des abbayes de leurs moines, des châteaux de leurs princes et des maisons de leurs propres seigneuries. Ils auraient voulu que la foule humaine ne prît point exemple sur eux, qu'elle ne s'écartât en rien de la simplicité des premiers temps, et qu'elle se contentât pour demeure du creux d'un vieux chêne, d'une hutte de sauvage ou d'une cabane de castor.

Si vous avez suivi avec quelque attention l'analyse des différens organes, des différentes facultés qui nous assimilent aux espèces inférieures, si j'ai bien fait ressortir l'activité qui leur est propre, et l'indispensable nécessité de leur action pour maintenir l'homme dans toute la puissance de sa nature et tout le bonheur de sa condition ; si en outre, vous avez été frappé comme moi, non seulement du rapport harmonique établi entre les objets extérieurs et chacune de nos facultés, mais encore des séductions multipliées qui dans chaque mouvement normal de l'économie nous appellent et nous entraînent à la vie, vous concevrez alors ce que ne concevait point Saint-Paul, et ce que ne conçoivent point non plus quelques hommes d'aujourd'hui. Vous concevrez pourquoi malgré tant d'efforts pour nous jeter en dehors des voies naturelles, pour nous détacher du spectacle de l'univers et du rôle attrayant que nous y remplissons, nous ne cessons néanmoins d'en être émerveillés et d'en rester les principaux acteurs ; vous concevrez pourquoi dans les termes même de cet ardent propa-

gateur de la foi, pourquoi cette figure du monde
qui passe et qui s'échappe de nos yeux fait tant
d'impression sur nos cœurs.

Il n'y a point lieu de s'étonner d'un pareil fait,
lorsqu'on n'est pas aveuglé par le fanatisme et
la superstition, lorsque par esprit de révolte et
d'orgueil, on ne se met point en opposition avec
les saintes lois de la nature, et lorsqu'on est porté
par l'intelligence comme par le sentiment à s'incliner avec respect devant ses volontés suprêmes.

Comme vous le voyez, Messieurs, autant qu'il
a été en moi, je viens de réhabiliter l'homme
animal aux yeux de la morale, de la philosophie et
de la vraie religion ; autant qu'il a été en moi, je
viens de le relever de tous les mépris dont il a été
si indignement et si long-temps l'objet. Je viens de
lui rendre son lustre, sa puissance et ses droits.
Je viens de faire entendre qu'il ne devait s'abdiquer sous aucun rapport, et qu'il devait comme
animal vivre pleinement de tous les pouvoirs de
sa constitution. Je ne reviens pas sur ce principe
que je crois avoir suffisamment bien établi, je veux
seulement pour ne donner matière à aucune mauvaise interprétation, pour ôter tout prétexte aux
méchans, pour exprimer en même temps toute
ma pensée, dire de quelle manière j'entends, de
quelle manière je comprends l'exercice et l'em-

ploi des facultés inférieures dans une tête d'homme noble et bien élevé.

Comme vous le savez, par une faveur toute spéciale de la nature, l'homme est l'être parachevé par excellence; et indépendamment de ses qualités animales, il renferme encore en lui des pouvoirs qui n'ont point d'analogue dans aucune espèce vivante; pouvoirs qui multiplient ses forces, qui le distinguent et l'ennoblissent, et qui lui donnent enfin les grands caractères de l'humanité : je veux parler de son intelligence et de ses sentimens moraux. Le siége en est placé dans les parties antérieures et supérieures de son cerveau; la suprématie leur appartient en toutes choses, et si les penchans inférieurs veillent assidûment aux soins de sa personnalité, il sent en lui et il apprend par ces deux ordres supérieurs de facultés, tout ce qu'il se doit à lui-même comme homme, tout ce qu'il doit à ses semblables, et tout ce qu'il doit à la société. Tout à l'heure il n'était qu'animal, il ne vivait que dans lui, que pour lui, que pour tout ce qui avait quelque rapport avec son intérêt égoïste, exclusif, et maintenant que ses obligations morales et ses puissances intellectuelles lui sont révélées, le voilà homme et tout va prendre en sa tête un caractère de grandeur, de désintéressement, de justice, de poésie, de bienveillance et d'amour. Un monde nouveau, un monde inconnu à l'animalité va s'ouvrir devant lui, et dans ce monde nouveau comme dans le monde animal, c'est encore la volupté, mais une volupté bien autrement inéfable qui vient lui indiquer sa route et lui tracer ses devoirs.

Utilisons donc avec bonheur, Messieurs, tant pour nous que pour nos semblables, et sans aucune exception, les précieuses facultés que nous avons reçues; conservons à nos penchans leur pureté native, leur force originelle, leurs mouvemens heureux, libres et spontanés; vivons sous leur égide instinctive, consentons à nature, comme l'ont si bien dit quelques anciens philosophes, qui avaient à lutter aussi contre une autre espèce de rigoristes mal éclairés. Mais n'oublions jamais que ces facultés ne nous ont été données que pour assurer la défense, la durée et la conservation de l'individu brut, isolé, instinctif, animal; n'oublions pas qu'elles n'ont, en quelque sorte, aucun rapport avec notre existence d'homme; et qu'autant elles sont intéressantes à considérer dans leur simplicité chez les espèces inférieures, autant elles sont hideuses chez nous lorsque les sentimens supérieurs n'en ont point ennobli l'expression, et que l'intelligence n'en a point consacré la moralité.

Un dernier mot. L'explication que je viens de

donner me met à l'aise et me soulage. En m'efforçant de réhabiliter l'homme animal, je me garde bien, ainsi que vous venez de l'entendre, de vouloir établir sa domination dans ce monde ; *c'en* serait fait de l'humanité, je ne veux pas qu'il règne, je veux seulement qu'il soit, je veux seulement obtenir sa réintégration dans sa dignité, je veux le faire reconnaître par la religion et honorer par la morale, je veux sa réconciliation avec *l'esprit*, avec les facultés supérieures de son encéphale. Je veux réunir ce qu'on a mal à propos séparé.

Les adversaires que je combats avec tant de persévérance, ont à toutes les époques rabaissé dans la tête de l'homme les plus simples comme les plus nobles jouissances ; s'il fallait écouter et suivre leurs avis, le genre humain tout entier devrait embrasser la vie des pénitens. Dans leur ridicule opinion, nous naissons tous entachés du péché de notre premier père, et nous sommes voués au mal dès le berceau, et indépendamment de cette souillure originelle qu'ils disent se transmettre éternellement de race en race ; poussant leur rôle jusqu'au bout, et s'apesantissant à plaisir sur l'abus de nos facultés, sans parler du bon emploi que nous en savons faire, ils font semblant de croire que rien de beau, de bon, d'honnête, de juste, de saint, puisse être le fait de l'homme; et en conséquence de tous ces faux principes, dont les nations hébétées sont bien loin de soupçonner l'impiété, on les voit *nouveaux esprits de ténèbres et d'orgueil*, tout entreprendre pour paralyser l'action de nos penchans les plus naturels, et pour empêcher par cela même les desseins de Dieu de s'accomplir en toutes choses.

Mais pourquoi donc vouloir toujours supposer ce qui n'est pas? Pourquoi vouloir qu'un homme qu'on ne se sera point appliqué à dégrader, à avilir, qu'on n'aura point abandonné à la brutale énergie de ses instincts, soit purement et simplement un dégoûtant animal. Ignore-t-on que chez tous les peuples et dans tous les temps, au milieu des plus mauvais exemples et de l'infamie générale, il s'est toujours trouvé des hommes qui ont été magnifiques de représentation morale et intellectuelle. Au milieu de qui ont apparu les Confucius, les Socrate, les Numa Pompilius, les Caton, les Moïse. Si on ne connaissait pas tout ce qu'il y a de richesses en dépôt dans l'encéphale humain, pourrait-on s'expliquer comment au centre même du matérialisme hideux et colossal qui s'était développé dans l'empire romain, on vit sortir du sein du peuple un homme qui, par la simple influence de sa parole, ramena la foule de ses semblables à tous les devoirs et à toutes les grandeurs de l'humanité. Ne sait-on pas d'ailleurs toute la puissance de l'instruction et de l'éducation sur le développement intellectuel et moral de l'humanité ? Grands et sages instituteurs vraiment qui pour que nous ne nous cassions pas les jambes, commencent par nous les couper toutes les deux, qui pour empêcher que nos yeux ne nous transmettent de fausses sensations, ne trouvent rien de mieux pour nous mettre à l'abri de toute erreur que de les crever sans miséricorde, et sans appréciation de leurs innombrables services; et qui par la même supériorité de vues, pour que nos penchans conservateurs et protecteurs ne dépassent pas le but de leur propre activité, ont, de premier trait de génie, découvert que pour parer à leurs désordres, il fallait commencer aussi par les anéantir tout d'abord (1).

(1) Nous ne voulons point nier les bons effets du catholicisme. Chaque chose a son temps et son utilité; et, pour prendre le langage des historiens du jour, ainsi que le terrorisme d'un comité de salut public peut sembler une médication nécessaire à ceux qui ont lu les confessions des grands seigneurs français, depuis la régence, ainsi on re-

Pour nous, Messieurs, qui n'avons point été viciés par de mauvaises institutions, qui par la grâce de la cause première, pouvons nous regarder à juste titre comme placés en tête de la création, nous ne pouvons accepter une pareille existence; nous voulons, au contraire, répondre à toutes les libéralités de la nature, nous voulons vivre de toutes ses munificences, nous poser pour ce que nous sommes, pour les dieux de ce monde, et montrer dans chacune de nos manifestations un air de satisfaction et de fête. Non seulement nous voulons entrer sans murmure et sans opposition dans les grandes et magnifiques voies qui nous ont été ouvertes; mais nous voulons les parcourir avec attention, avec reconnaissance, avec joie. Non seulement et par dessus toutes choses, nous voulons, comme êtres intellectuels et moraux, éprou-

connaît la vertu curative du spiritualisme ascétique, quand on a jeté les yeux sur les écrits de Pétrone et d'Apulée, livres que l'on peut regarder comme les pièces justificatives du christianisme. La chair était devenue si effrontée dans ce monde de l'empire romain, qu'il fallait tous les aiguillons de la discipline chrétienne pour la morigéner. Après un repas comme celui de Trimalcion, il fallait une diète comme celle du christianisme.

ver les délices attachés à l'exercice des vertus et à la culture des talens, mais nous voulons encore ne point contrarier nos instincts dans leurs mouvemens légitimes, et en même temps ne laisser échapper aucune des impressions utiles et agréables qui frappent à l'envi tous nos sens. Les intentions du créateur sont formelles en tout point : la vie animale, la vie morale, la vie intellectuelle, tout nous a été donné par lui. C'est à nous d'adorer, c'est à nous d'obéir. Sans la vie animale, point de conservation pour l'espèce comme pour l'individu; sans la vie morale, point de grandeur; sans la vie intellectuelle, ignorance, automatisme, végétation (1). A ceux donc qui nous reprocheront d'utiliser tous nos pouvoirs et de faire

(1) Point d'excès, point d'abus dans aucun ordre de facultés : si l'animalité prédomine, laideur et péché; si les sentimens règnent exclusivement, mécomptes, duperies, ridicules et malheurs; si l'intelligence ne s'exerce que sur le monde extérieur, ou ne roule et ne se replie que sur sa propre activité, ban social et humanitaire rompu, métaphysique transcendentale, rêves creux, mort anticipée des penchans, idiotisme moral. Soyons ce que la nature nous a faits. Harmonie entre tous nos pouvoirs, vie de toutes nos facultés, avec simple et juste suprématie de l'intelligence et des sentimens moraux.

fonctionner tous nos appareils ; à ceux qui nous reprocheront de joindre à l'amour des grandes choses, l'amour des petites choses ; à ceux qui s'offenseront, par exemple, de nous voir momentanément laisser en repos les parties supérieures de l'encéphale pour en activer momentanément aussi les mouvemens inférieurs ; à ceux qui s'offenseront, par exemple, de nous voir rechercher quelquefois les manteaux de pourpre, la volupté des parfums, les symphonies de Meyerbeer, les scènes majestueuses de la nature, les joies de la paternité, la société des femmes, les plaisirs de l'amitié et les beautés de l'architecture, nous répondrons, dans le sens de je ne sais plus quel grand philosophe de l'Angleterre, croyez-vous parce que vous vous êtes mis en tête des idées fausses et incomplètes sur les obligations morales que nous avons à remplir, parce que dans votre imperfection vous n'avez point su ordonner votre vie et comprendre vos destinées, croyez-vous qu'il doit être ainsi que vous avez dit ? croyez-vous parce que vous vous êtes vous-mêmes dénaturés, qu'il ne doit plus y avoir sur cette terre ni soleil étincelant, ni prairies verdoyantes, ni enfans bien aimés, ni amour du pays, ni femmes enchanteresses, ni amitiés délicieuses, ni concerts mélodieux, ni temples, ni palais magnifiques, ni vin des Canaries? Répondez à votre tour, croyez-vous que l'homme animal ait été anéanti ou qu'il ait été déshérité ?

FIN.

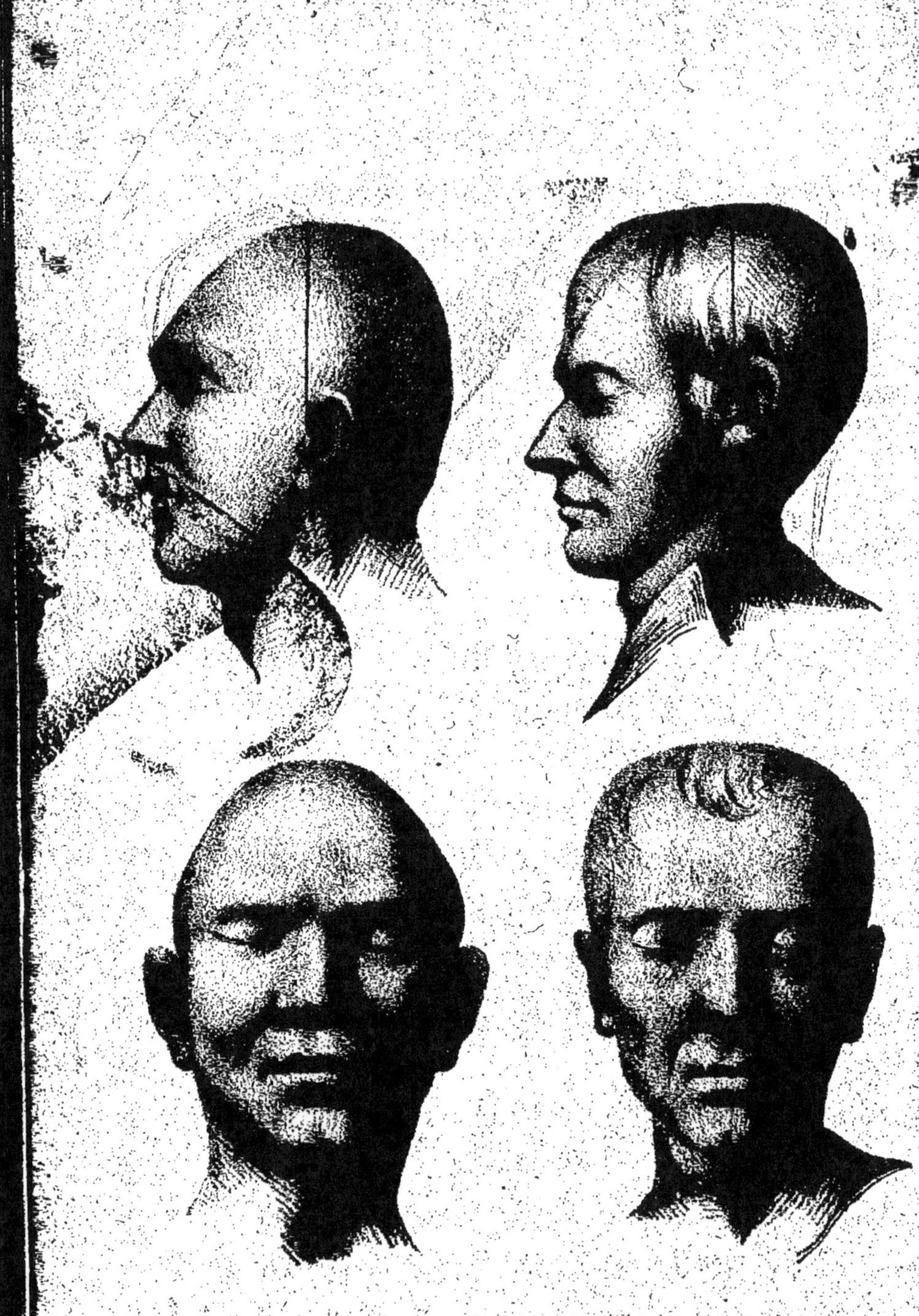

Forme générale des têtes criminelles.
Forme générale des têtes ouvrières.
Malvieux del.
Imp. de Lemercier, Ber.

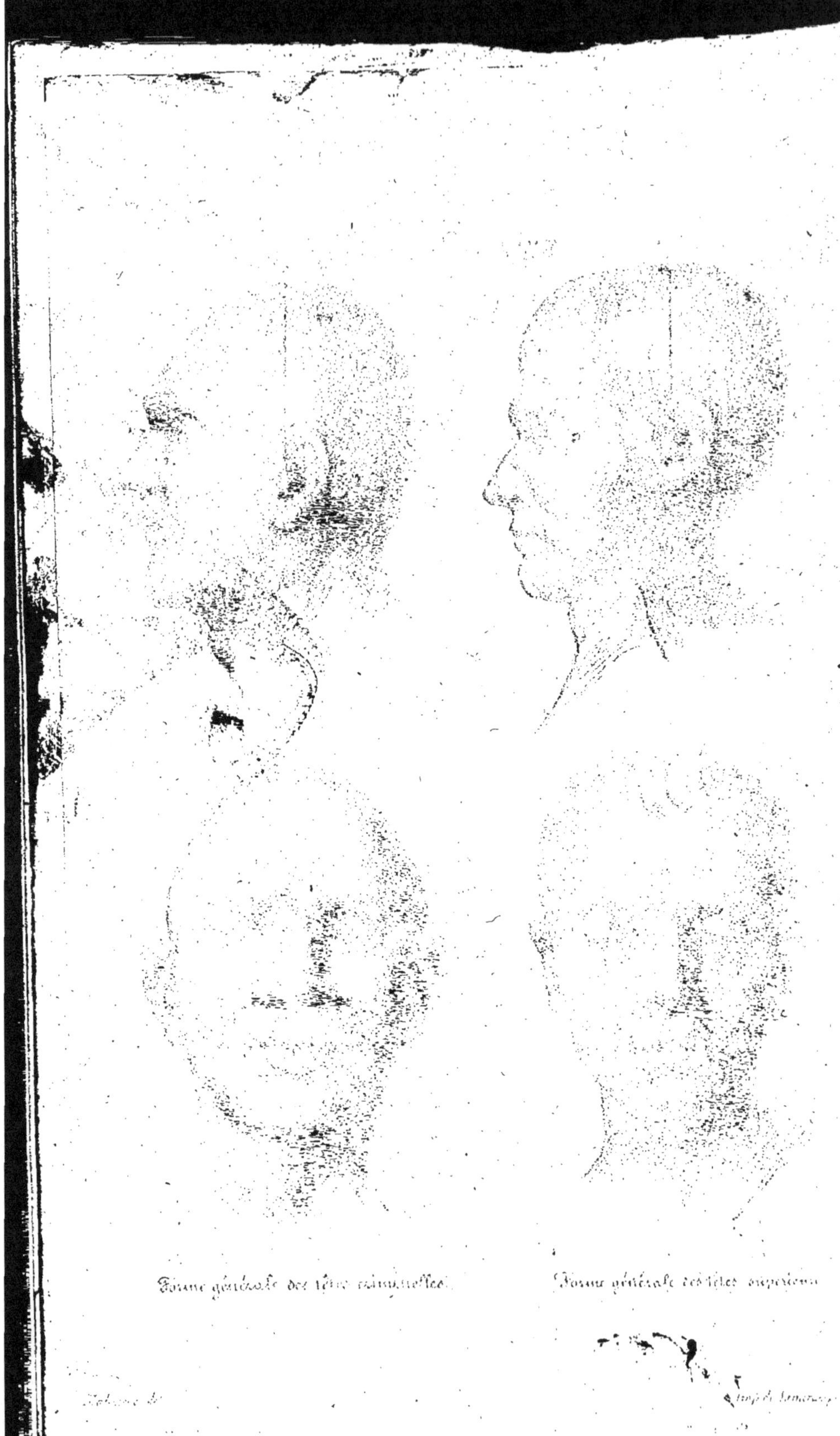
Forme générale des têtes criminelles.
Forme générale des têtes supérieures.

OBSERVATIONS

COMMUNIQUÉES

A L'ACADÉMIE ROYALE DE MÉDECINE,

Dans sa Séance du 3 Juillet 1838,

Par le Docteur Félix VOISIN.

Organisation cérébrale défectueuse de la plupart des criminels.—Développement incomplet des parties antérieures et supérieures de l'encéphale chez un très grand nombre d'entre eux.

Non compatiuntur naturæ, nec æstimant possibilitatem.

Messieurs,

L'intérêt que vous portez à toutes les choses qui sont de science et d'humanité , m'enhardit à demander qu'une commission soit nommée pour constater l'exactitude des observations que je viens de faire sur les cinq cents enfans qui sont aujourd'hui renfermés dans la maison dite des jeunes détenus.

Parmi les faits majeurs, positifs, qui m'ont frappé dans ce pénitentiaire, il en est deux surtout que je veux signaler à votre attention.

La statistique des tribunaux et des cours criminelles , a aujourd'hui incontestablement démontré que les infracteurs des lois, à quelqu'âge qu'on les surprît en flagrant délit : enfans, jeunes gens ou hommes faits, sortaient en masse des classes inférieures de la société. On sait *scientifiquement aujourd'hui* que l'homme, ainsi que le disaient les anciens, est le disciple de tout ce qui l'entoure, et on ne doute pas qu'il ne faille attribuer les désordres, les écarts et les crimes dont nous sommes journellement les témoins ou les victimes, à l'influence pernicieuse des mauvais exemples, ainsi qu'à la privation presque totale d'instruction et d'éducation : sous tous ces rapports, les convictions sont établies, et il faut le dire à l'honneur des temps modernes, et surtout à l'honneur de la France ; on s'efforce de tous les côtés d'aller à la racine du mal, et de créer des institutions qui puissent développer l'intelligence de l'homme et ennoblir ses sentimens.

Les deux faits sur lesquels j'appelle l'examen le plus sérieux, Messieurs, sortent de ces sentiers battus de l'étude et de l'observation Les cinq cents jeunes détenus ne font point, il est vrai, d'exception à la règle générale ; si j'en excepte quelques faits particuliers, tous aussi appartiennent aux dernières classes de la société, et tous ont apparu dans la vie au milieu des circonstances extérieures les plus défavorables à la culture de l'intelligence, et à l'ennoblissement de l'âme ; mais indépendamment du malheur attaché à leur première condition sociale, deux tiers d'entre eux, par conséquent trois cent quinze sur cinq cents ont encore à subir les fâcheuses conséquences d'une organisation incomplète ; les deux tiers d'entre eux, loin d'avoir été dotés libéralement par la nature, ont été au contraire plus ou moins disgraciés par elle ; les deux tiers dans leur configuration cérébrale, ressemblent, trait pour trait , aux trois suppliciés que je place ici sous vos yeux , Martin, Léger et Boutillier.

Les deux tiers sont mal nés. Sans être réduits à l'idiotisme intellectuel et moral proprement dit, ils sont incontestablement au-dessous de la moyenne de l'organisation , et comme vous le voyez, ils portent ostensiblement l'empreinte de leurs mutilations.

Le cerveau chez eux est au minimum de développement dans sa partie antérieure et dans sa partie supérieure, dans les deux parties qui nous font ce que nous sommes, qui nous placent au-dessus des animaux, qui nous constituent hommes.

Leur front est étroit, déprimé, fuyant en arrière, bas, noueux, irrégulier, et la partie supérieure de leur tête est évidée comme le toit d'un couvreur.

Que l'Académie compare ces têtes avec celles de Cuvier, de Mirabeau, du général Foy, de l'abbé Charpentier, de Napoléon, etc., etc., et qu'on me dise de quel côté se révèlent à la première vue les grandeurs de l'humanité. Qu'on me dise de quel côté sont les vases d'argile, de quel côté sont les vases d'or.

Ces choses-là, je le conçois , ne se croient point sur parole ; il faut les voir , et les revoir encore, et c'est ce motif qui ma déterminé à demander qu'une commission soit nommée pour en constater la réalité.

Les deux seules inductions que je veuille aujourd'hui tirer de ces faits, et d'une foule d'autres du même ordre, que j'ai recueillis dans les bagnes et aux pieds des échafauds , c'est que les têtes criminelles forment, en général, comme les grandes têtes morales et intellectuelles, une exception dans leur genre, je veux dire qu'elles sont placées comme elles, par la nature, mais dans un sens tout à fait inverse, en dehors de l'espèce humaine entière.

La masse humaine flotte, marche, vit ou végète entre ces deux extrêmes, entre ces individus qui ont reçu des dons de Dieu, et ces autres que l'on pourrait dire en quelque sorte déshérités par lui. Cette masse humaine est moyenne dans sa forme, son développement et son activité; elle n'a point de vocation, elle obéit à l'impulsion qu'on lui donne, et devient aisément, comme l'histoire en fait foi, tout ce que la font être les géans de son espèce, ou les temps, les lieux, les lois, les mœurs et les institutions.

Il résulte encore de tous les faits, sur lesquels j'appelle le jugement de l'Académie, que ce n'est point *uniquement* dans l'influence du monde extérieur, qu'il faut aller chercher la cause et la source d'un grand nombre d'infractions légales. Quand on veut convenablement apprécier des individus semblables, on est mieux dans le vrai en disant que chez eux, tout conspire du dehors comme du dedans, à en faire des hommes dangereux pour la société. En se posant devant ces demi-brutes, il faut, si on veut arriver à une estimation rigoureuse de la moralité ou de la criminalité de leurs actes, abandonner les termes ordinaires de comparaison, et si on a assez de bonté dans l'âme et de persévérance dans la tête pour vouloir en entreprendre l'éducation, il faut avant toutes choses, et par suite même de toutes ces considérations, laisser de côté les principes généraux et les enseignemens de l'école et de l'université.

Si maintenant, Messieurs, nous prenons en considération les faits nouvellement acquis à la science, savoir :

Que de toutes les facultés qui ont été données à l'homme, les facultés qu'il partage avec les animaux sont extraordinairement actives et vivaces par elles-mêmes, tandis que les facultés morales et intellectuelles ont besoin de l'animation des objets extérieurs, ont en quelque sorte besoin d'une seconde création, pour acquérir tout le développement dont elles sont susceptibles, et pour devenir principes déterminans d'action ;

Si l'on considère que dans l'idiotisme par point d'arrêt dans le développement cérébral, la mutilation organique porte particulièrement sur les parties antérieures et supérieures de l'encéphale, sur les facultés intellectuelles et morales proprement dites, et que, cependant, au milieu des obstacles n'importe de quel ordre, qui s'opposent à la formation d'une tête humaine, la nature parvient presque toujours à former l'homme animal ;

Si l'on fait attention que les instincts, que les penchans de la brute sont les premiers à paraître dans la vie, et à nous donner une existence analogue et conforme à eux-mêmes, qu'ils sont presque toujours dominateurs dans l'adolescence et la jeunesse, et qu'il faut au contraire beaucoup de temps et de soins pour nous développer comme hommes, pour nous faire arriver à nous manifester comme êtres intellectuels et moraux, et encore, en vérité, on sait combien la chose est rare;

Si l'on ne perd pas de vue également, que les facultés morales et intellectuelles, qui sont les dernières à paraître, sont en même temps les premières à s'affaiblir par suite des progrès de l'âge, et que le vieillard en perdant ces nobles attributs de l'humanité, revient à l'égoïsme exclusif de sa première enfance ;

Si en outre on veut bien encore se rappeler que ces grandes facultés spéciales de notre être peuvent, sans compromettre la vie, ne jamais avoir de manifestation, ainsi qu'on le voit chez les idiots, ou peuvent momentanément et quelquefois même complètement disparaître, comme on peut en acquérir la preuve chez les aliénés et chez les hommes en démence ;

Si, dis-je, on veut réfléchir sur cet ensemble d'observations irrécusables, on sera bientôt convaincu de la prédilection que la nature semble avoir pour les facultés dont elle a doté l'universalité des êtres, de la prédilection qu'elle semble avoir pour les facultés animales, pour les facultés qui assurent et conservent tout à la fois l'existence des espèces et des individus, et par cela même on sentira de plus en plus la nécessité de contrebalancer par de fortes et sages institutions, des tendances aussi préjudiciables aux intérêts particuliers qu'aux intérêts généraux.

On ne saurait trop le répéter, l'homme comme homme, c'est-à-dire comme être intellectuel et moral, est tout entier dans la main de l'homme.

Comme animal, il est le produit de la nature.

Comme être intellectuel et moral, il est le produit de la culture !

Si la chose est vraie pour l'espèce humaine entière, *à fortiori* on ne peut en contester l'évidence pour les têtes dégradées que je place ici sous vos yeux. Plus que d'autres, elles ont besoin de trouver un appui dans le monde extérieur.

Je reviens toujours à mon adage favori : demandez à chacun, suivant ce qu'il a reçu et des hommes et de Dieu !.... *Cui multum datum est multum quæretur ab eo.*

FÉLIX VOISIN.